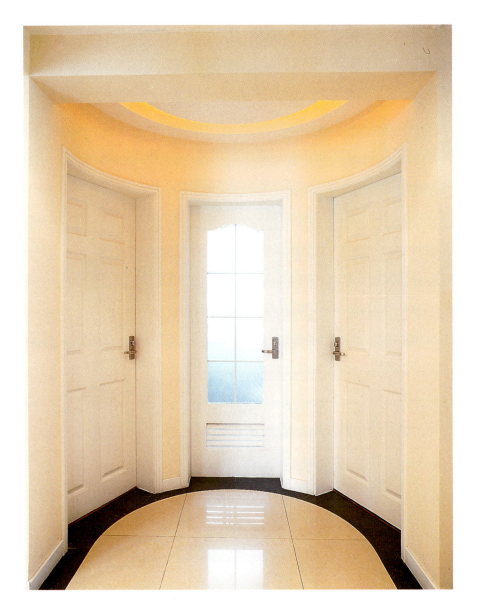

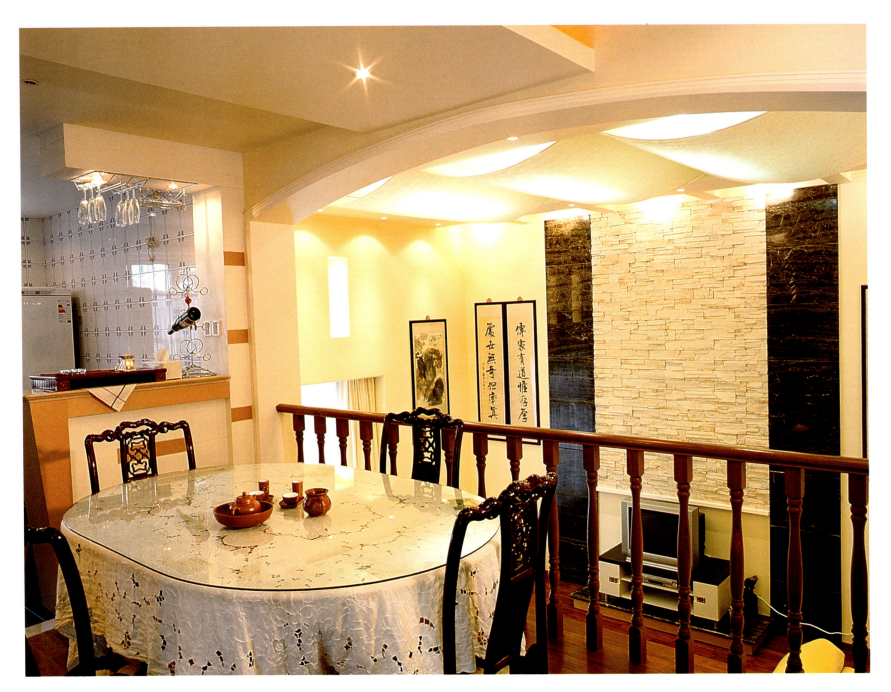

住宅装饰设计施工与估价图集

1

《住宅装饰设计施工与估价图集》编委会

上海美墅家庭装潢设计公司
上海天下家具设计制作中心　　康海飞　主编　　石珍　副主编

同济大学室内设计工程公司　　薛文广　陈忠华
同　济　大　学　建　筑　系　　尤逸南　　　　　顾问

中国建筑工业出版社

本图集汇集了二室二厅、三室二厅、四室二厅、复式房、花园别墅等各类住宅的装饰设计施工图及装修估价表，这些资料都是从工程实践中精选出来的，为读者提供了很实用的典型的图纸及估价参考资料。每套图纸都包括了平面图、顶棚图、地面材料及管道图、插座配置图、电气管线图、弱电图以及各主要房间的四个立面图。估价包括各个房间装修使用的材料品牌与规格、单价、数量以及材料费、人工费，这就更具有可靠的参考价值。

本书可供建筑、室内装饰设计施工技术人员及广大居民参考。

图书在版编目（CIP）数据

住宅装饰设计施工与估价图集．1／康海飞主编．—北京：中国建筑工业出版社，2003
ISBN 7-112-05687-X

Ⅰ．住… Ⅱ．康… Ⅲ．①住宅—室内装饰—建筑设计—图集②住宅—室内装饰—工程施工—图集③住宅—室内装饰—建筑预算定额　Ⅳ．TU767-64

中国版本图书馆 CIP 数据核字（2003）第 012303 号

《住宅装饰设计施工与估价图集》
编委会成员名单

康海飞	石　珍	薛文广	陈忠华
尤逸南	张彬渊	邓背阶	李克忠
童兆祥	李蓓民	徐平长	吴琦凤

住宅装饰设计施工与估价图集

1

《住宅装饰设计施工与估价图集》编委会

*

中国建筑工业出版社出版、发行（北京西郊百万庄）
新华书店经销
北京云浩印刷有限责任公司印刷

*

开本：880×1230 毫米　横 1/16　印张：22½　插页：8　字数：714 千字
2003 年 7 月第一版　2003 年 7 月第一次印刷
印数：1—5000 册　　定价：80.00 元
ISBN 7-112-05687-X
TU·5000（11326）

版权所有　翻印必究
如有印装质量问题，可寄本社退换
（邮政编码 100037）

本社网址：http://www.china-abp.com.cn
网上书店：http://www.china-building.com.cn

前 言

住宅装饰是为了给家居空间创造一个舒适、温馨的特定环境。成功的家居装修不仅要有好的材料、好的工艺，更要有完美的设计，设计是装修工程的灵魂。完美的设计是以有限的投入转化为超值的效果。住宅装饰设计是一门综合性的艺术，只有从整体出发才能做出一个完美的设计。设计师应以人为本，按照户主的心理需求、生活需要、审美意识、物质基础和经济基础等诸多因素来考虑。从造型、色彩、灯光、选材等综合性体现出户主的职业特征、文化素养、兴趣爱好、个性特点，营造一个温馨、舒适的家。以实用、安全、经济为前提，寻求艺术美与现实美的完美结合。依靠完美的设计来提高品位与质量是住宅装饰成功的关键。

估价是住宅装饰工程需消耗的人力、物力的价值数量。估价由直接费、管理费、计划利润、税金等费用组成。估价应尽量详细、精确。装饰工程的估价是装饰工程结算的依据，如果在装饰过程中没有工程变更，竣工时工程款的结算应以估价为依据。如有个别工程变更，只修改其变更部分的费用，其余仍以估价为准。

为繁荣住宅装饰，促进行业内的技术交流，共同提高住宅装饰设计及估价水平，我们将最近做的较典型的工程实例汇编成书。其中工料价格以上海地区为标准，设计实例包括各地优秀的工程。本书可供各地装饰公司、家具厂的设计人员、业务人员、施工人员及有关大专院校师生参考。

本书中的设计施工图及估价由上海美墅家庭装潢设计公司和上海天下家具设计制作中心完成，彩色照片由上海名筑室内设计有限公司提供。孙文华、浦胜杰、王兴华、赵鸿根、康国飞、黄英、吴琦凤、盛磊、孟瑞云、陆德胜、魏德钰、姚省会、王敏、康熙岳、张捷、奚叶华、陈圣绮、步频、康晶、徐屹峰为本书做了一部分工作，季建坤、刘国富、黄汉平、江丕锦为部份工程做估价，并且得到本编委会顾问同济大学薛文广、陈忠华、尤逸南，南京林业大学张彬渊，中南林学院邓背阶、李克忠六位教授的指导。

由于编者水平和学识有限，书中难免有欠缺和不妥之处，希望广大读者，特别是住宅装饰业的同行提出宝贵意见，以期在今后再版时改进提高。

《住宅装饰设计施工与估价图集》编委会

读者咨询电话：021—56310018

目　录

西部俊园　二室二厅实例 1 …………………… 5	华尔兹花园　复式房实例 2 …………………… 169
陆家嘴花园　二室二厅实例 2 …………………… 19	西班牙名园　复式房实例 3 …………………… 196
光明城市　二室二厅实例 3 …………………… 34	圣淘沙　别墅实例 1 …………………… 224
创冠体育花园　三室二厅实例 1 …………………… 49	圣淘沙韵　别墅实例 2 …………………… 257
贵龙园　三室二厅实例 2 …………………… 65	樱园　别墅实例 3 …………………… 292
东方曼哈顿　三室二厅实例 3 …………………… 87	花墅　别墅实例 4 …………………… 322
万邦都市花园　三室二厅实例 4 …………………… 104	
香樟苑　四室二厅实例 1 …………………… 121	附录　常用电气图例、常用管道图例 …………………… 360
望族苑　复式房实例 1 …………………… 141	

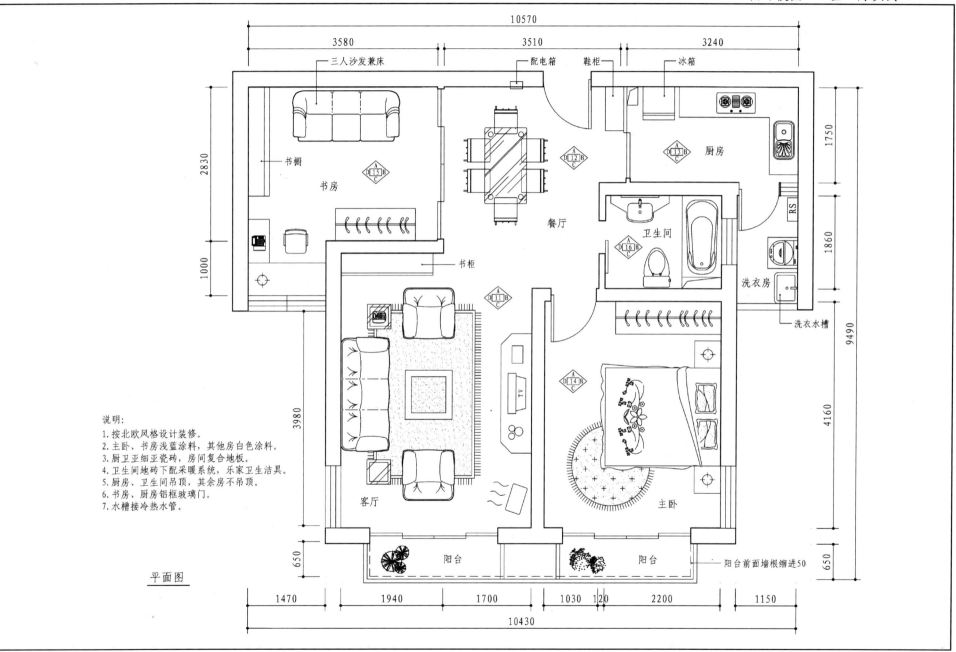

平面图

6 西部俊园 二室二厅实例1

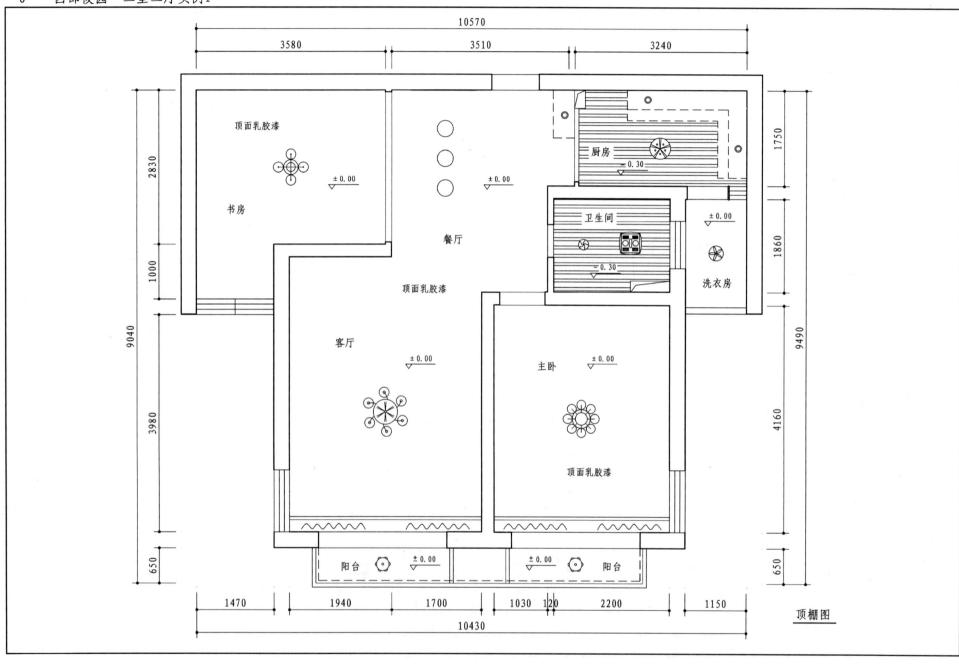

顶棚图

西部俊园 二室二厅实例1

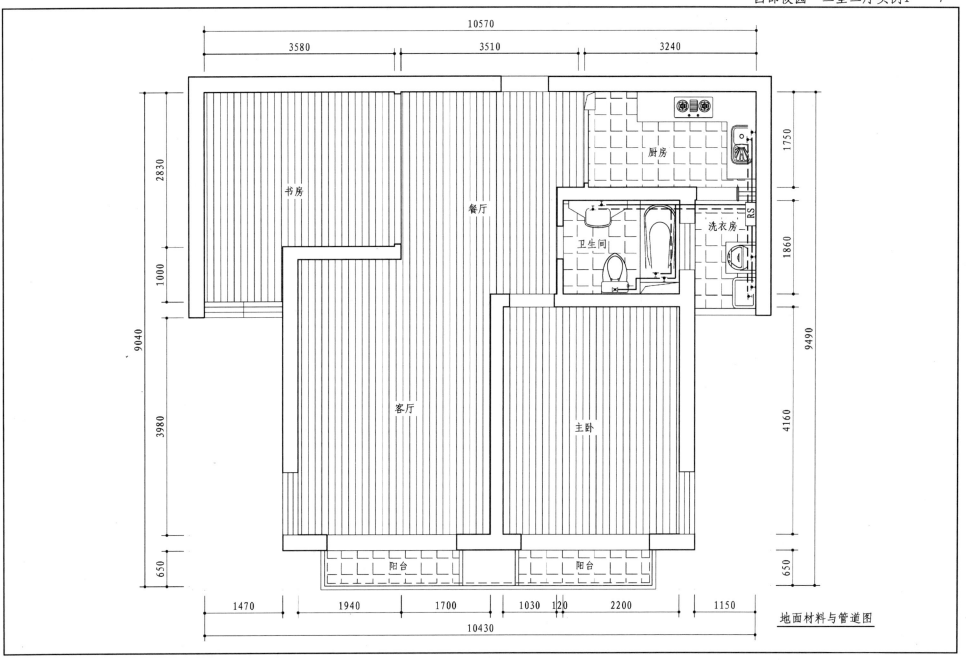

地面材料与管道图

8 西部俊园 二室二厅实例1

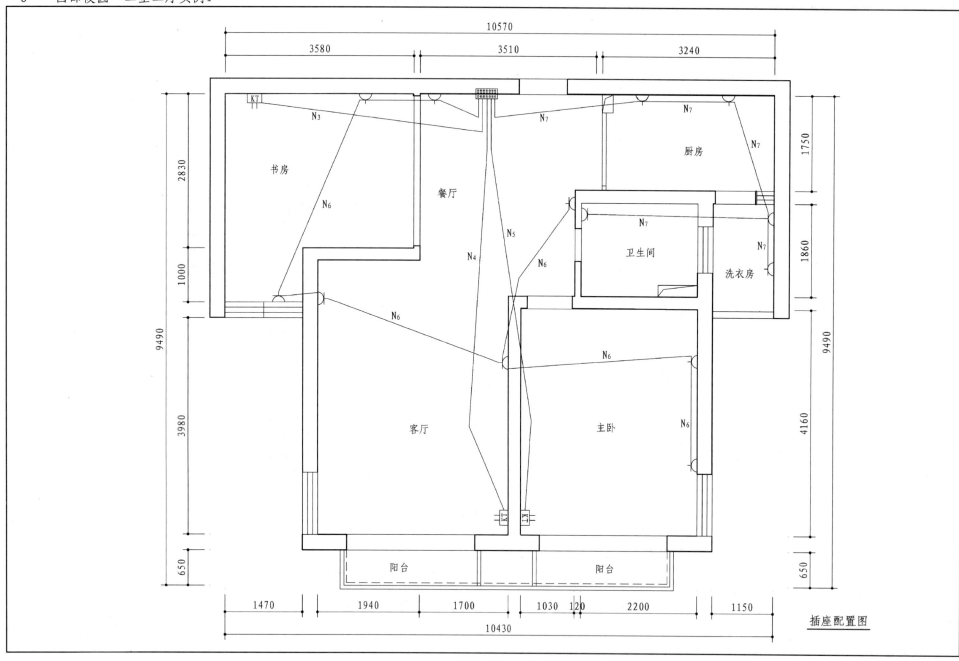

插座配置图

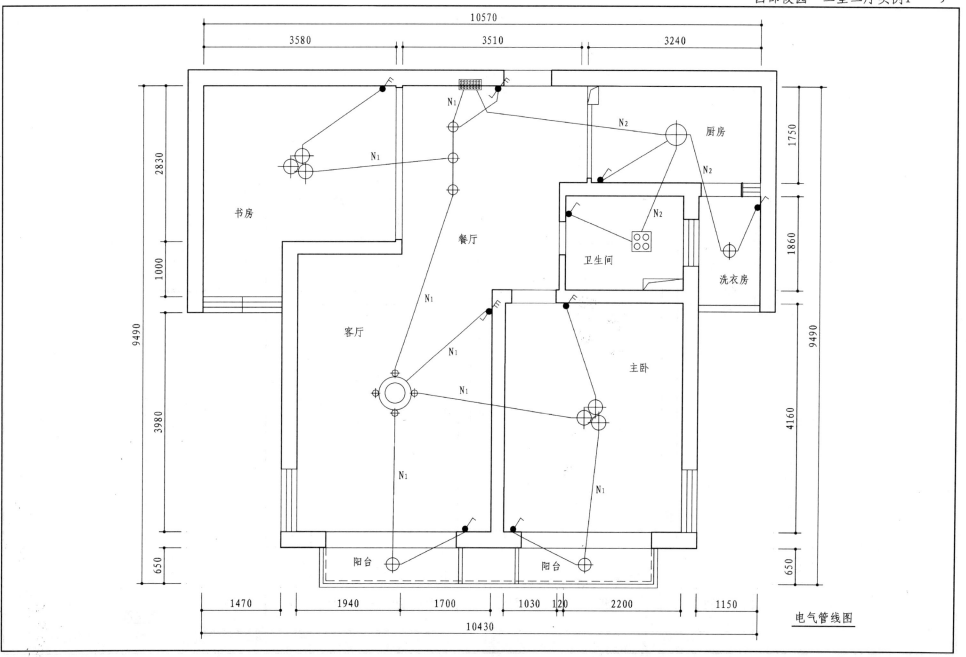

10　西部俊园　二室二厅实例1

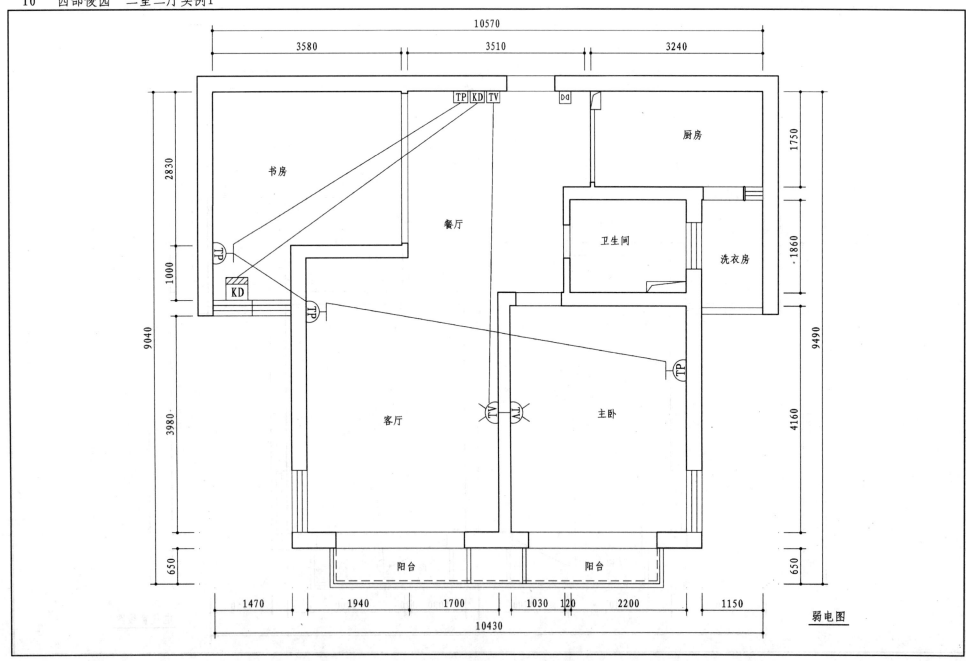

弱电图

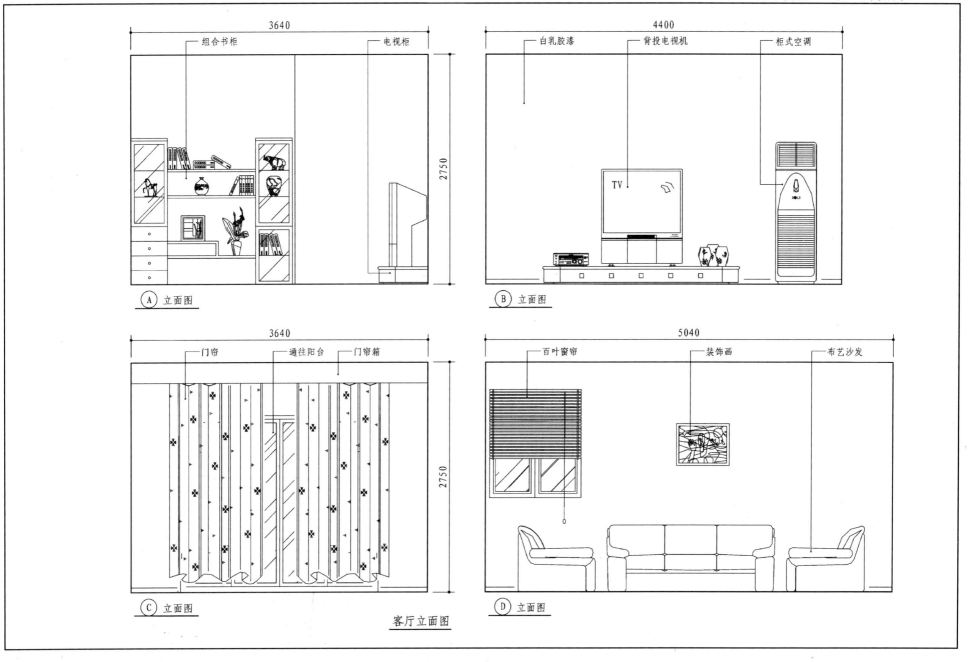

12 西部俊园 二室二厅实例1

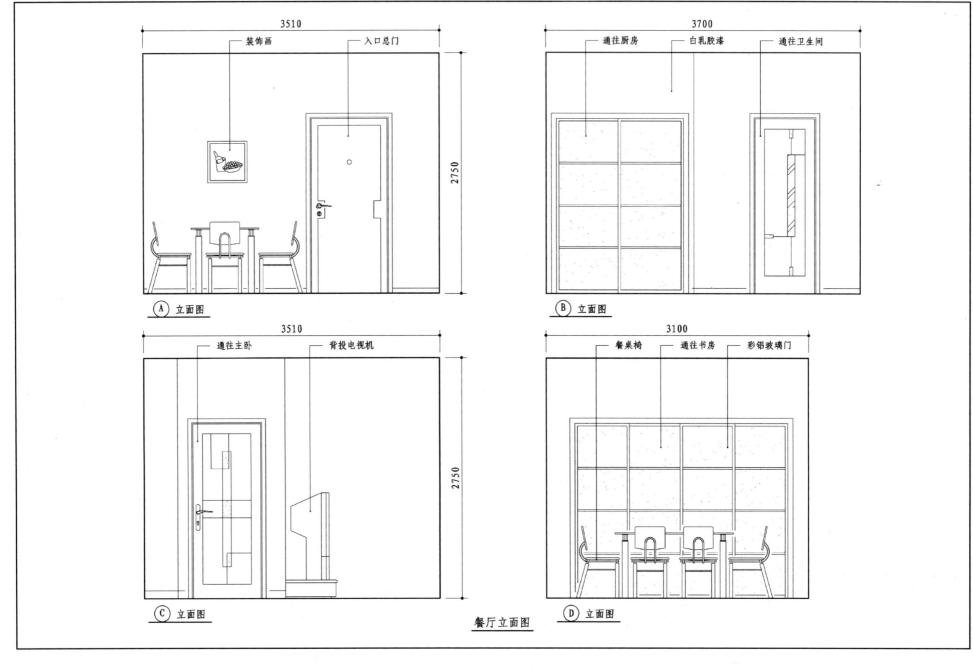

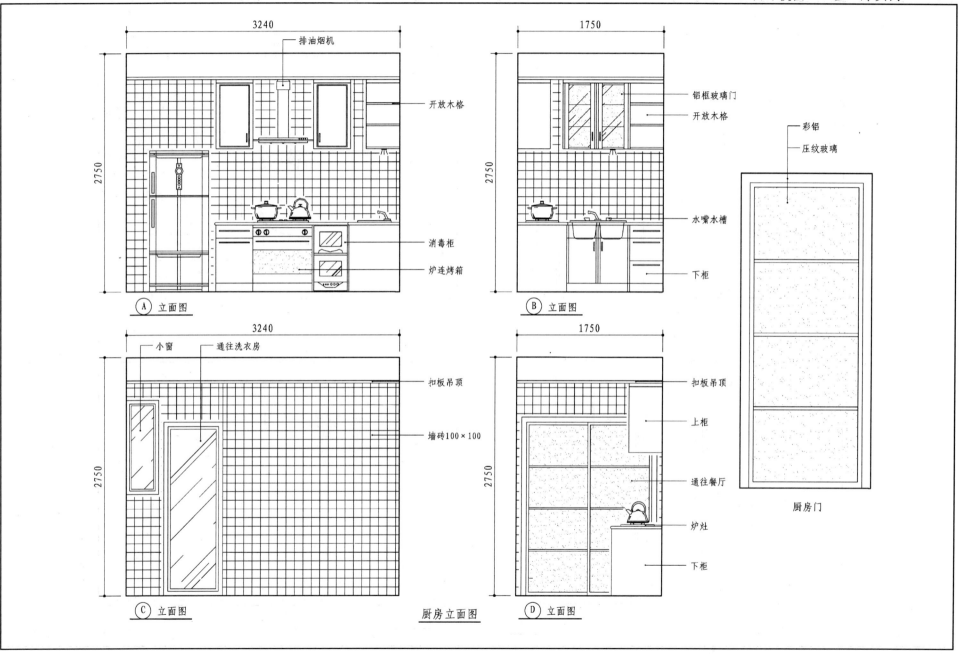

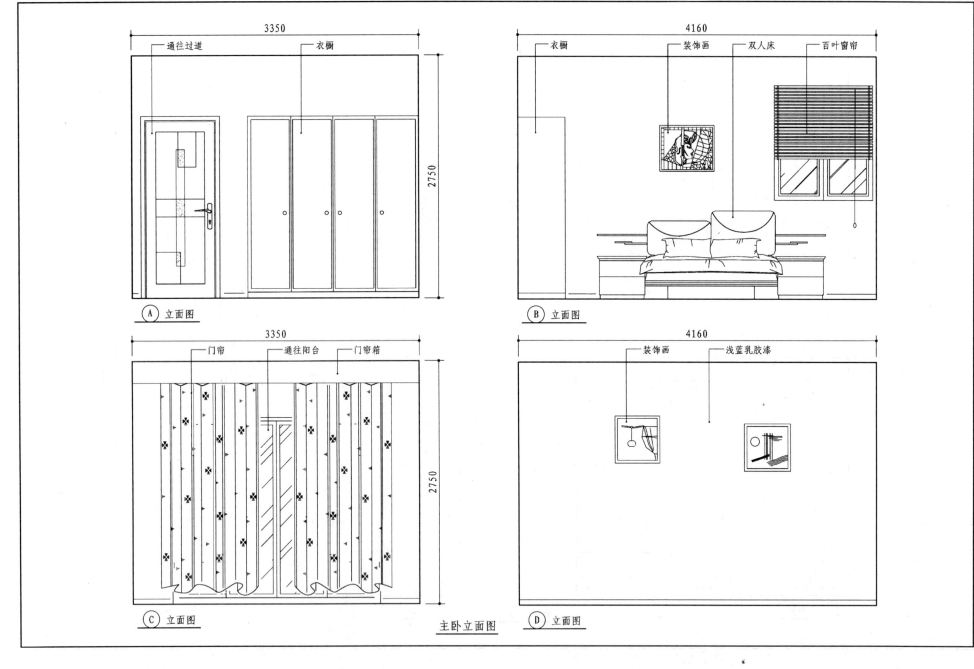

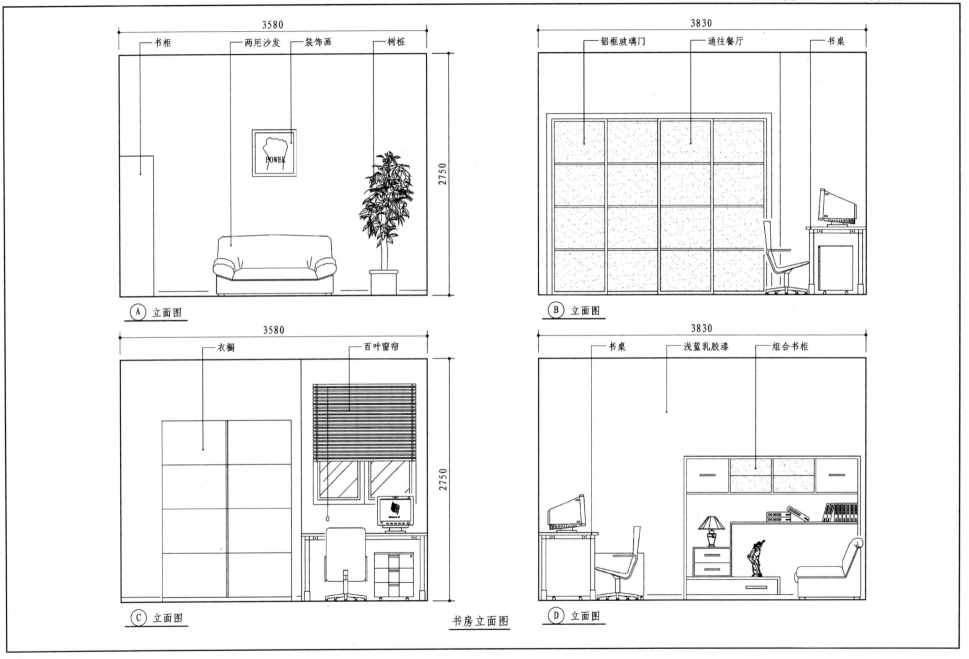

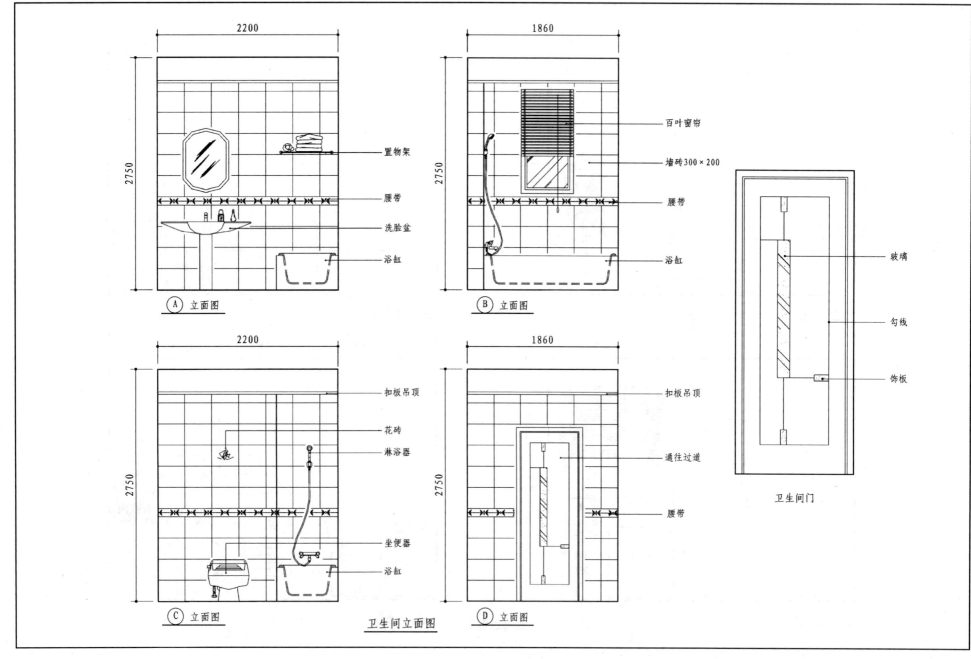

住宅装饰估价表

项目名称	材料品牌与规格	单位	单价元	数量	材料费元	人工费元	合计元	项目名称	材料品牌与规格	单位	单价元	数量	材料费元	人工费元	合计元
1. 客、餐厅								踢脚线	胡桃木饰面	m	16	12	192	48	240
地板	强化复合地板	m²	60	33.2	1992	332	2324	油漆	长春藤	m²	35	5	175	75	250
墙顶乳胶漆	多乐士5合1	m²	22	95	2090	570	2660							小计:	5409
门套	杉木心细木工板、胡桃木饰面	m	60	11.6	696	116	812	**3. 主卧、阳台**							
电视柜	细木工板制作、胡桃木饰面	m	310	1.56	483.6	93.6	577.2	地板	强化复合地板	m²	60	15	900	150	1050
电视柜台面	大理石	m²	350	1.56	546		546	墙顶乳胶漆		m²	22	42	924	252	1176
大理石	65×240	m	20	6.1	122		122	门		扇	440	1	440	30	470
踢脚线	胡桃木饰面	m	16	20	320	80	400	门套		m	80	11.6	928	232	1160
阳台地砖	亚细亚	m²	100	3.8	380	68.4	448.4	窗套	榉		220	1	220	40	260
油漆		m²	35	11.5	402.5	172.5	575	踢脚线		m	16	13	208	52	260
阳台脚线		只	50	1	50	50	100	油漆	樱桃木饰面	m²	35	9.8	343	147	490
窗套	榉		220	1	220	40	260	阳台地砖		m²	100	3.8	380	68.4	448.4
鞋柜		m²	250	1.8	450	108	558	凿阳台脚线		只	50	15.12	756	50	806
						小计:	9382.6							小计:	6120.4
2. 书房								**4. 厨房、阳台**							
地板	强化复合地板	m²	60	13.6	816	136	952	拆墙		m²		5.3		79.5	79.5
墙顶乳胶漆	多乐士5合1	m²	22	39	858	234	1092	移门	彩铝50型	m²	250	3.85	962.5		962.5
拆墙		m²		8		120	120	移门上封墙		m²	130	0.87	113.1	17.4	130.5
移门	彩铝50型	m²	250	6.16	1540		1540	墙地砖	亚细亚	m²	100	29	2900	522	3422
移门上封墙	纸面石膏板	m²	130	1.5	195	30	225	花砖		片	30	3	90		90
门套		m	80	7.3	584	146	730	门套	胡桃木饰面	m	60	6	360	120	480
窗套	榉		220	1	220	40	260	吊顶	铝扣板	m²	100	6.3	630	94.5	724.5
操作台	防火门板、美金石台面	m	1300	3.5	4550	280	4830	1.5mm电线	熊猫牌	m	0.46	400	184	80	264

18　西部俊园　二室二厅实例 1

项目名称	材料品牌与规格	单位	单价元	数量	材料费元	人工费元	合计元	项目名称	材料品牌与规格	单位	单价元	数量	材料费元	人工费元	合计元
热水器	熔积式燃气热水器	个	4900	1	4900	20	4920	2.5mm电线	熊猫牌	m	0.65	300	195	60	255
水斗	双斗	个	350	1	350	10	360	双频电视线	国际	m	2.3	100	230	20	250
排油烟机	帅康	台	750	1	750	20	770	电话线	国际	m	0.4	150	60	30	90
燃气灶	蓝宝石	台	800	1	800	20	820	4m²空调电线	国际	m	1.5	200	300	40	340
龙头		个	400	1	400	10	410	墙体打洞		个	20	3	60		60
						小计:	17999	线管粉刷		套	200	1	200	50	250
5. 卫生间								安装灯具		套	50	1	50	200	250
拆墙		m²		2.6		39	39	垃圾运费		套	500	1	500		500
砌砖墙		m²	80	2.6	208	78	286	面板	TCL	块	22	80	1760	160	1920
移门		扇	440	1	440	30	470							小计:	6289
移门导轨		付	120	1	120	20	140							合计:	58010
门套		m²	60	5	300	100	400								
吊顶	铝扣板	m²	100	5	500	75	575								
墙地砖	亚细亚	m²	100	25	2500	450	2950								
浴霸	奥普	个	610	1	610	20	630								
水龙头二件套	绿太阳	套	650	1	650	50	700								
水龙头三件套	乐家	套	4700	1	4700	80	4780								
台盆架	防火门板、美金石	个	860	1	860	80	940								
地下采暖	电取暖	m²	180	3.5	630	70	700								
油漆	绿太阳	m²	35	4	140	60	200								
						小计:	12810								
6. 水电及其他															
新装煤气管		套	150	1	150	60	210								
新装PPR水管		套	1000	1	1000	200	1200								
PVC线	中财	套	500	1	500	200	700								

说明:
凡是未列入本预算中的洁具、厨卫、电器、厨卫小五金、窗帘、灯具等都由户主自购。

直接费: 58010元（人工费: 6926.3元，材料费: 51083.7元）
设计费: 2%　　免
管理费: 5%　　2900元
税金: 3.41%　　2077元
总价: 62987元

陆家嘴花园 二室二厅实例2

平面图

- 阳台
- 主卧
- 进入式更衣室
- 端景台
- 子卧
- 酒柜
- 冰箱
- 厨房
- 客厅
- 餐厅
- 玻璃玄关
- 卫生间
- 拖布斗
- 上衣柜下鞋柜
- 玻璃砖低屏

20 陆家嘴花园 二室二厅实例2

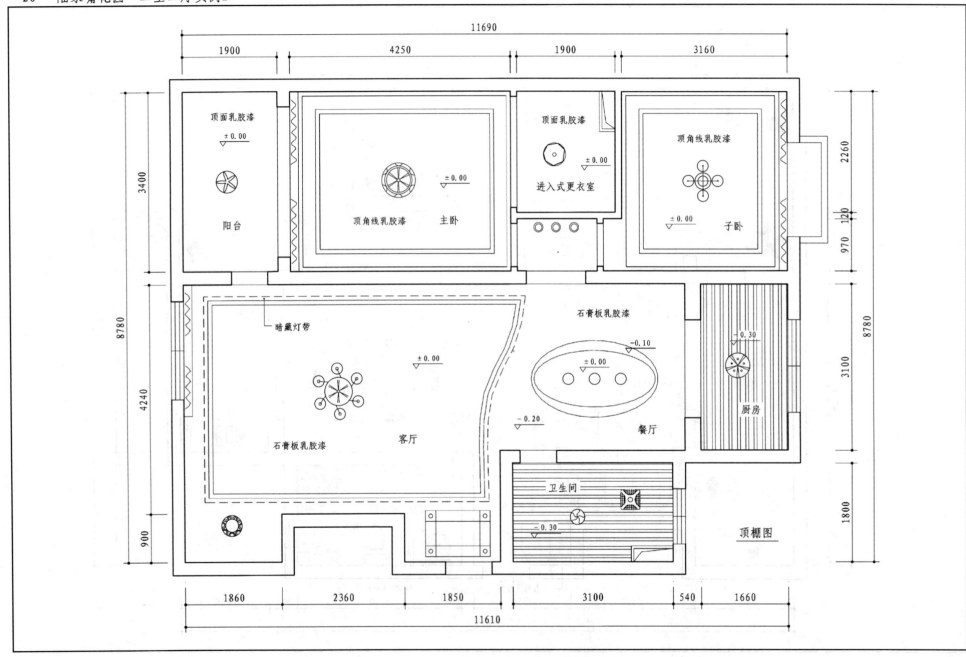

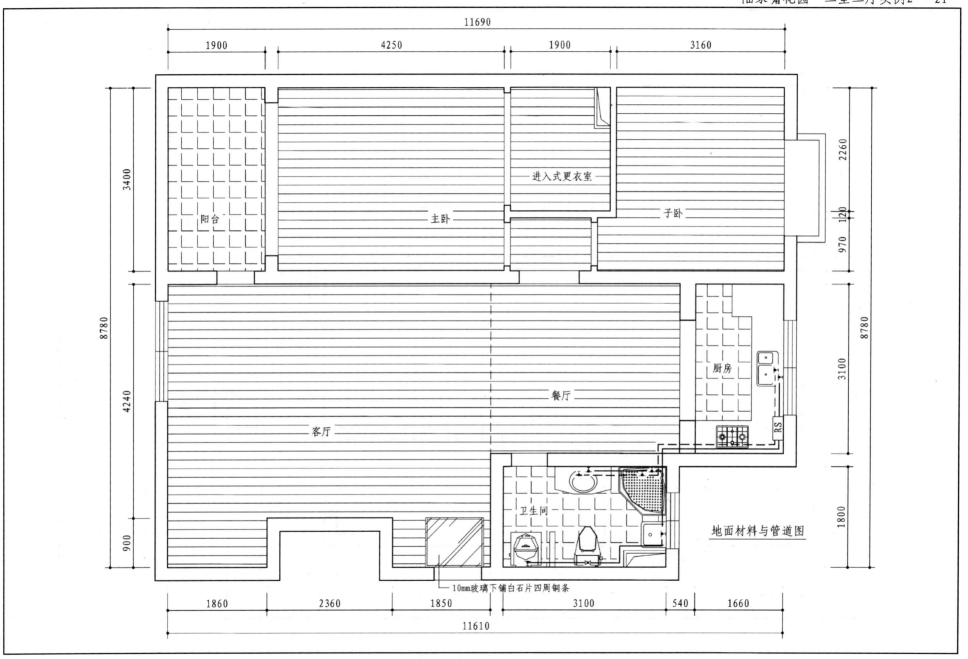

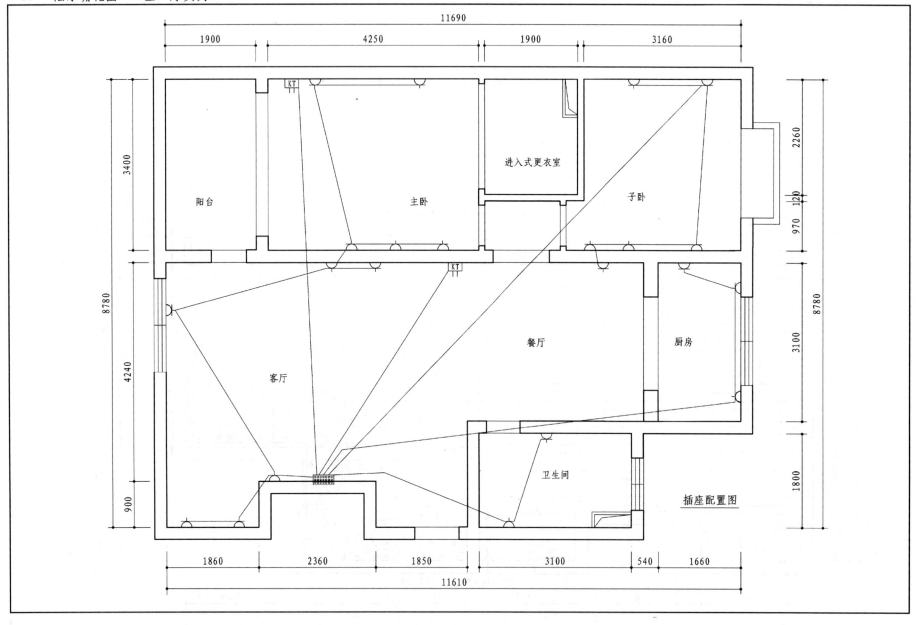

插座配置图

陆家嘴花园 二室二厅实例2

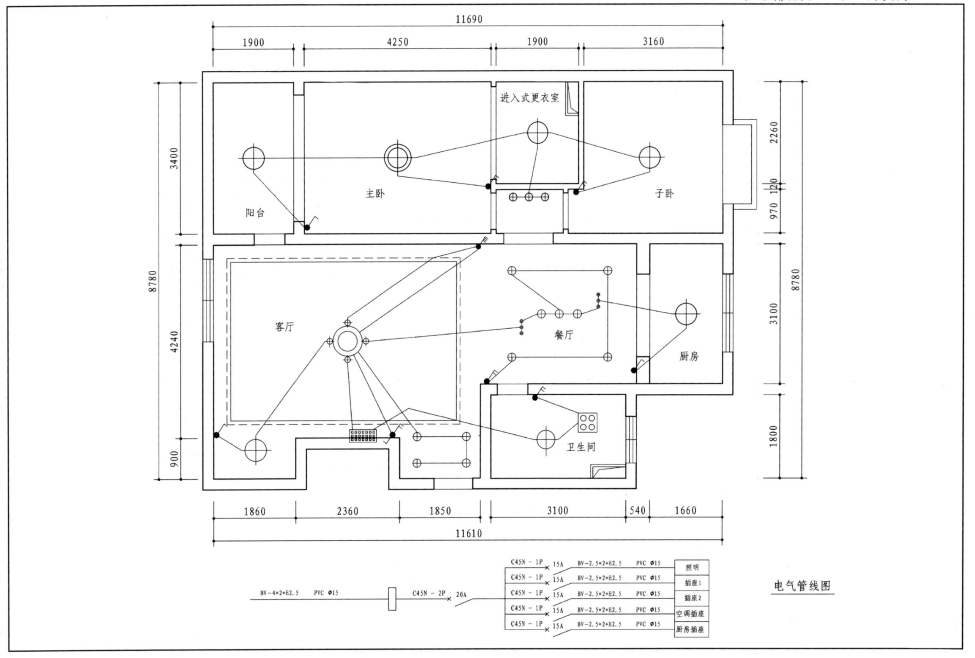

电气管线图

24 陆家嘴花园 二室二厅实例2

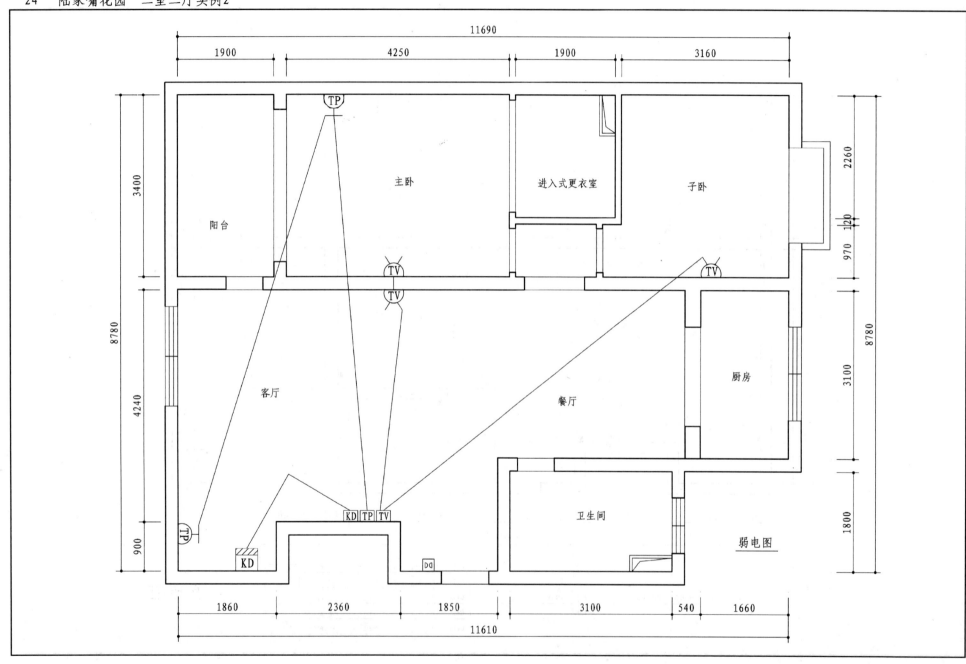

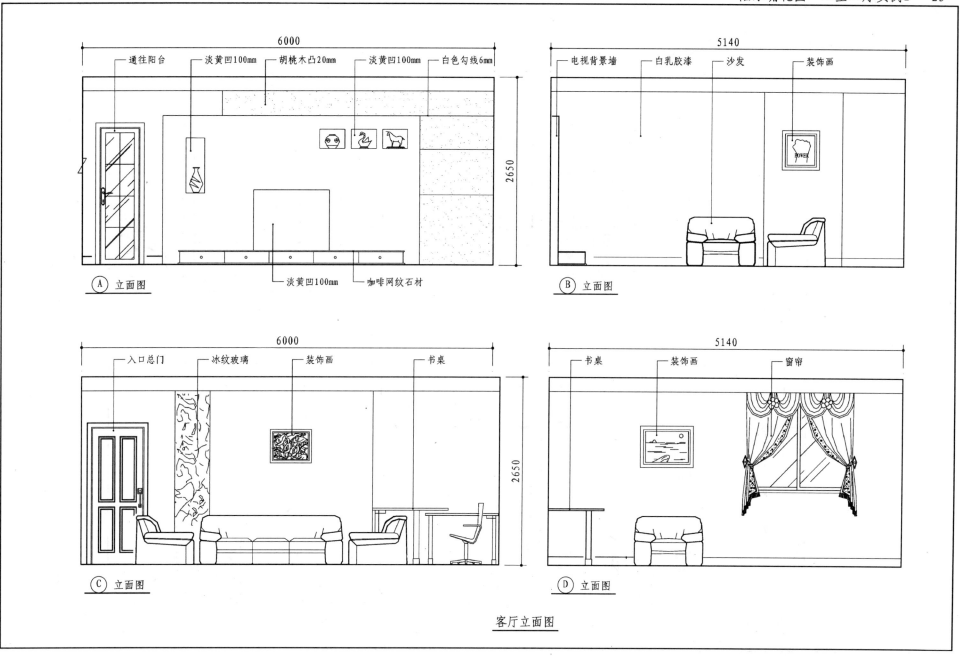

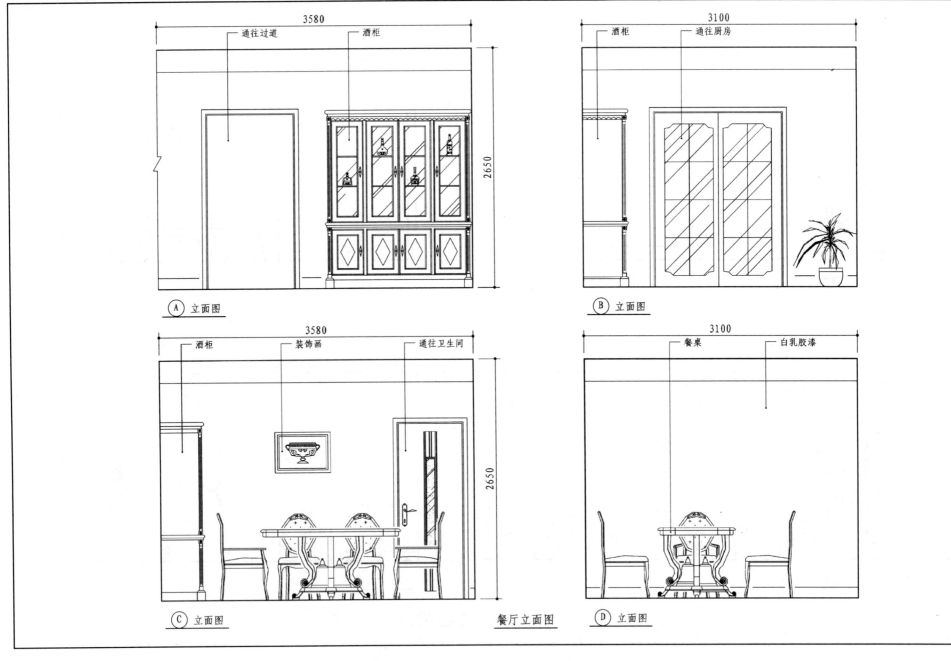

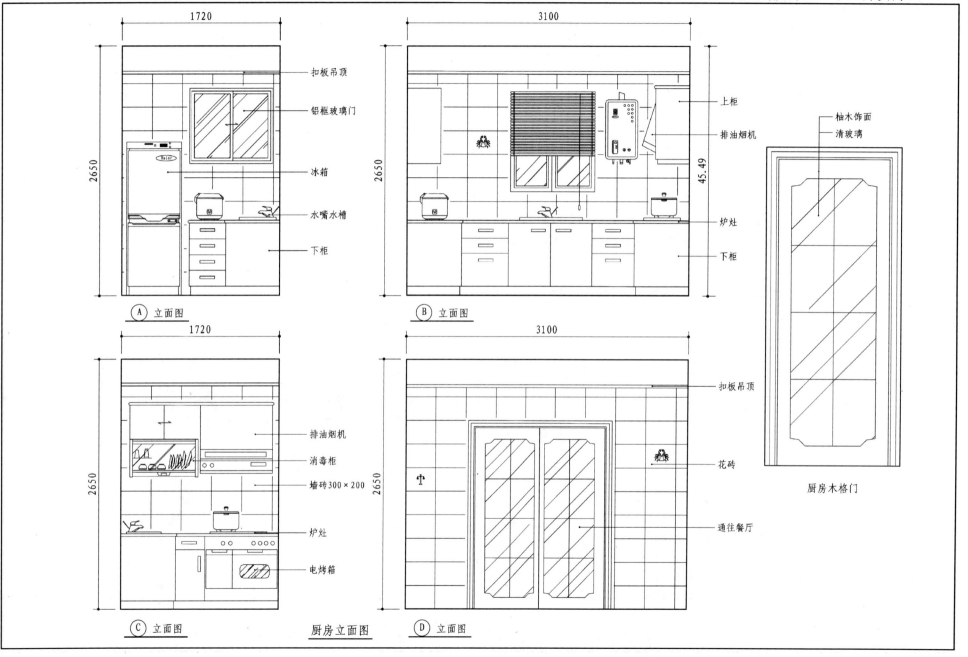

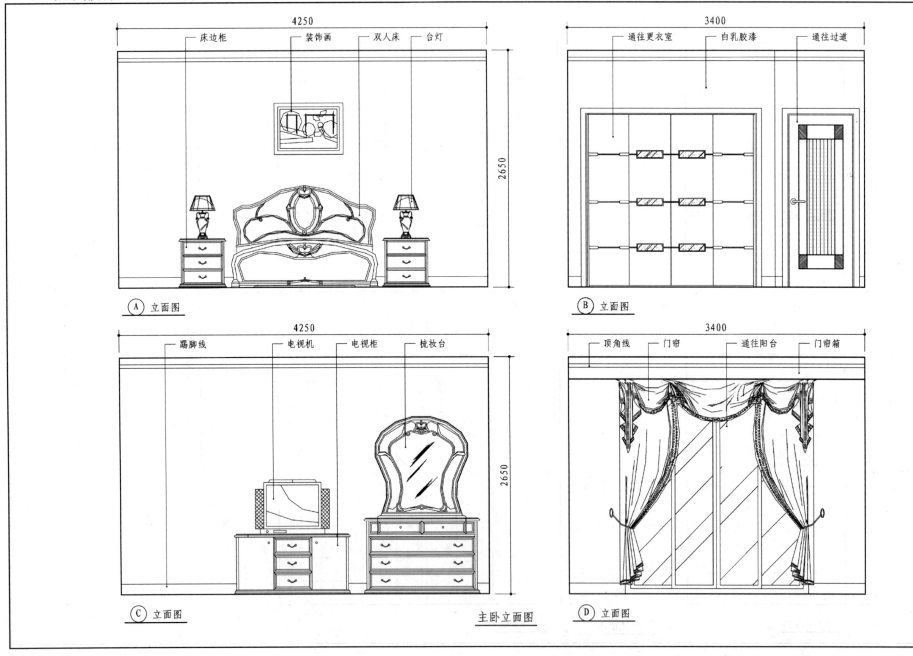

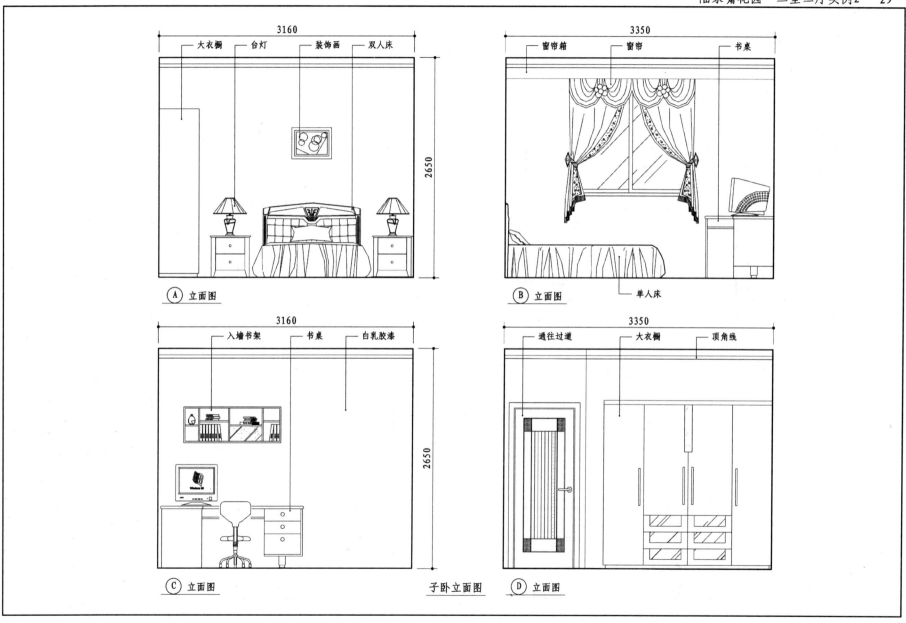

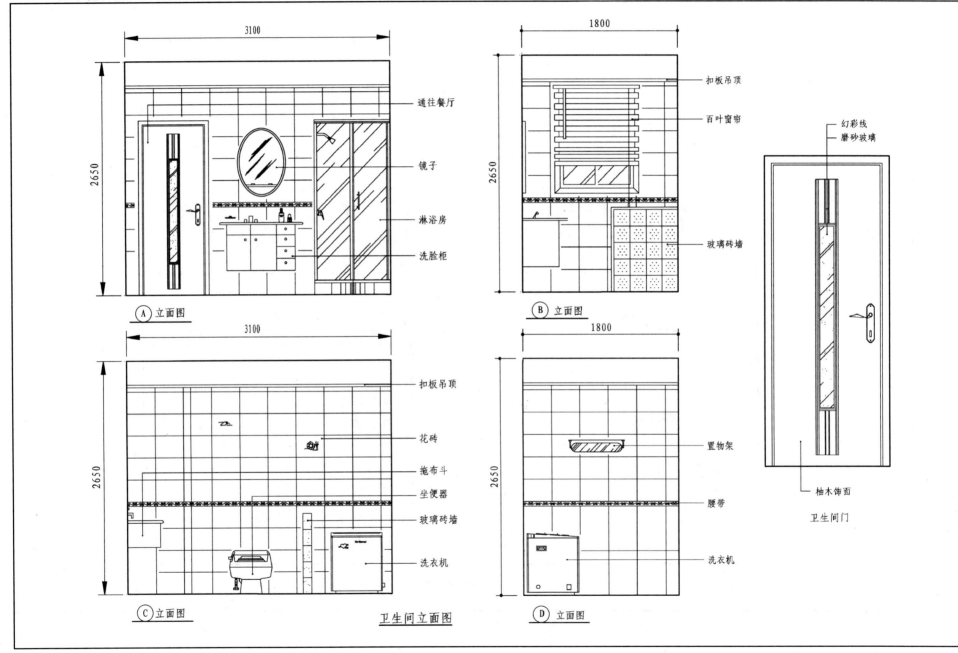

住宅装饰估价表

项目名称	材料品牌与规格	单位	单价元	数量	材料费元	人工费元	合计元	项目名称	材料品牌与规格	单位	单价元	数量	材料费元	人工费元	合计元
1. 客厅餐厅								阳台门套	12cm柚木夹板平板收口	樘	220	1	220	80	300
进门门套	12cm柚木夹板平板收口	樘	220	1	220	80	300	更衣门板	柚木夹板制作	块	120	4	480	100	580
阳台门套	15cm柚木夹板平板收口	樘	320	1	320	80	400	油漆材料	长春藤油漆	樘	55	4	220	220	440
过道门套	15cm柚木夹板平板收口	樘	320	1	220	80	300	顶角线	中纤板顶角线	m	15	20	300	80	380
阳台门套	15cm柚木夹板平板收口	樘	320	1	320	80	400	踢脚线	12cm柚木贴面	m	20	20	400	120	520
油漆材料	长春藤地面漆	樘	55	4	220	220	440	地搁栅	落叶松 30×50	m²	15	15	225	150	375
地搁栅	落叶松 30×50	m²	15	40	600	400	1000	地板	巴劳 900×90×18	m²	130	15	1950	270	2220
地板	巴劳 900×90×18	m²	130	40	5200	720	5920	磨地板		m²	3	15	45		45
磨地板		m²	3	40	120		120	地板油漆	钻石地板油漆	m²	18	15	270	270	540
地板油漆	钻石地板漆	m²	18	40	720	720	1440	墙面	二次批平石膏粉胶水	m²	6	50	300	150	450
踢脚线	110柚木贴面夹板	m	20	30	600	120	720	涂料	立邦时得丽	m²	8	50	400		500
吊顶灯圈	木龙骨石膏板	m	40	20	800	200	1000	电线	上海熊猫	m	1.5	50	75	50	125
餐厅吊顶	木龙骨石膏板	m²	50	10	500	200	700	电视电话线	上海熊猫	m	1	40	40	40	80
电线	上海熊猫	m	1.5	100	150	100	250	开关插座	松本电器	个	12	5	60	50	110
电视电话线	上海熊猫	m	1	100	100	100	200	五金辅料	地钉、圆钉等杂件				280		280
开关插座	松本电器	个	12	10	120	100	220							小计:	7815
墙面	二次批平石膏粉胶水	m²	6	130	780	390	1170	**3. 子卧**							
涂料	立邦时得丽	m²	8	130	1040	260	1300	门套	12cm柚木夹板平板收口	樘	340	1	340	80	420
五金辅料	地钉、圆钉等杂件				390		390	木门	柚木工艺门	扇	400	1	400	50	450
						小计:	16270	窗套	12cm柚木夹板平板收口	樘	220	1	220	80	300
2. 主卧								窗台大理石	咖啡网纹双边	m²	300	1.5	450	50	500
门套	12cm柚木夹板平板收口	樘	340	1	340	80	420	顶角线	T2中纤板	m	15	16	240	56	296
木门	柚木工艺门	扇	400	1	400	50	450	踢脚线	12cm柚木贴面	m	20	16	320	56	376

陆家嘴花园 二室二厅实例 2

项目名称	材料品牌与规格	单位	单价元	数量	材料费元	人工费元	合计元	项目名称	材料品牌与规格	单位	单价元	数量	材料费元	人工费元	合计元
地搁栅	落叶松 30×50	m²	15	11	165	110	275	台盆	TOTO851 台盆	个	480	1	480	50	530
地板	巴劳 900×90×18	m²	130	11	1430	234	1664	大理石	雪花白双边	m²	200	1.5	300	50	350
磨地板		m²	3	11	33		33	淋浴房	上海绿叶	个	1000	1	1000		1000
地板油漆	钻石地板漆	m²	18	11	198	198	396	三角阀	镀镍	个	15	3	45	30	75
墙面	二次批平处理	m²	6	40	240	120	360	上下落水	铜下水	套	150	1	150	30	180
涂料	立邦时得丽	m²	8	40	320	80	400	开关插座	松本电器	个	12	4	48	40	88
电线	上海熊猫	m	1.5	50	75	50	125	电线	上海熊猫	m	1.5	30	45	30	75
电视电话线	上海熊猫	m	1	40	40	40	80	防水镜	防水镜 5mm	块	120	1	120	20	140
开关插座	松本电器	个	12	4	48	40	88	五金辅料					280		280
五金辅料					280		280							小计:	8853
						小计:	6043	**5. 厨房**							
4. 客卫								门套	12cm 柚木夹板平板收口	樘	340	1	340	80	420
门套	12cm 柚木夹板平板收口	樘	340	1	340	80	420	木门	柚木工艺门	扇	400	2	800	100	900
木门	柚木工艺门	扇	400	1	400	50	450	移门槽	台湾义明	m	30	4	120		120
吊顶	木龙骨 30×50	m²	15	7	105	70	175	吊轮	ABS 吊轮	付	30	4	120	40	160
PVC 板	武峰扣板加角线	m²	30	7	210	70	280	面砖	亚细亚面砖 200×300	m²	50	20	1000	360	1360
面砖	亚细亚面砖 200×300	m²	50	20	1000	360	1360	地砖	亚细亚地砖 300×300	m²	50	7	350	140	490
地砖	亚细亚地砖 300×300	m²	50	7	350	140	490	吊顶	木龙骨 30×50	m²	15	7	105	70	175
砂、水泥	中粗砂、水泥（32.5级）	m²	20	27	540		540	PVC 扣板	武峰扣板加角线	m²	30	7	210	70	280
水管	上海三净铜管	m	25	20	500	200	700	砂、水泥	中粗砂、水泥（32.5级）	m²	20	27	540		540
封管道	85砖、水泥、砂	根	60	2	120	40	160	水管	上海三净铜管	m	25	20	500	200	700
配件	6分铜配件				350		350	配件	6分铜配件				350		350
毛巾架	不锈钢	个	80	1	80	20	100	排油烟机	甲方供					50	50
草子架	不锈钢	个	40	1	40	20	60	淋浴器	甲方供					150	150
坐便器	TOTO784 分体	个	1000	1	1000	50	1050	水槽	不锈钢双斗	个	380	1	380	30	410

陆家嘴花园 二室二厅实例2

项目名称	材料品牌与规格	单位	单价元	数量	材料费元	人工费元	合计元
电线	上海熊猫	m	1.5	20	30	20	50
开关插座	松本电器	个	12	4	48	40	88
五金辅料						280	280
厨具	框架三聚青氧LG防火板台板中国黑不含配件	m	700	5	3500	600	4100
						小计:	10623
6.其他项目							
阳台地砖	亚细亚工艺砖	m²	50	7	350	140	490
进门鞋柜	细木工板制作柚木贴面	个	980	1	980		980
酒柜	细木工板制作柚木贴面	个	1320	1	1320		1320
电视机背景	细木工板制作柚木贴面	个	1350	1	1350		1350
端景台	细木工板制作柚木贴面	个	980	1	980		980
更衣室柜	细木工板制作柚木贴面	m	825	4	3300		3300
写字台	细木工板制作	个	820	1	820		820
						小计:	9240
						合计:	58844

表注：＊85砖是上海地区生产的、尺寸为215×105×43的一种砌墙砖，其规格比国家标准砖（240×120×53）略小。

说明：
凡是未列入本预算中的水龙头（水嘴）、玻璃、灯具、锁具、窗帘等都由户主自购。

直接费：58844元（材料费：48500元，人工费：10344元）

设计费：免

管理费：5%　2942元

税金：3.41%　2107元

总价：63893元

住宅装饰工程估价表

一	人工费	
二	材料费	
三	管理费	[（一）+（二）]×(5%~10%)
四	合计	（一）+（二）+（三）
五	设计费	（四）×(2%~5%)
六	税金	[（四）+（五）]×3.41%
七	总价	（四）+（五）+（六）
八	垃圾清运	按实

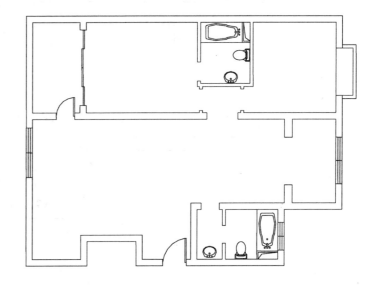

原始房型图

34 光明城市 二室二厅实例3

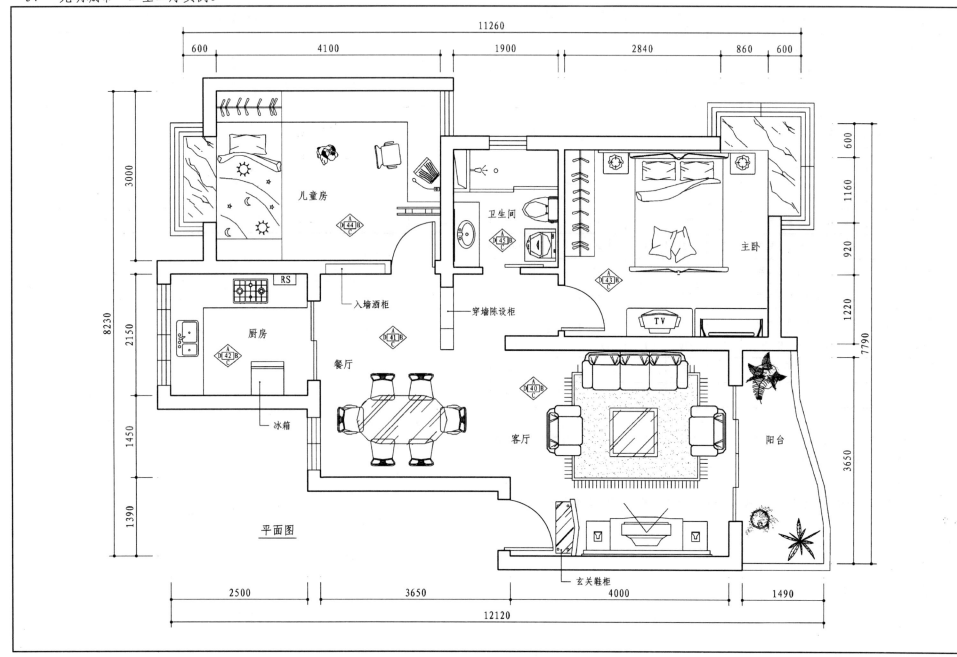

平面图

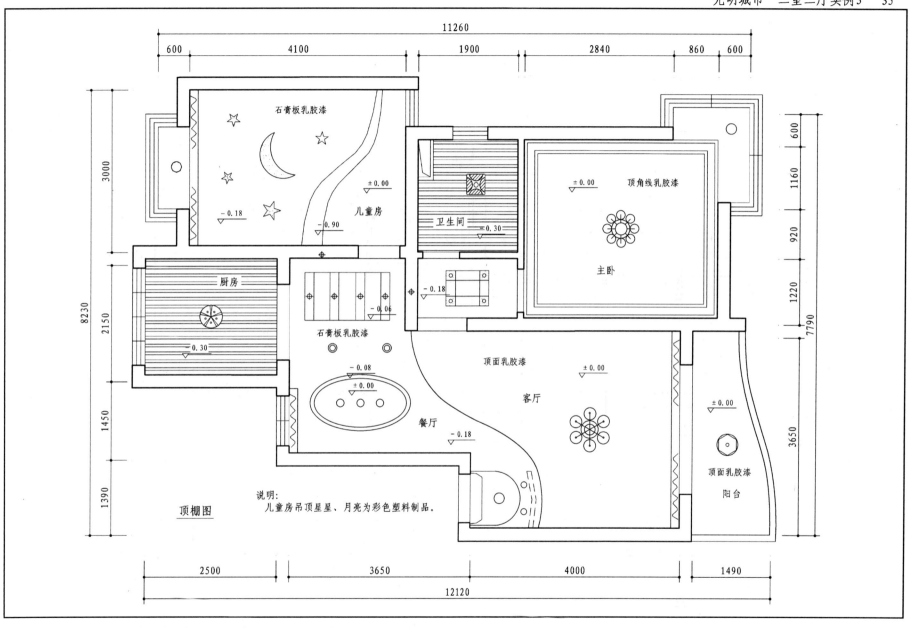

36 光明城市 二室二厅实例3

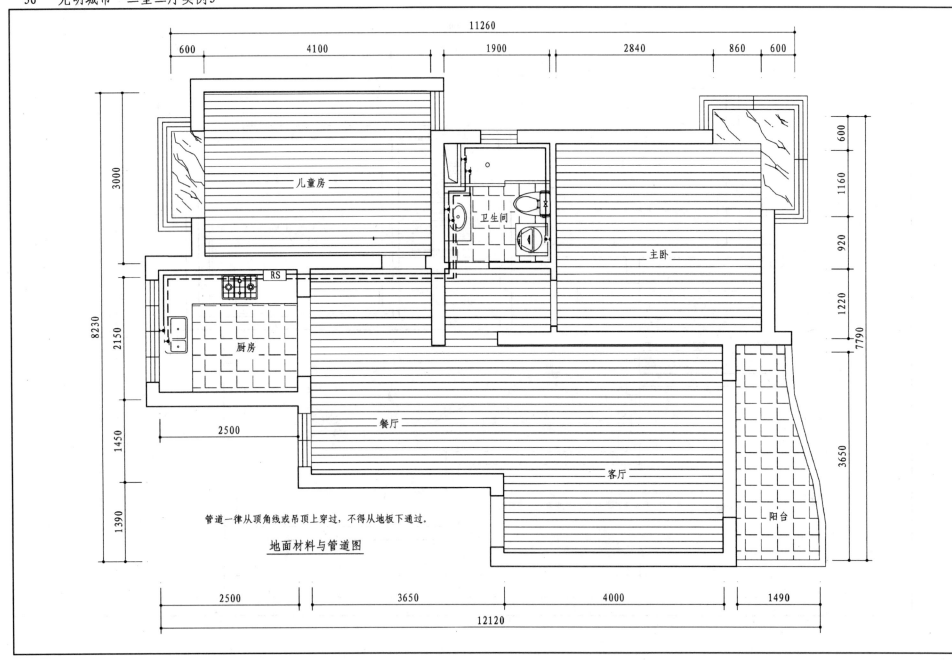

地面材料与管道图

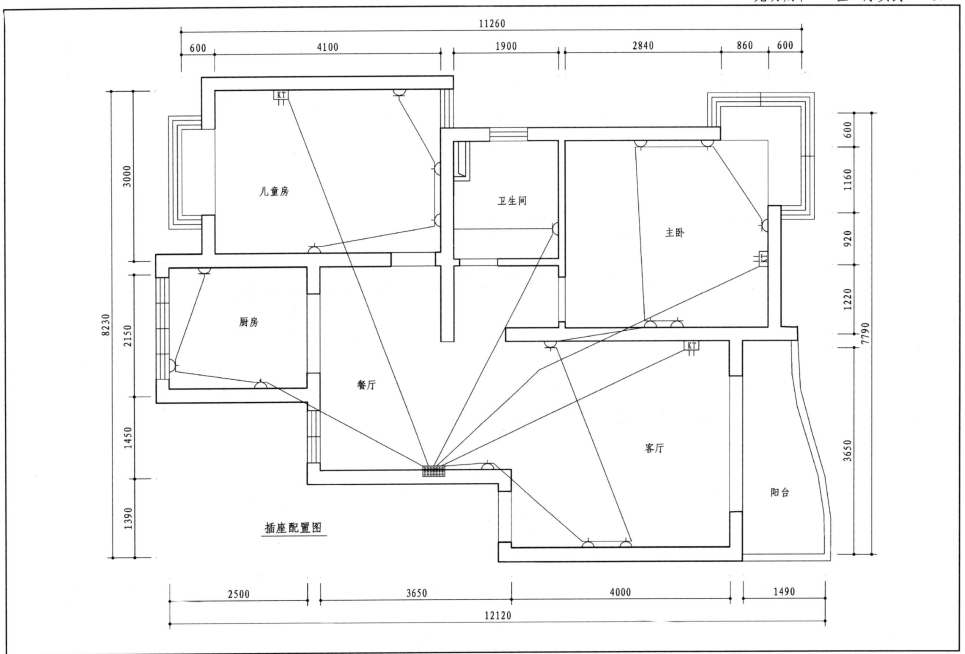

38 光明城市 二室二厅实例3

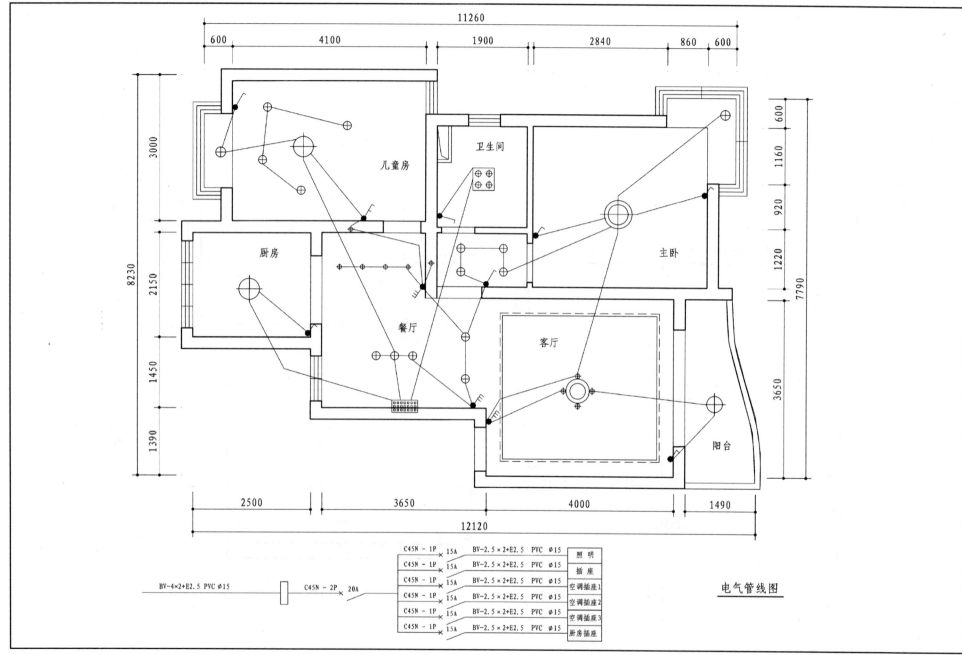

电气管线图

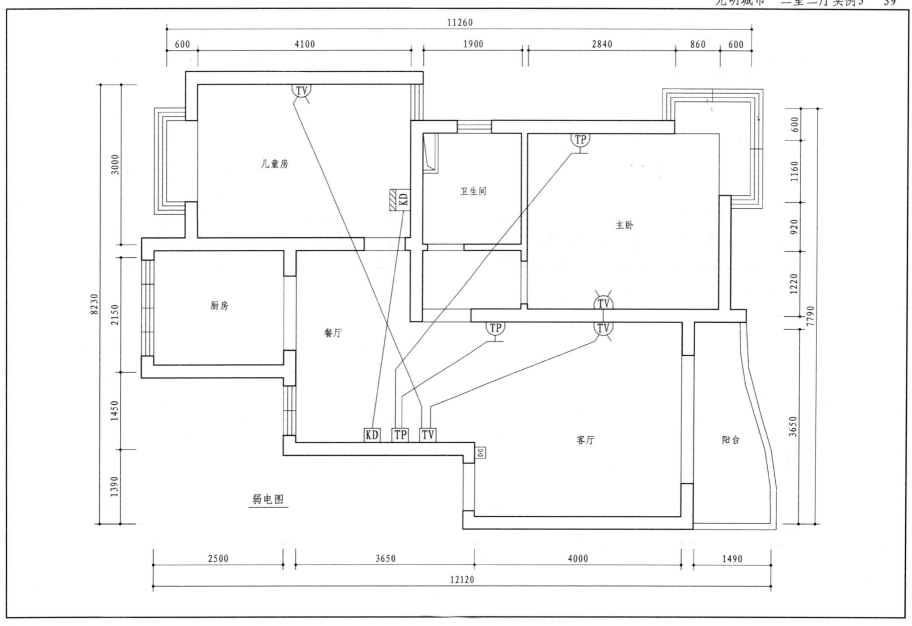

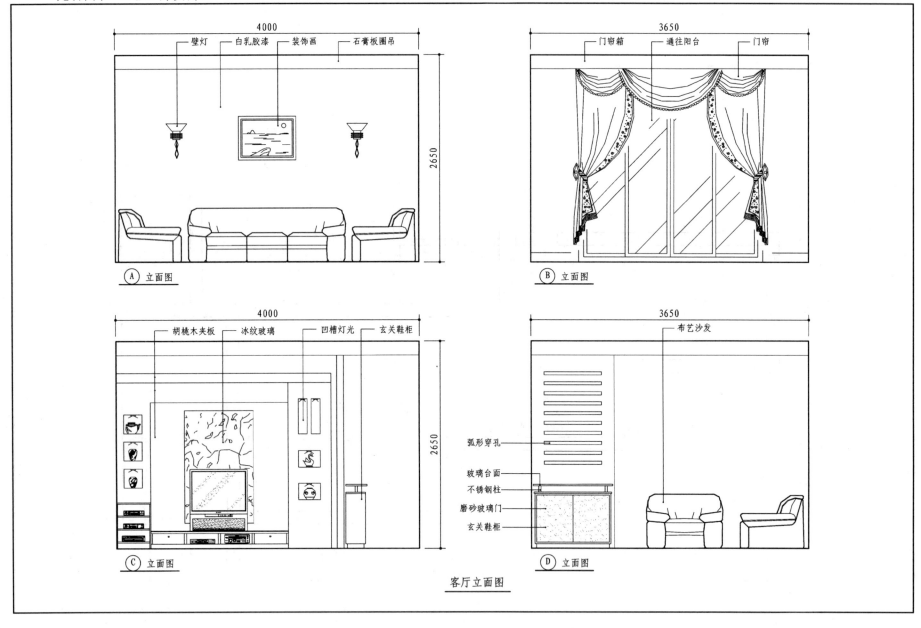

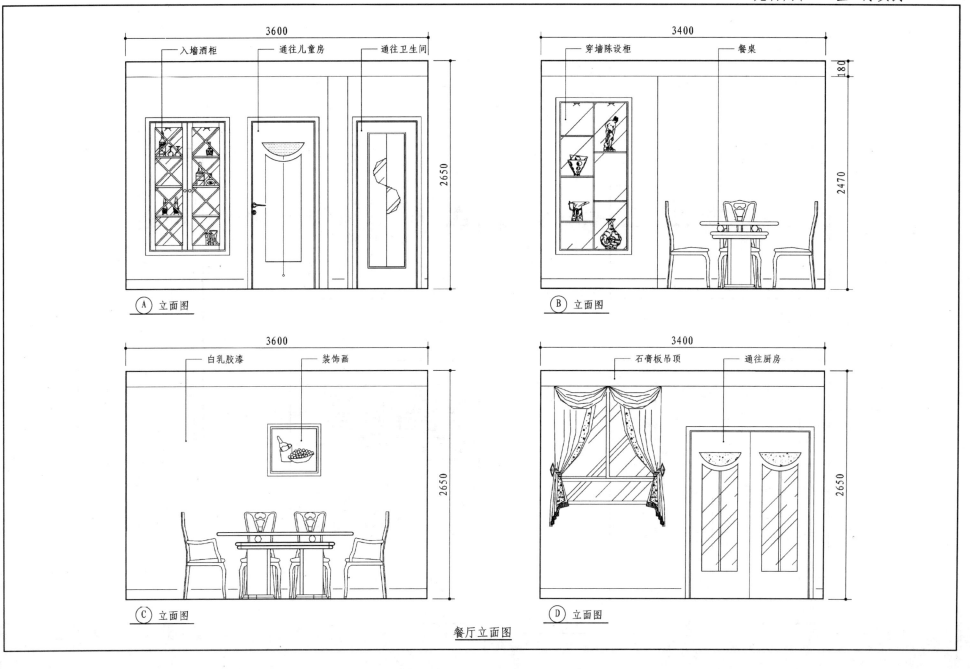

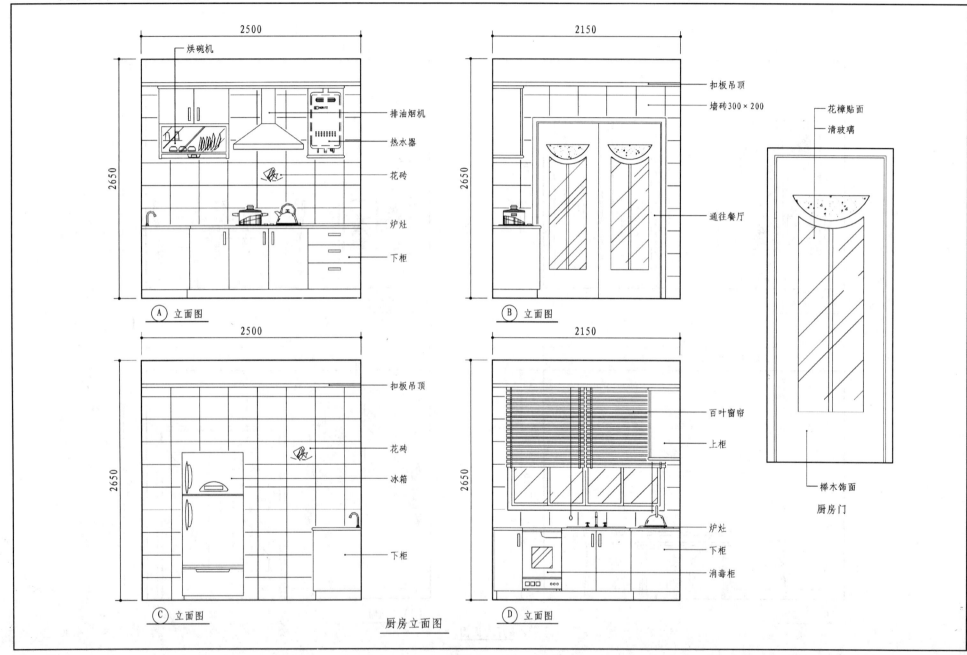

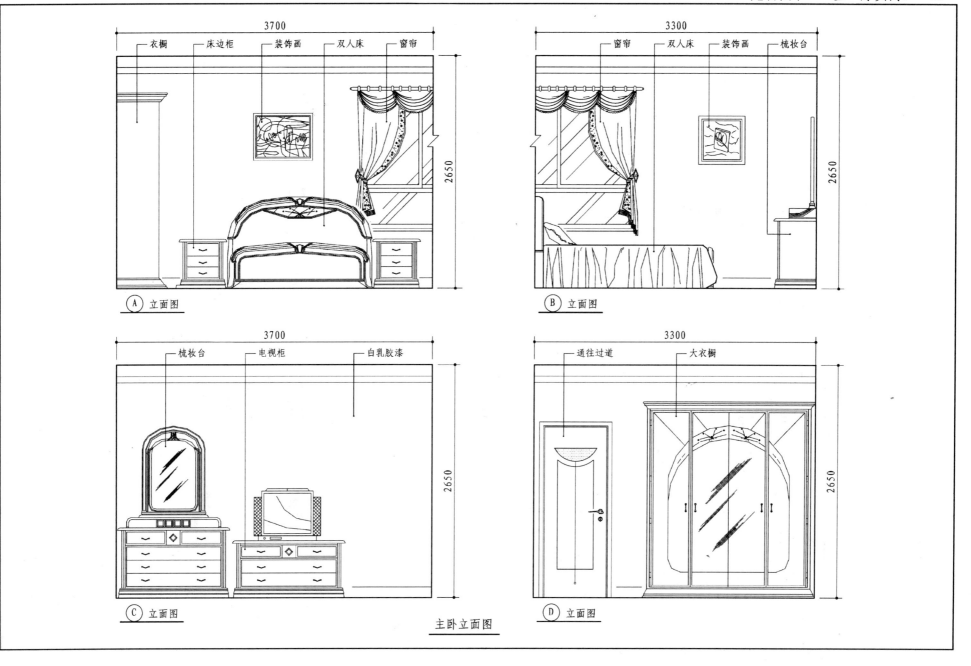

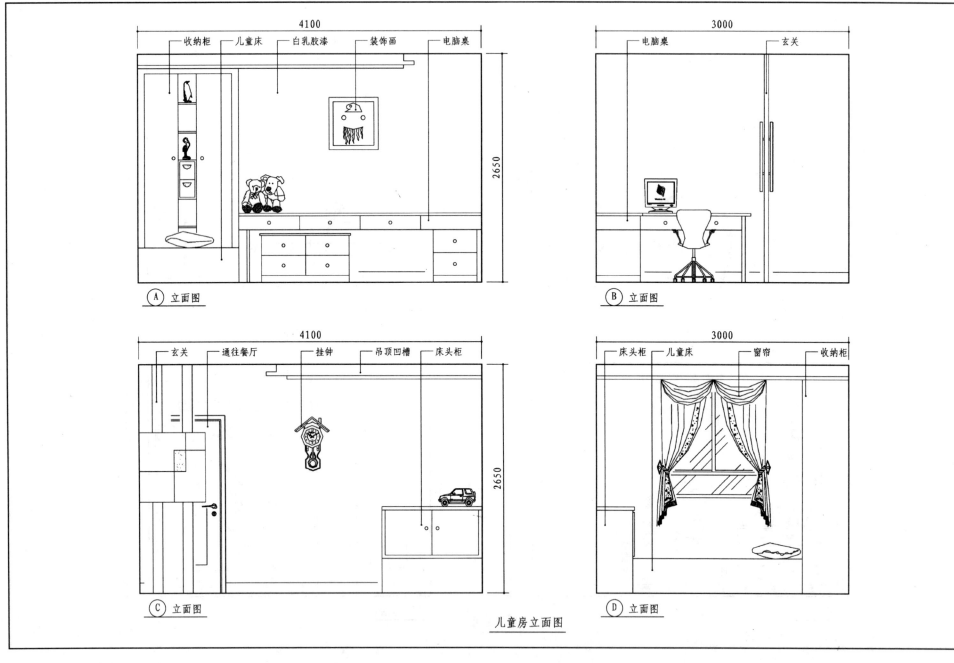

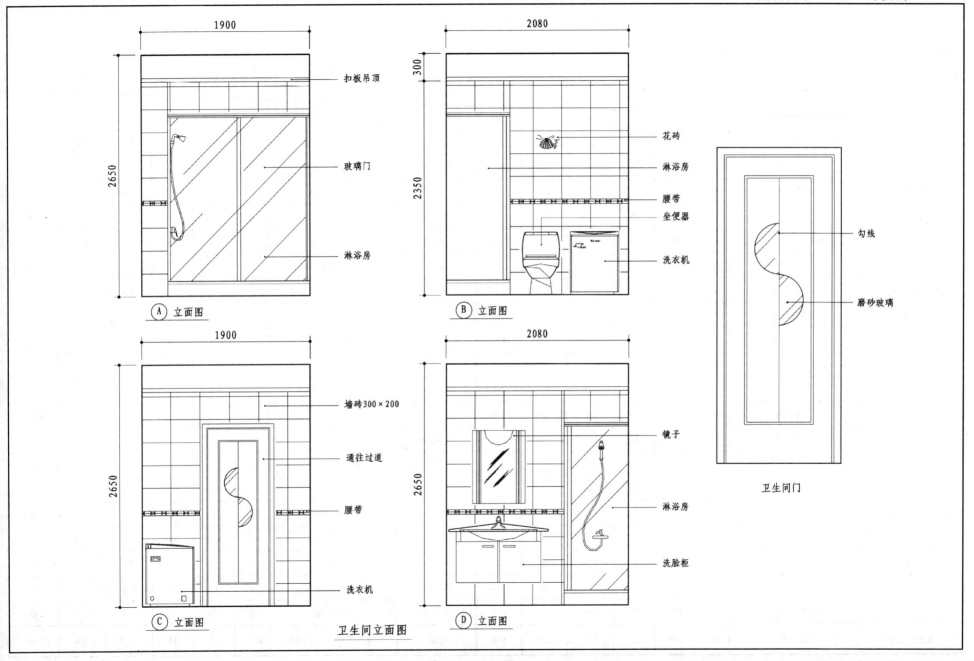

住宅装饰估价表

项目名称	材料品牌与规格	单位	单价元	数量	材料费元	人工费元	合计元	项目名称	材料品牌与规格	单位	单价元	数量	材料费元	人工费元	合计元
1. 客餐厅、走道								油漆材料	长春藤油漆	樘	55	3	165	165	330
进门门套	12cm榉木夹板平板收口	樘	220	1	220	80	300	顶角线	石膏线条	m	6	16	96		96
阳台门套	15cm榉木夹板平板收口	樘	220	1	220	80	300	踢脚线	12cm榉木贴面	m	15	16	240	64	304
吊顶灯圈	木龙骨石膏板	m	40	16	640	160	800	地搁栅	落叶松30×50	m²	15	15	225	150	375
餐厅吊顶	木龙骨石膏板	m²	50	9	450	180	630	地板	康派司地板	m²	90	15	1350	270	1620
地搁栅	落叶松30×50	m²	15	28	420	280	700	磨地板		m²	3	15	45		45
地板	康派司900×90×18	m²	90	28	2520	504	3024	地板油漆	钻石地板漆	m²	18	15	270	225	495
磨地板		m²	3	28	84		84	墙面	二次批平处理石膏粉	m²	6	50	300	150	450
地板油漆	钻石地板漆	m²	18	28	504	420	924	涂料	立邦时得丽	m²	8	50	400	100	500
门套油漆	长春藤油漆	樘	55	2	110	110	220	电线	上海熊猫	m	1.5	50	50	50	100
墙面	二次批平石膏粉胶水	m²	6	90	540	270	810	电视电话线	上海熊猫	m	1	50	50	50	100
涂料	立邦时得丽	m²	8	90	720	180	900	开关插座	松本电器	个	12	5	60	50	110
电线	熊猫电线	m	1.5	100	150	100	250	五金辅料	五金杂件、地钉				285		285
电视电话线	熊猫电线	m	1	50	50	50	100							小计:	6710
开关插座	松本电器	个	12	10	120	100	220	**3. 儿童房**							
五金辅料	地板钉、圆钉等杂件				287		287	门套	12cm榉木夹板平板收口	樘	220	1	220	80	300
踢脚线	12cm榉木贴面	m	15	30	450	120	570	木门	榉木工艺门	扇	350	1	350	50	400
					小计:		10119	窗套	12cm榉木夹板收口	樘	220	2	440	160	600
2. 主卧								窗台大理石	雪花白双边	m²	200	1.5	300	100	400
门套	12cm榉木夹板平板收口	樘	220	1	220	80	300	顶角线	110豪华石膏线	m	6	15	90		90
窗套	12cm榉木夹板平板收口	樘	220	2	440	160	600	踢脚线	12cm榉木贴面	m	15	15	225	60	285
木门	榉木工艺门	扇	350	1	350	50	400	坐便器	TOTO分体	个	970	1	970	50	1020
窗台大理石	雪花白双边	m²	200	2.5	500	100	600	地板	康派司900×90×18	m²	90	13	1170	234	1404

项目名称	材料品牌与规格	单位	单价元	数量	材料费元	人工费元	合计元	项目名称	材料品牌与规格	单位	单价元	数量	材料费元	人工费元	合计元
地搁栅	落叶松30×50	m²	15	13	195	130	325	台盆	TOTO581台盆	个	450	1	450	50	500
磨地板		m²	3	13		40	40	大理石	雪花白双边	m²	200	1.5	300	100	400
地板油漆	钻石地板漆	m²	18	13	234	195	429	淋浴房	上海绿叶	m²	350	3.5	1225		1225
电线	上海熊猫	m	1.5	50	50	50	100	三角阀	镀镍	个	15	3	45	30	75
电视电话线	上海熊猫	m	1	40	40	40	80	开关插座	松本电器	个	12	4	48	40	88
开关插座	松本电器	个	12	5	60	50	110	电线	上海熊猫	m	1.5	40	60	40	100
墙面	二次批平石膏粉	m²	6	40	240	120	360	防水镜	5mm防水镜	块	100	1	100	20	120
涂料	立邦时得丽	m²	8	40	320	80	400							小计:	6596
门套木门油漆	长春藤油漆	樘	55	3	165	165	330	**5. 厨房**							
五金辅料	地钉、圆钉等杂件				280		280	门套	12cm榉木平板收口	樘	220	1	220	80	300
						小计:	6953	木门	榉木工艺门	扇	350	2	700	100	800
4. 卫生间								移门槽	台湾义明	m	25	3	75	20	95
门套	12cm榉木夹板平板收口	樘	220	1	220	80	300	吊轮	ABS吊轮	付	30	4	120	20	140
木门	榉木工艺门	扇	350	1	350	50	400	吊顶	木龙骨	m²	15	9	135	90	225
移门槽	台湾义明	m	25	1.5	38	20	58	PVC扣板	武峰扣板	m²	30	9	270	90	360
吊轮	ABS吊轮	付	30	2	60	20	80	墙面砖	上元200×300	m²	40	20	800	200	1000
吊顶	木龙骨	m²	15	5	75	50	125	地砖	上元300×300	m²	40	9	360	225	585
PVC扣板	武峰扣板	m²	30	5	150	50	200	砂、水泥	中粗砂、水泥（32.5级）	m²	15	29	435		435
面砖	200×300	m²	40	20	800	200	1000	水管	上海三净铜管	m	25	20	500	200	700
地砖	300×300	m²	40	5	200	150	350	配件	6分铜配件				250		250
砂、水泥	中粗砂、水泥（32.5级）	m²	15	25	375		375	淋浴器	甲方供					150	150
水管	上海三净铜管	m	25	20	500	200	700	排油烟机	甲方供					50	50
配件	6分铜配件				350		350	水槽	不锈钢双斗	个	350	1	350	30	380
毛巾架	不锈钢	个	80	1	80	20	100	电线	上海熊猫	m	1.5	30	45	30	75
草子架	不锈钢	个	40	1	40	10	50	开关插座	松本电器	个	12	4	48	40	88

48　光明城市　二室二厅实例3

项目名称	材料品牌与规格	单位	单价元	数量	材料费元	人工费元	合计元
厨具	框架三聚青氧水晶门板、台板、大理石、不含配件	m	700	5	3500	200	3700
五金配件						350	350
						小计:	9683
6. 其他							
阳台	工艺地砖 300×300	m²	50	6	300	90	390
墙柜	敲墙细木工板制作	个	480	1	480	150	630
电视机背景	细木工板制作连墙面	个	1500	1	1500	450	1950
鞋柜玄关	细木工板制作	个	780	1	780	200	980
儿童房家具	整套细木工板制作整体	套	2150	1	2150	850	3000
						小计:	6950
						合计:	47660

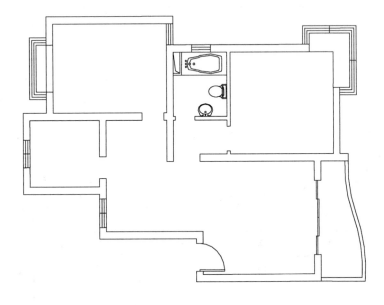

原始房型图

说明：
1. 本预算客厅包括电视柜、电视背景墙、玄关鞋柜；餐厅包括入墙酒柜；走道包括穿墙陈设柜；儿童房包括床、转角电脑桌、衣柜、床头柜、玄关；厨房包括L型立柜及吊柜。
2. 未列入本预算中的水龙头（水嘴）、锁具、电器、玻璃、窗帘等由户主自购。

直接费：47733元（材料费：36714元+人工费：9279元+家具加工费：1740元）
设计费：2%　免
管理费：5%　2387元
税金：3.41%　1709元
总价：51829元

创冠体育花园　三室二厅实例1

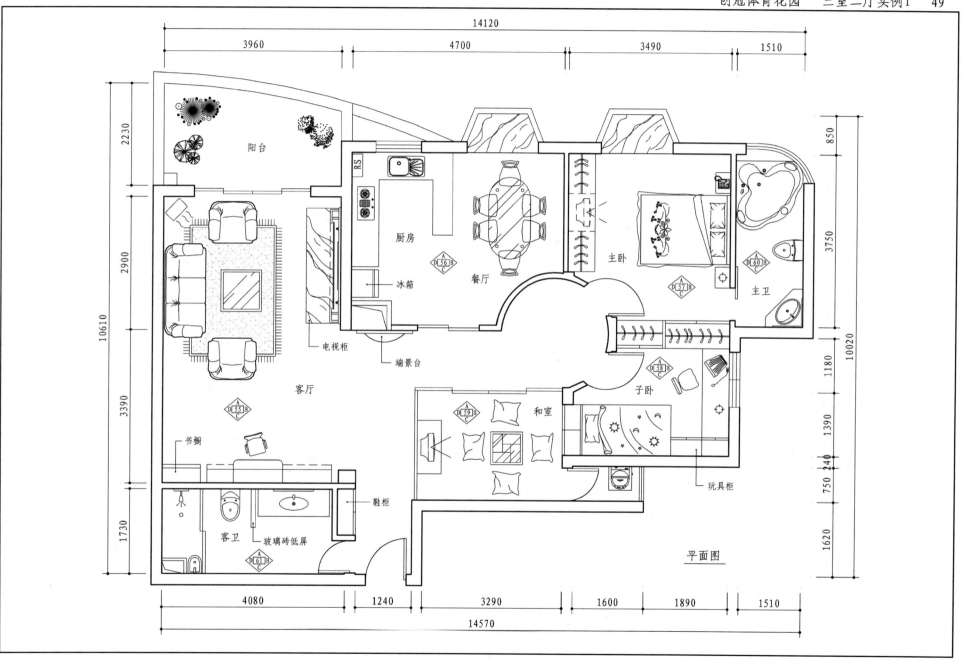

平面图

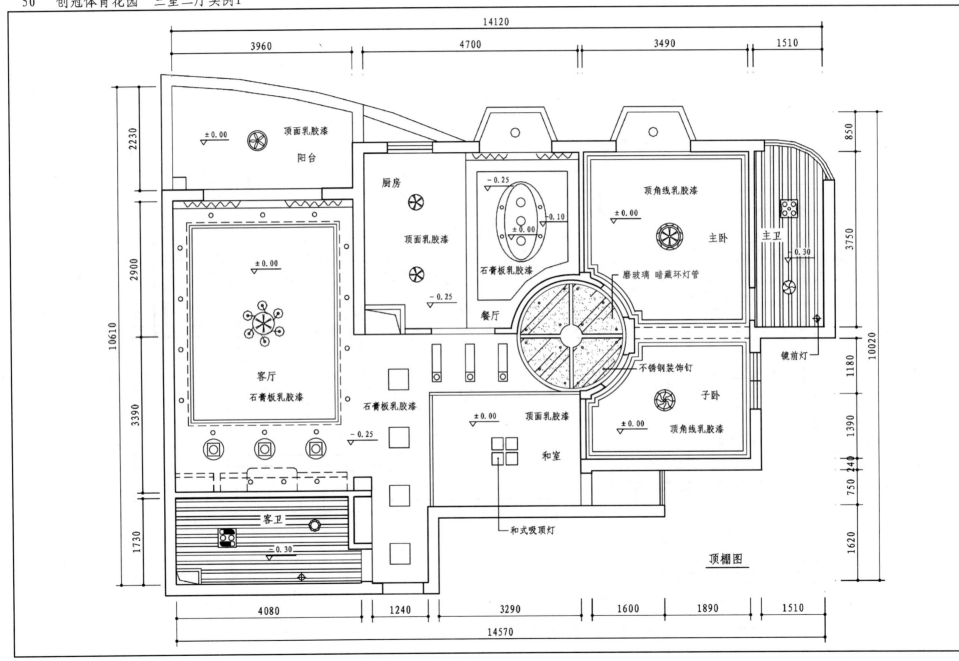

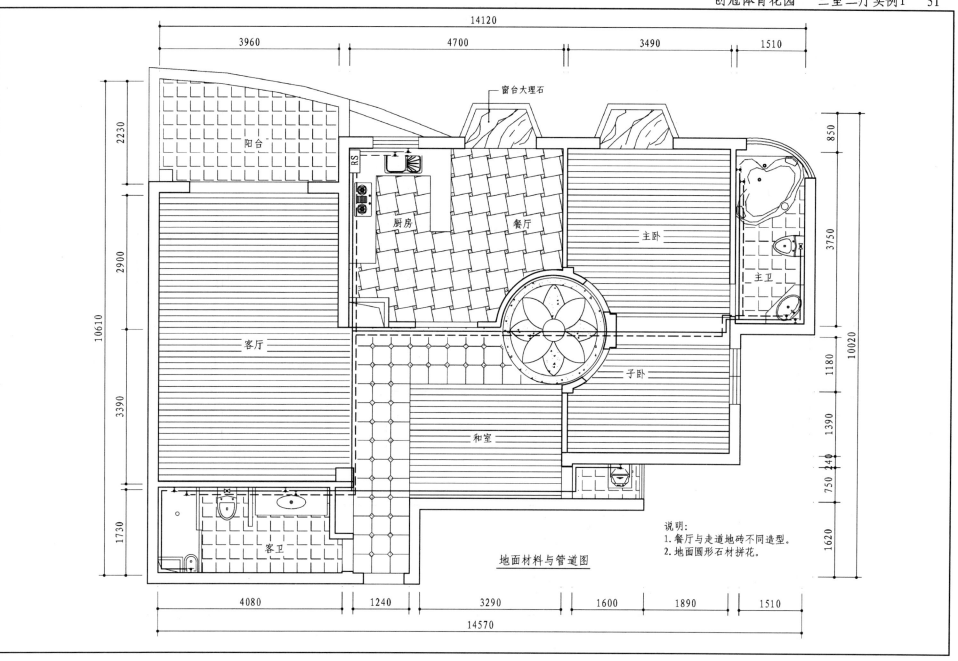

地面材料与管道图

说明：
1. 餐厅与走道地砖不同造型。
2. 地面圆形石材拼花。

创冠体育花园　三室二厅实例1

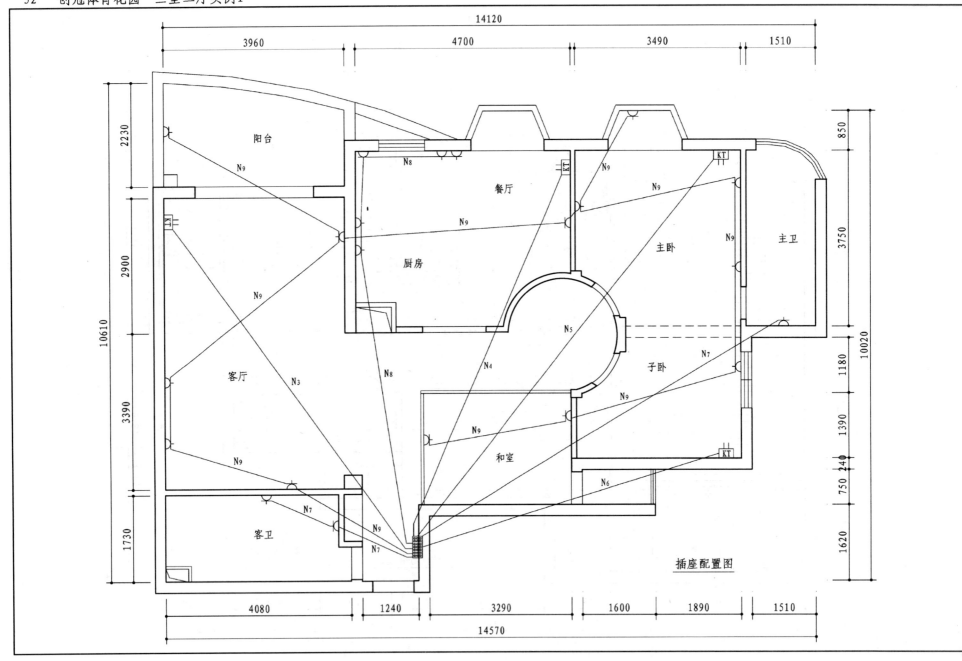

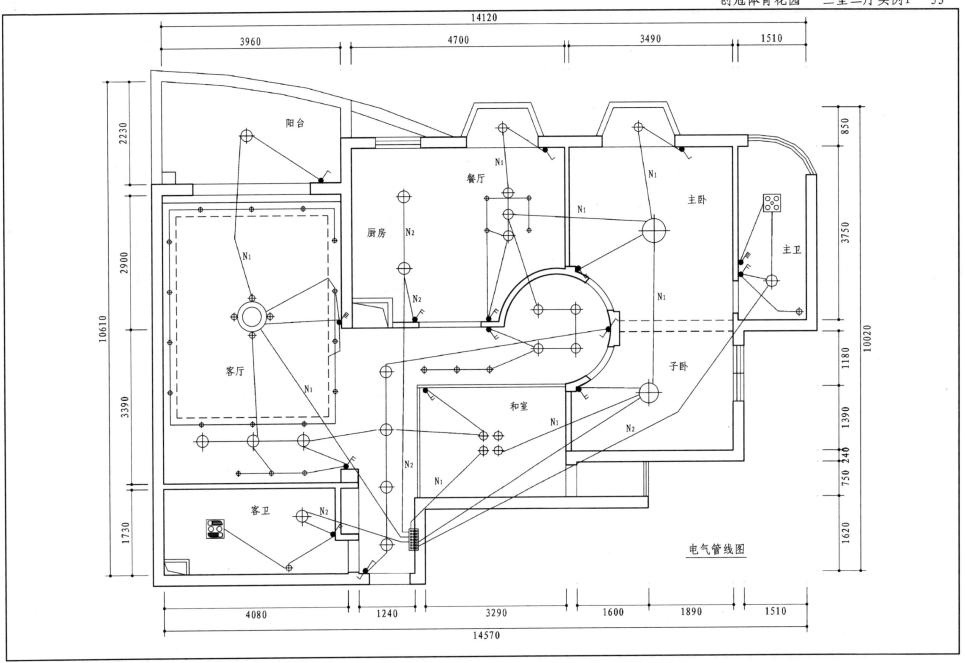

电气管线图

54 创冠体育花园 三室二厅实例1

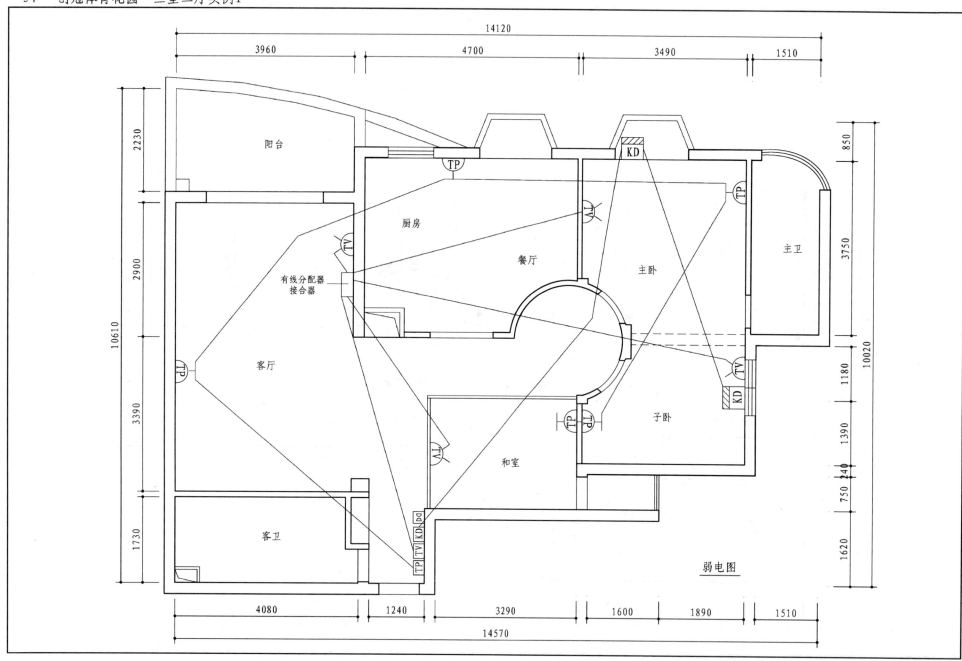

弱电图

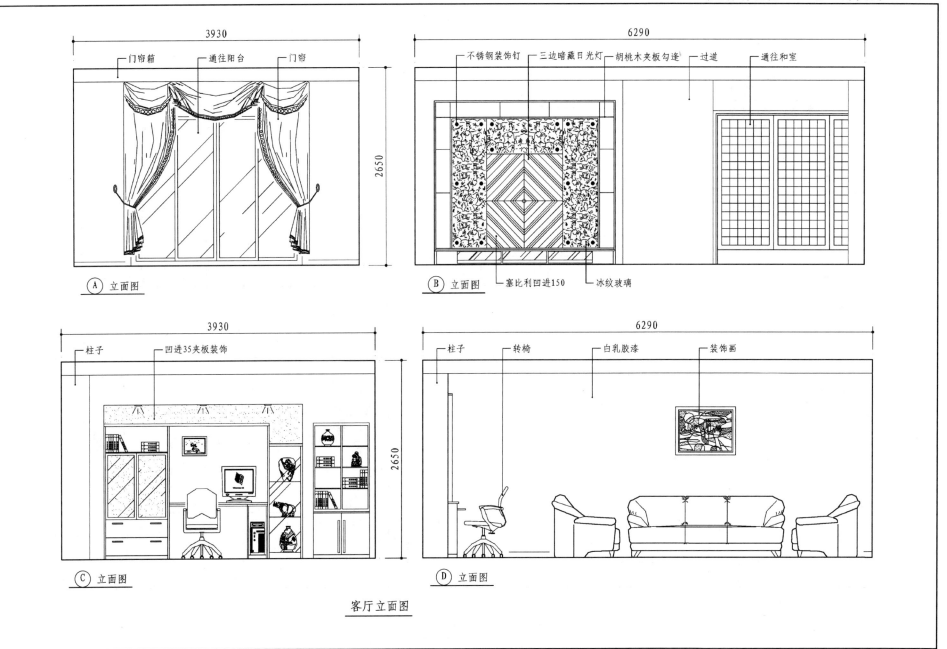

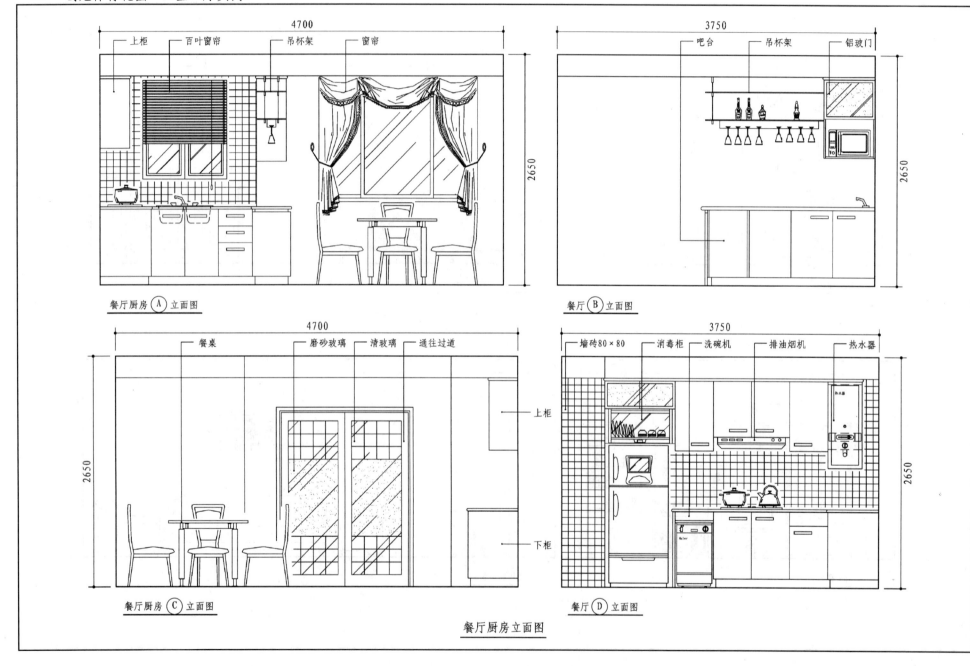

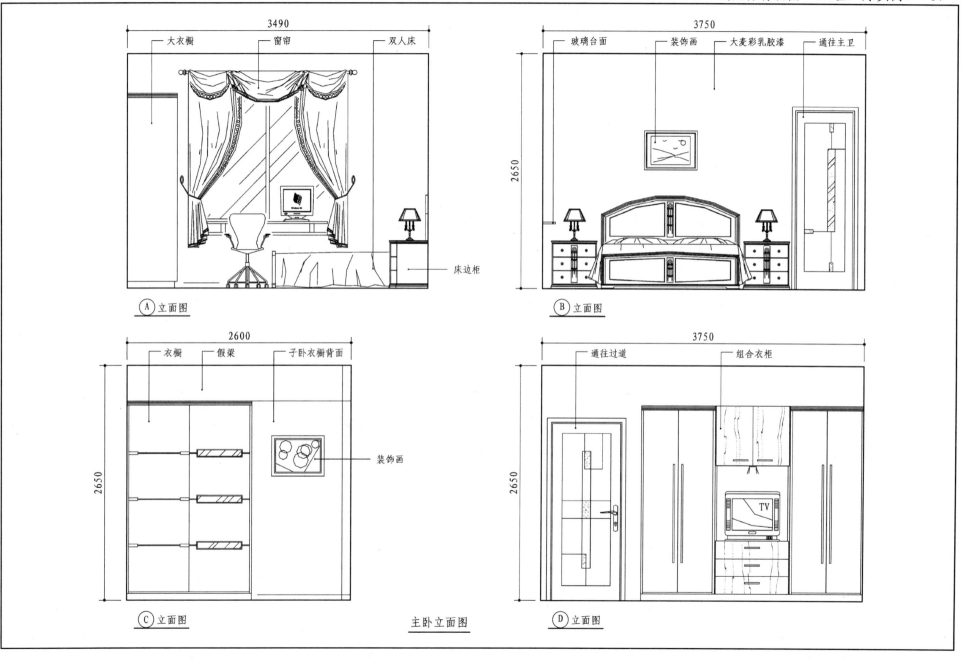

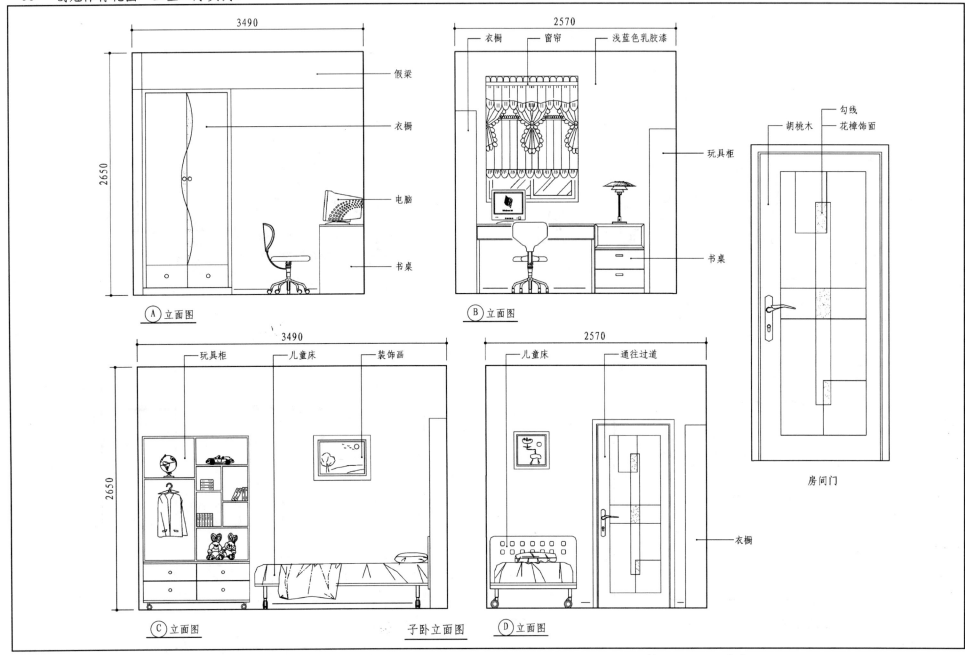

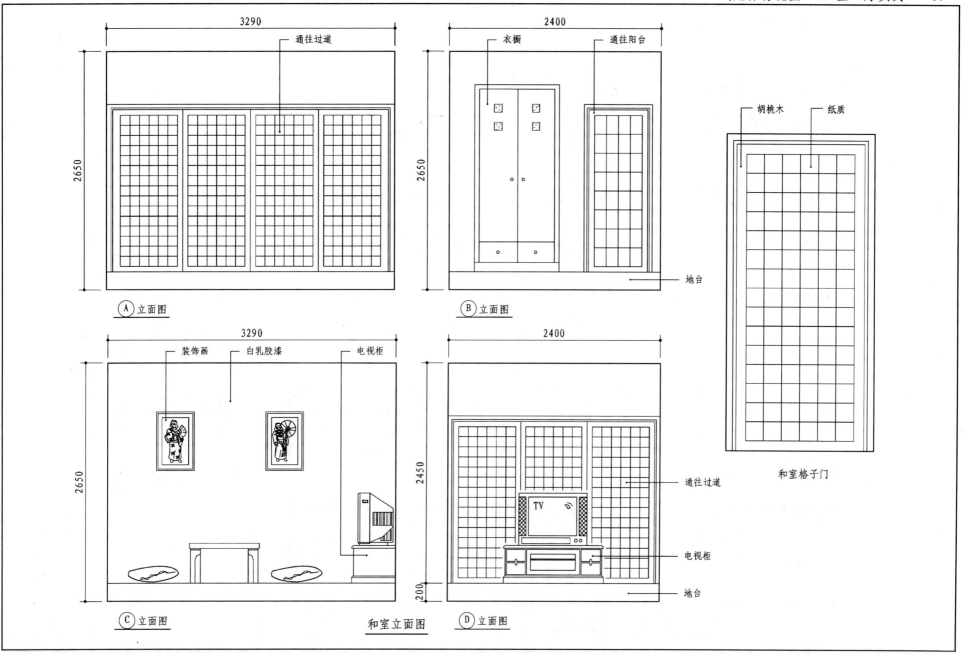

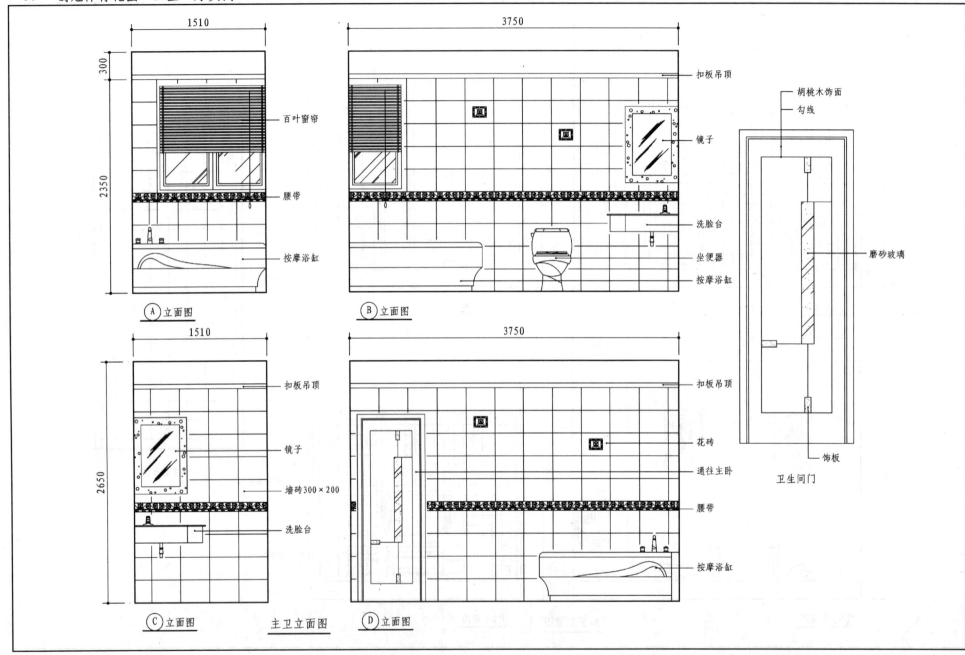

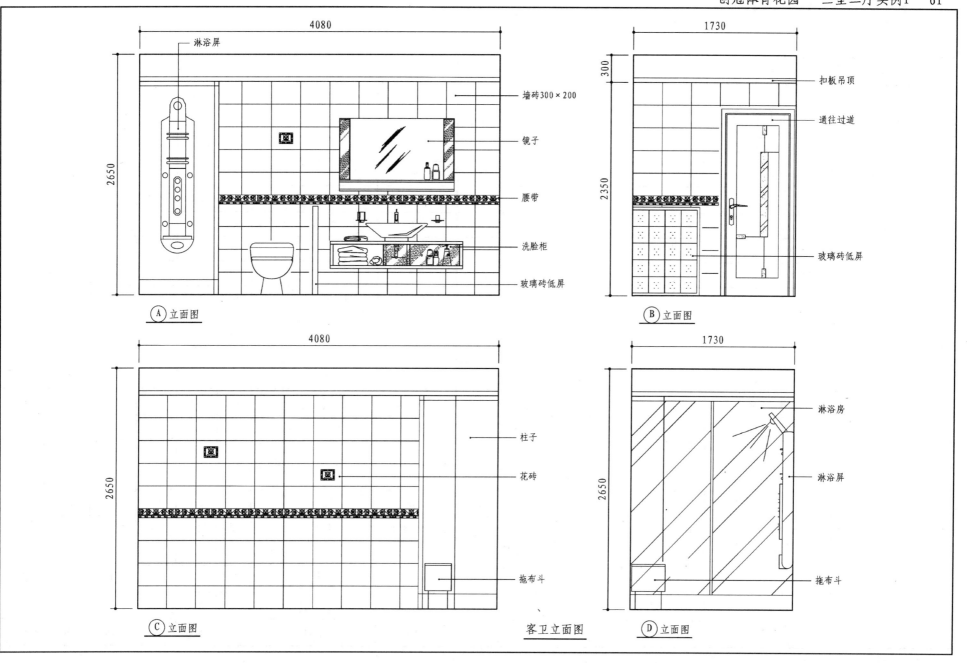

住宅装饰估价表

项目名称	材料品牌与规格	单位	单价元	数量	材料费元	人工费元	合计元	项目名称	材料品牌与规格	单位	单价元	数量	材料费元	人工费元	合计元
1. 客厅、阳台								端景台	细木工板制作、胡桃木、玻璃	m²	230	2.42	557	121	678
地面	巴劳、漆板（900×90）上海凌牌	m²	202	26.9	5433.8	538	5971	油漆	长春藤、半哑清水	m²	35	9	315	135	450
吊顶	白松、纸面石膏板	m²	105	18	1890	468	2358							小计：	9479
墙顶乳胶漆	立邦梦幻千色	m²	18	77	1386	462	1848	**3. 客卫**							
阳台地面	苏州罗马（300×300）防滑型	m²	100	9	900	162	1062	地面	苏州罗马（30×30）	m²	100	7.14	714	129	843
阳台踢脚线	苏州罗马	m	100	2.8	280	56	336	墙面	苏州罗马（25×30）	m²	100	17	1700	306	2006
客厅踢脚线	胡桃木饰面	m	18	12	216	60	276	花砖	罗马	块	35	3	105		105
门套	胡桃木饰面、实木线条	樘	390	1	390	65	455	腰带	罗马	片	12	40	480		480
C立面背景	纸面石膏板木龙骨	m²	105	5.5	578	110	688	吊顶	铝扣中板、得实牌	m²	90	8	900	120	1020
窗帘箱	细木工板制作	m	42	4	168	60	228	取暖器	上海奥普	个	610	1	610	20	630
电视木背景	细木工板、赛比列板、冰纹玻璃	m²	280	7	1960	350	2310	玻璃砖	19×19 上海产	m²	405	1	405	60	465
电视柜	细木工板、胡桃木、大理石台面	个	950	1	950	150	1100	门	胡桃木饰面	扇	630	1	630	30	660
油漆	长春藤、半哑清水	m²	35	9	315	135	450	门套	细木工板制作、胡桃木饰面	樘	425	1	425	100	525
					小计：		17082	油漆	长春藤、半哑清水	樘	35	2.5	87.5	38	125.5
2. 客厅过道														小计：	6859.5
地面	苏州罗马地砖	m²	120	11	1320	220	1540	**4. 和室**							
吊顶	白松、纸面石膏板、喷砂玻璃	m²	117	11	1155	220	1507	地面	巴劳、漆板（900×90）上海凌牌	m²	222	9.7	2153	291	2444
墙顶乳胶漆	立邦梦幻千色	m²	18	30	540	180	720	墙顶乳胶漆	立邦梦幻千色	m²	18	28	504	168	672
踢脚线	胡桃木饰面	m	18	8	144	40	184	隔墙移门	胡桃木饰面、格子门	樘	410	15	6150	900	7050
门套	细木工板制作、胡桃木饰面	樘	425	1	425	100	525	门套线	胡桃木饰面、胡桃木实木线条	m	24	8	192	40	232
进户门	防盗门、步阳牌	扇	1250	1	1250	50	1300	阳台门套	细木工板制作、胡桃木饰面	樘	425	1	425	100	525
鞋柜	细木工板制作、胡桃木饰面	m²	230	2.5	500	125	625	阳台门	胡桃木饰面	樘	656	1	656	96	752

项目名称	材料品牌与规格	单位	单价 元	数量	材料费 元	人工费 元	合计 元	项目名称	材料品牌与规格	单位	单价 元	数量	材料费 元	人工费 元	合计 元
油漆	长春藤、清水、半哑	樘	400	10	400	150	550	窗套	胡桃木饰面	樘	225	1	225	68	293
移门、滑道		付	120	2	240		240	窗台大理石	大花绿	m²	350	1.1	385	22	407
						小计：	12465	油漆	长春藤、清水、半哑	m²	35	12	420	180	600
5. 子卧														小计：	8548
地面	巴劳、漆板（900×90）上海凌牌	m²	202	9	1818	180	1998	7. 主卫							
顶角线	胡桃木清水（50×50）	m	27	13	351	39	390	地面	苏州、罗马（30×10）	m²	100	6	600	108	708
墙顶乳胶漆	立邦梦幻千色	m²	18	20	360	120	480	墙面	苏州、罗马（25×35）	m²	100	24	2400	432	2832
踢脚线	胡桃木饰面	m	18	12	216	75	291	花砖	苏州、罗马（25×35）	块	35	4	140		140
门套	细木工板制作、胡桃木饰面	樘	425	1	425	100	525	腰带	苏州、罗马（10×35）	片	12	20	240		240
门	胡桃木饰面	扇	480	1	480	30	510	吊顶	长条铝扣板、得实	m²	90	6.5	585	98	683
门面装饰柜	混水油漆	m²	210	2.2	462	132	594	取暖器	上海奥普	个	610	1	610	20	630
A面装饰柜	混水油漆	m²	250	4	1000	240	1240	门	胡桃木、玻璃门	扇	630	1	630	30	660
窗套	胡桃木饰面	樘	210	1	210	63	273	门套	细木工板制作、胡桃木饰面	樘	425	1	425	100	525
窗台大理石	爵士白	m²	140	1.8	252	18	270	油漆	长春藤、清水、半哑	樘	35	4	140	60	200
油漆	长春藤、清水、半哑	m²	35	14	490	210	700							小计：	6618
						小计：	7271	8.厨房、餐厅							
6. 主卧								地面	苏州、罗马（30×10）	m²	100	17.6	1760	317	2077
地面	巴劳、漆板（900×90）上海凌牌	m²	202	15.5	3131	210	3341	吊顶	木龙骨、纸面石膏板	m²	105	16.8	1764	437	2201
顶角线	胡桃木清水（50×50）	m	27	15	405	45	450	墙面瓷砖	罗马（10×10）	m²	100	14	1400	420	1820
墙顶乳胶漆	立邦梦幻千色	m²	18	41	738	246	984	墙顶乳胶漆	立邦梦幻千色	m²	18	40	720	240	960
踢脚线	胡桃木饰面	m	18	14	252	70	322	门套	细木工板制作、胡桃木饰面	樘	390	1	390	120	510
C立面大衣柜	胡桃木饰面	m²	250	3.6	900	216	1116	移门	胡桃木饰面	扇	600	2	600	60	660
门套	细木工板制作、胡桃木饰面	樘	425	1	425	100	525	移门吊轨		付	120	2	240		240
门	胡桃木饰面	扇	480	1	480	30	510	窗套	胡桃木饰面	樘	225	1	225	68	293
								窗台大理石	大花绿	m²	350	1.1	385	22	407

64　创冠体育花园　三室二厅实例1

项目名称	材料品牌与规格	单位	单价元	数量	材料费元	人工费元	合计元
踢脚线	胡桃木饰面	m	18	12	216	60	276
油漆	长春藤、清水、半哑	樘	35	8	280	120	400
						小计:	9844
9. 水电							
电线	上海熊猫牌	套	2400	1	2400	1000	3400
开关面板	奇胜牌	个	24	80	1920	320	2240
水管	PVC中材	套	1200	1	1200	800	2000
阀门三角阀、软管		套	400	1	400	200	600
下水管	PVC、中材	套	280	1	280	60	340
煤气管	劳动牌	套	170	1	170	60	230
						小计:	8810
10. 其他							
空调开孔、上料、垃圾清运、衬管		套	700	1	700	300	1000
						小计:	1000

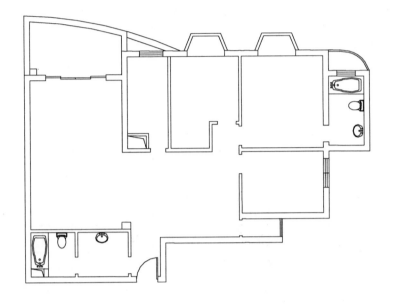

原始房型图

说明：

　　凡是未列入本预算中的活动家具、灯具、门锁、窗帘杆、空调、洁具、水龙头（水嘴）、淋浴房、热水器、厨房操作台全套等都由户主自购。

直接费：87977元（人工费：16333元，材料费：71644元）

设计费：2%　　免

管理费：5%　　4399元

税金：3.41%　　3150元

总价：95526元

贵龙园 三室二厅实例2

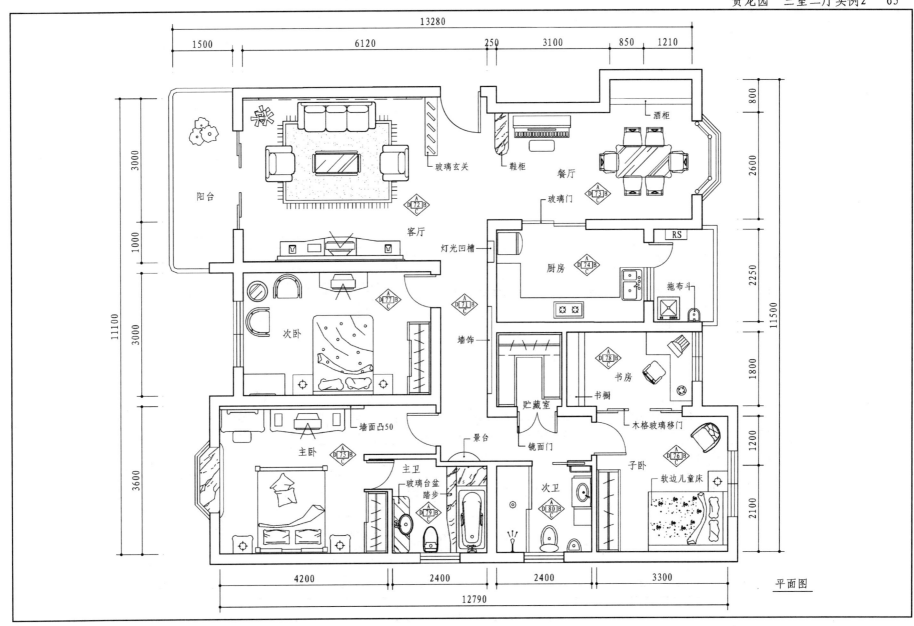

平面图

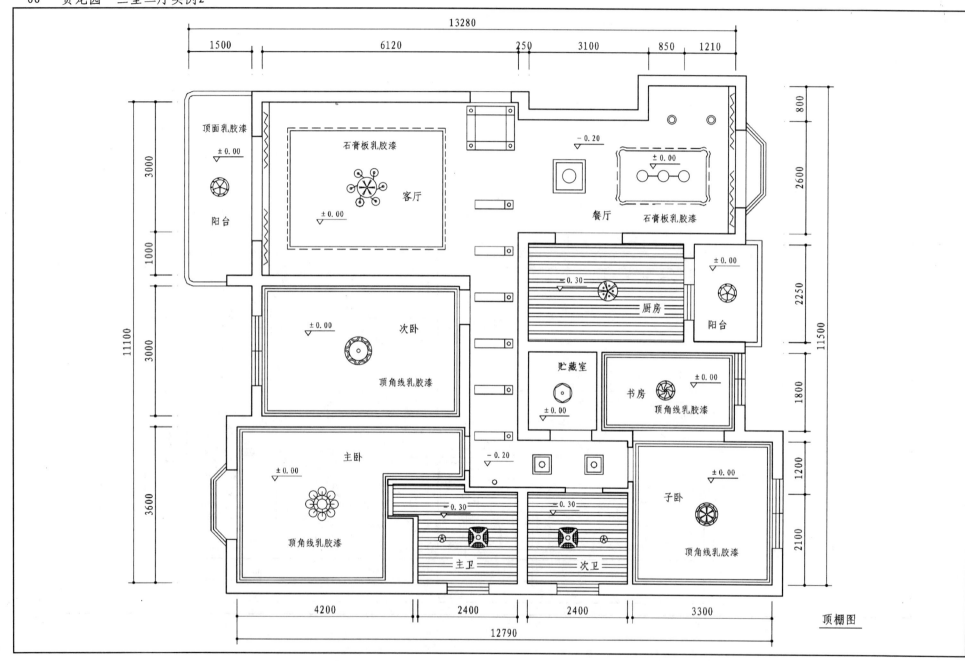

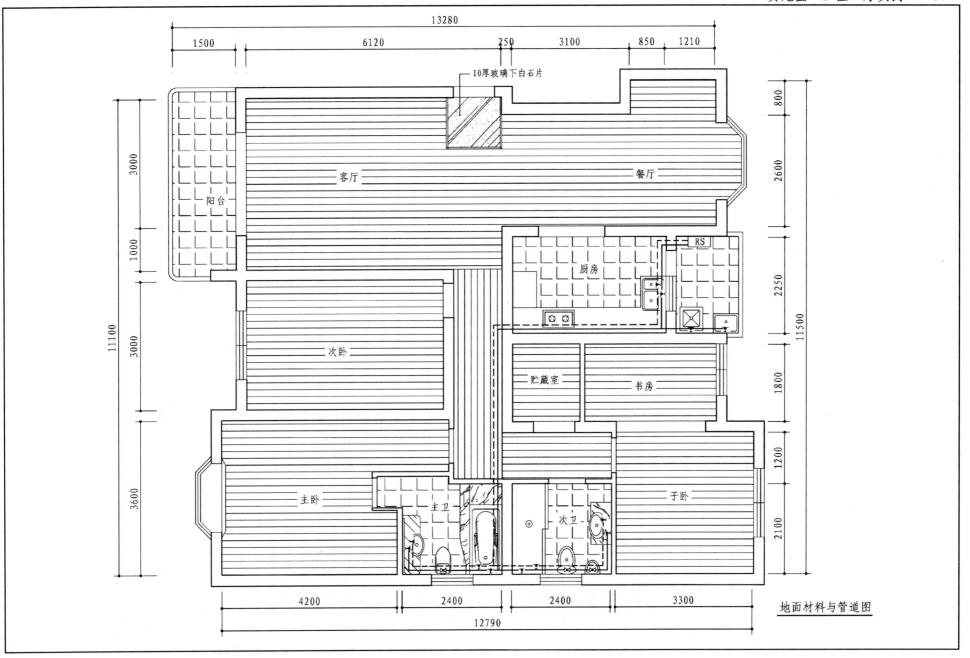

贵龙园 三室二厅实例2　67

地面材料与管道图

68 贵龙园 三室二厅实例2

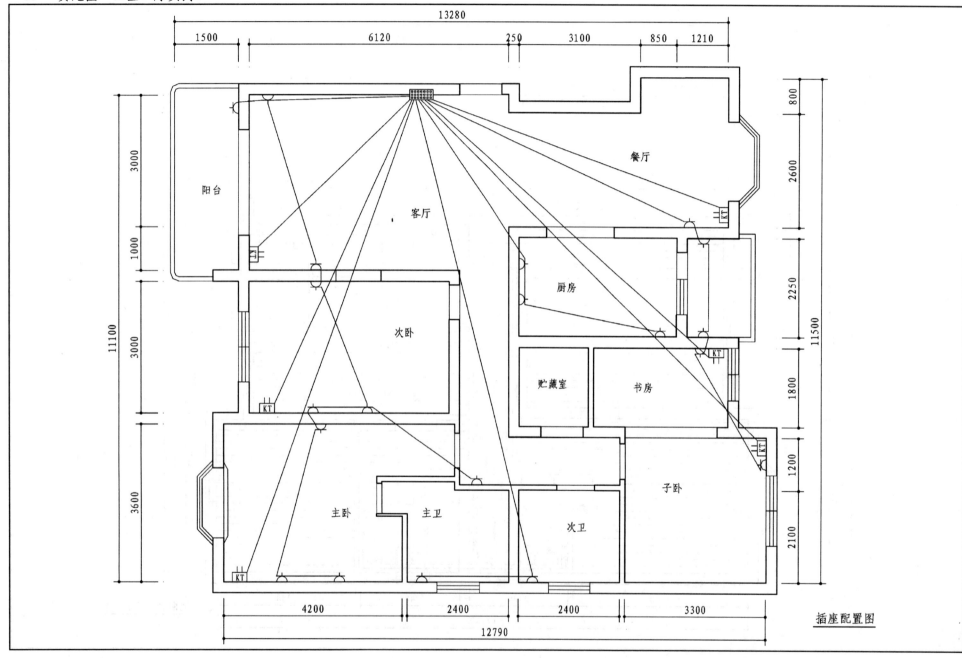

插座配置图

贵龙园 三室二厅实例2

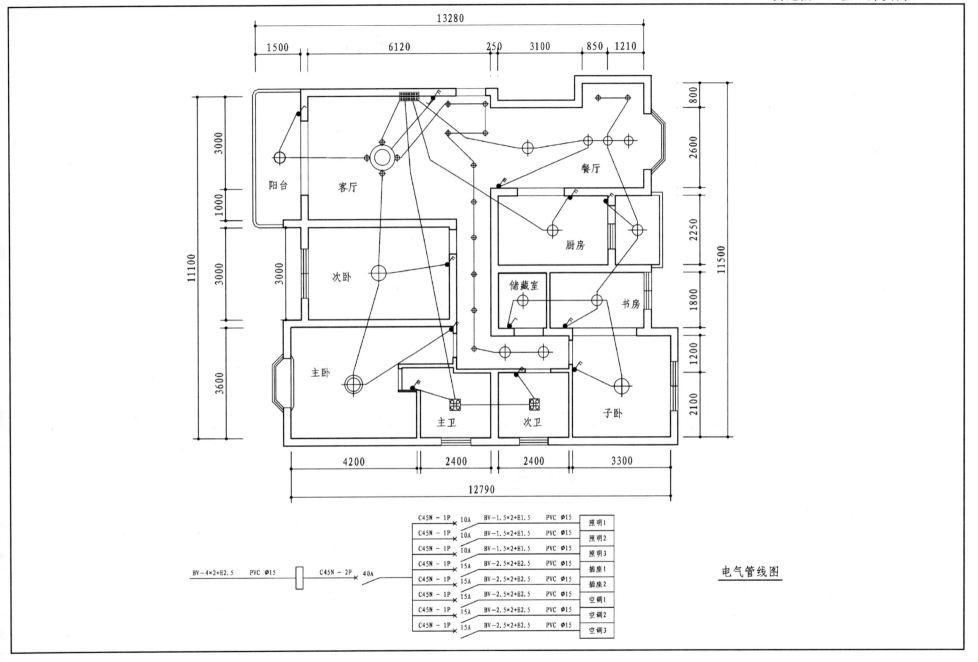

电气管线图

70 贵龙园 三室二厅实例2

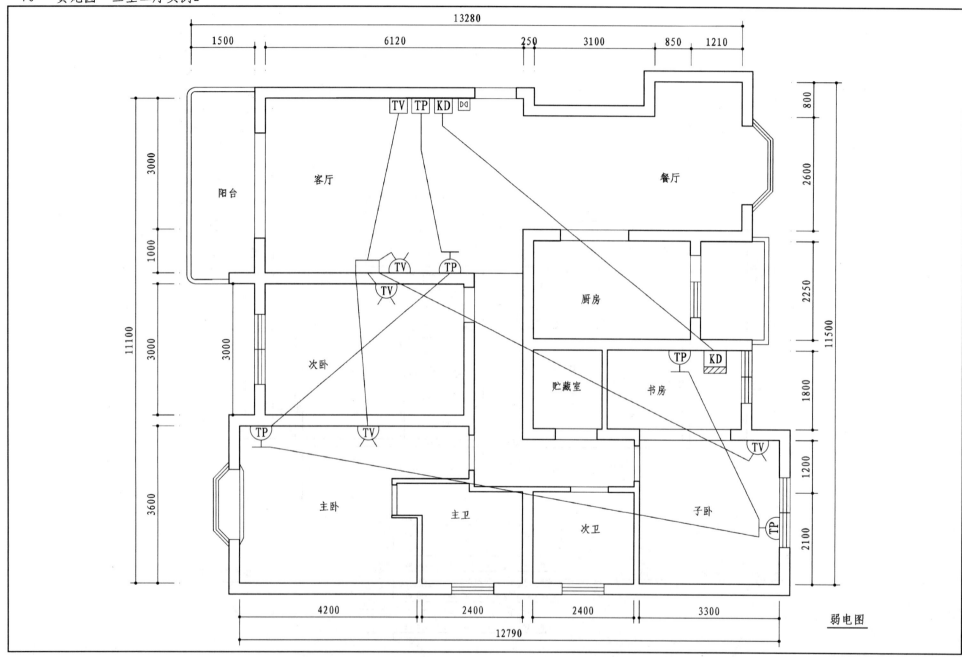

弱电图

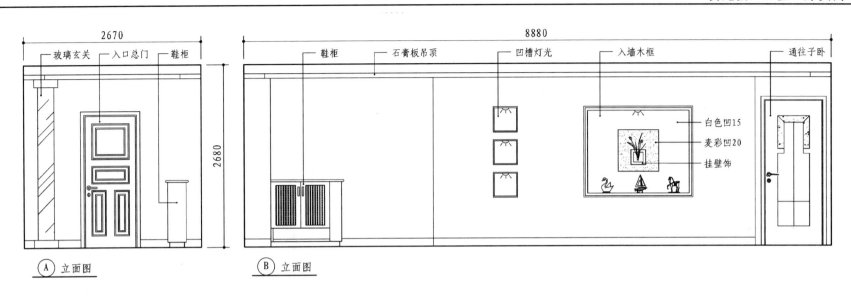
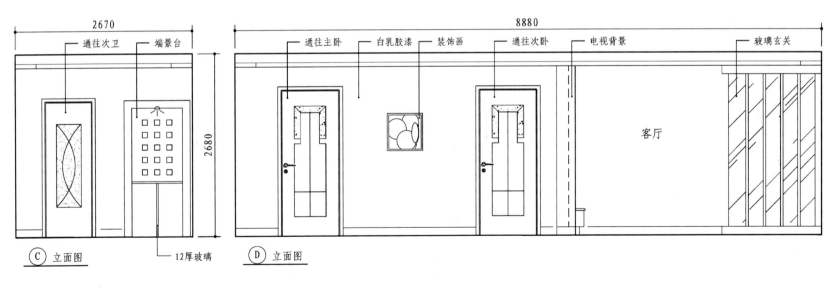

过道立面图

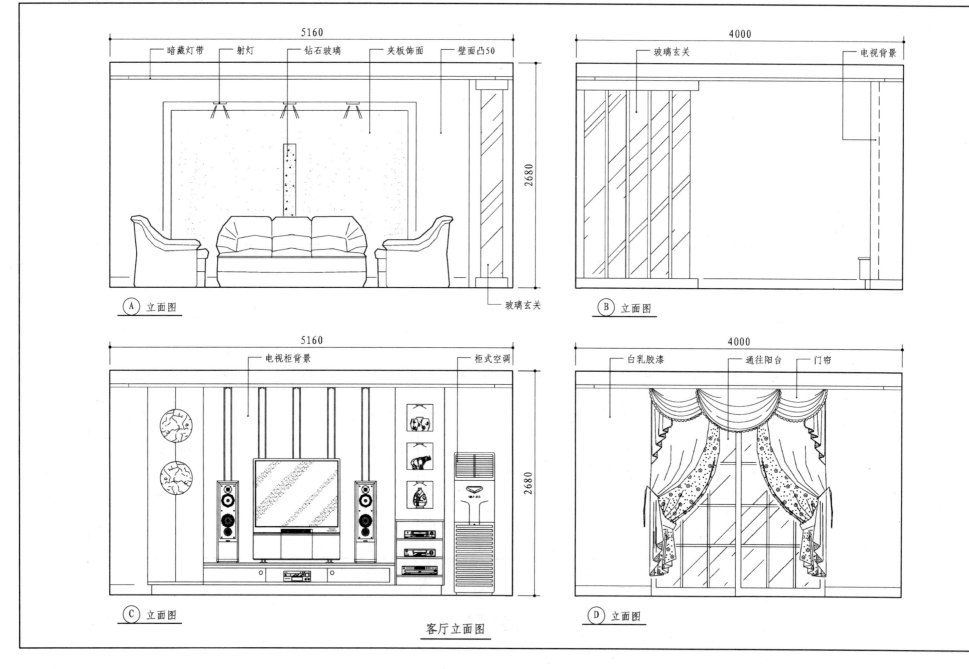

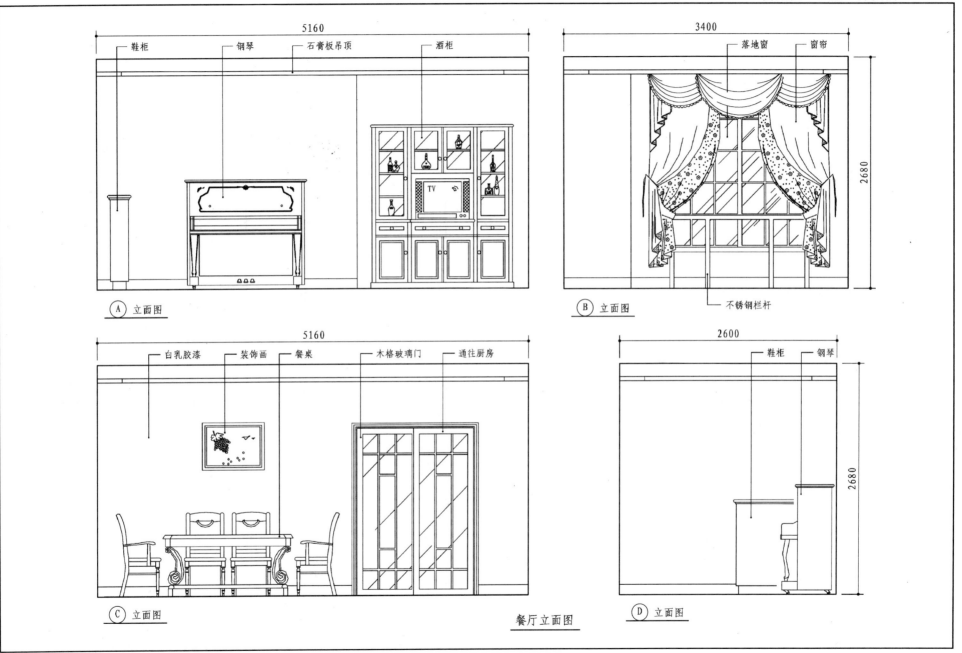

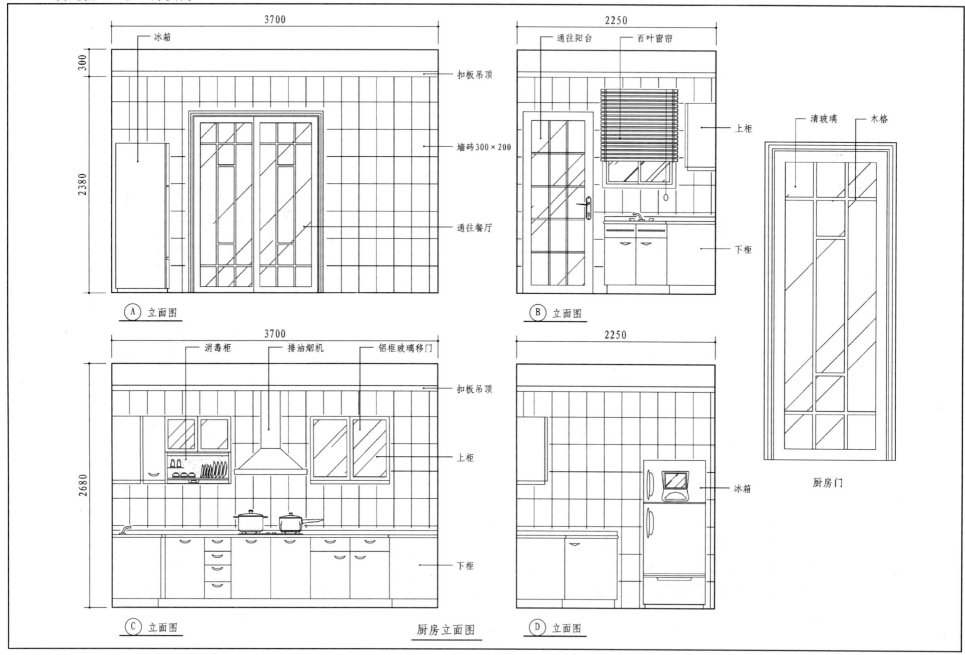

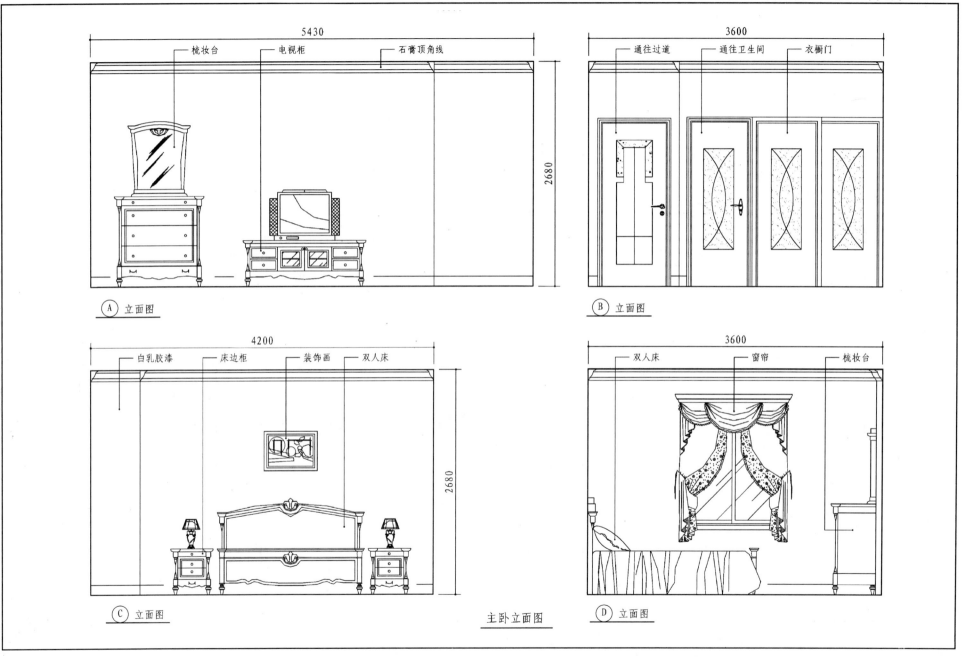

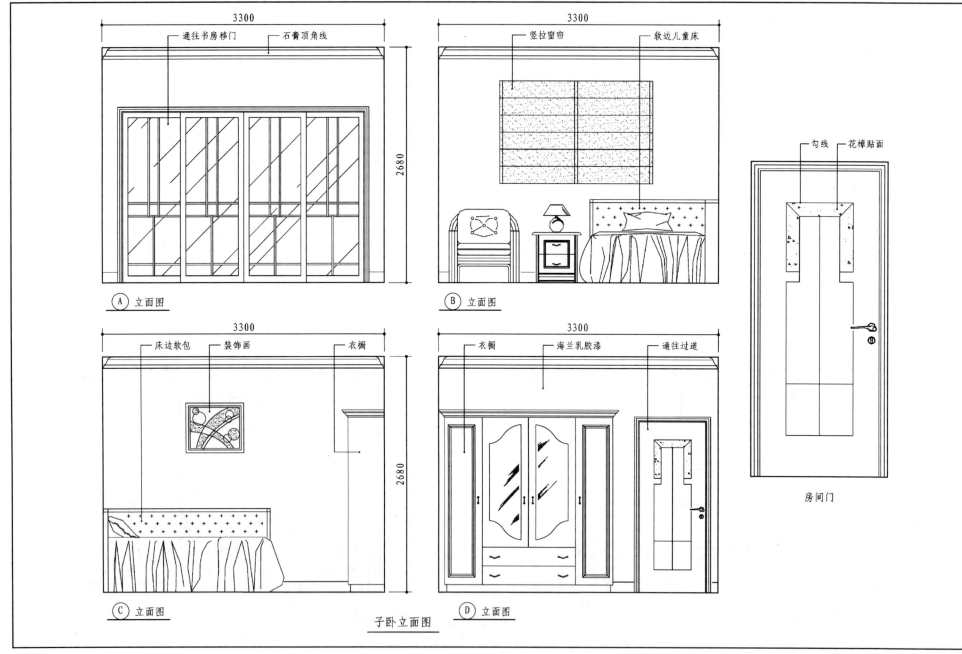

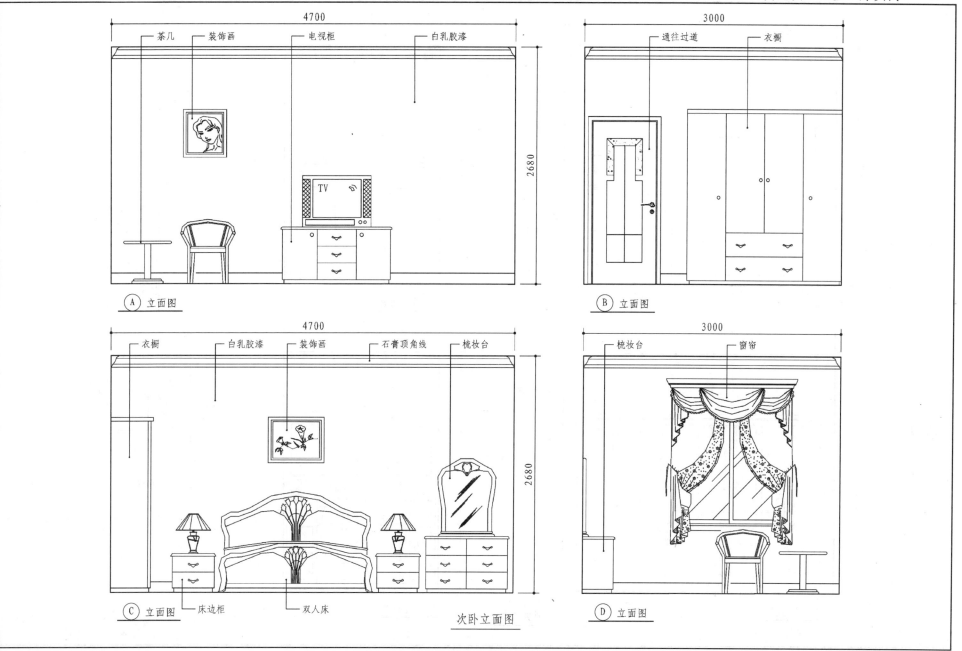

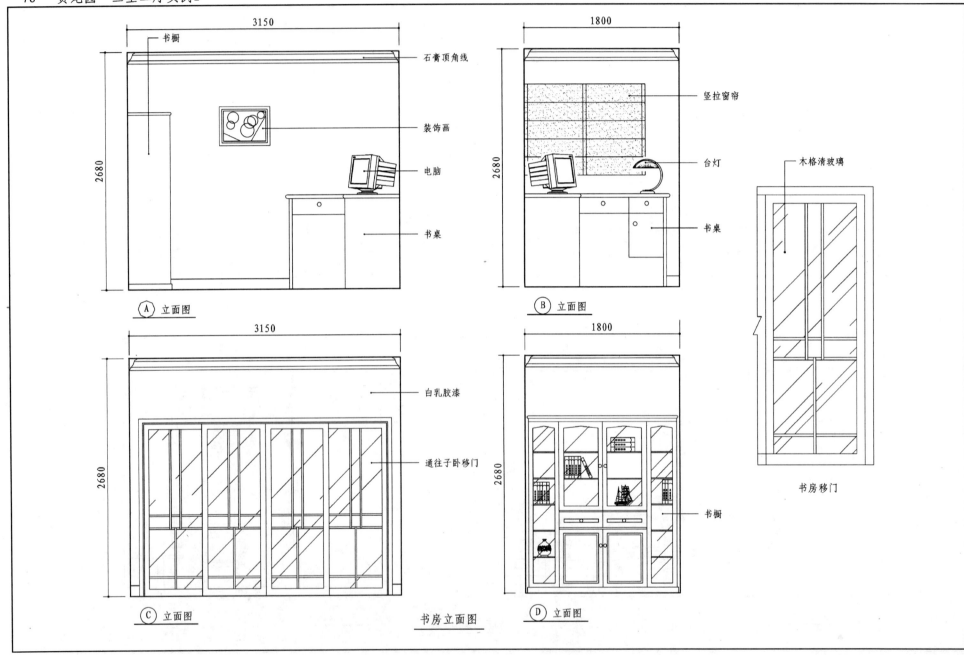

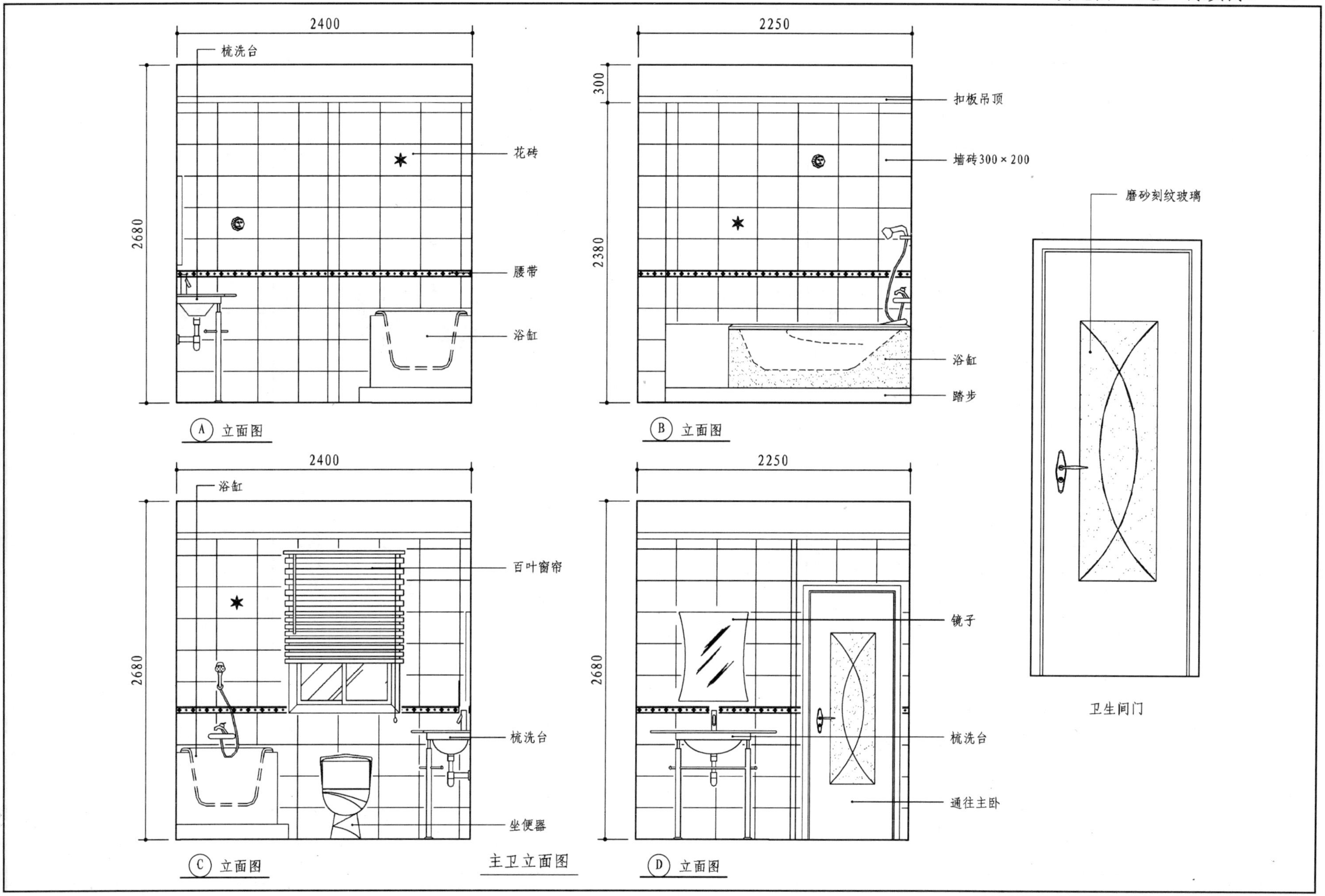

贵龙园 三室二厅实例2

主卫立面图

A 立面图 — 梳洗台、花砖、腰带、浴缸（2400 × 2680）

B 立面图 — 扣板吊顶、墙砖300×200、浴缸、踏步（2250 × 2380，300）

C 立面图 — 浴缸、百叶窗帘、梳洗台、坐便器（2400 × 2680）

D 立面图 — 镜子、梳洗台、通往主卧（2250 × 2680）

卫生间门 — 磨砂刻纹玻璃

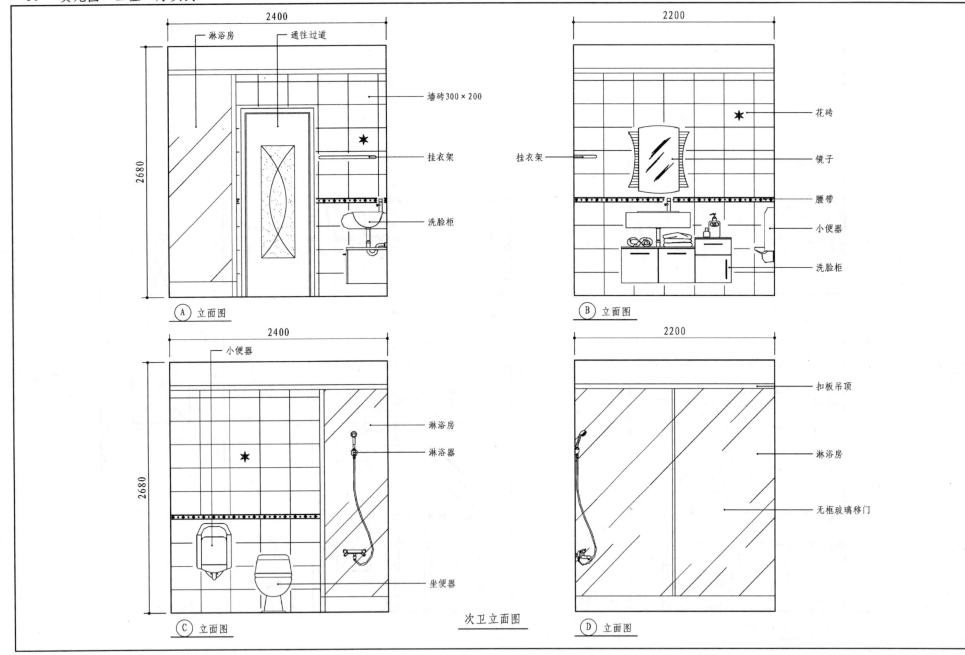

贵龙园 三室二厅实例2

住宅装饰估价表

项目名称	材料品牌与规格	单位	单价元	数量	材料费元	人工费元	合计元	项目名称	材料品牌与规格	单位	单价元	数量	材料费元	人工费元	合计元
1. 阳台									封固底漆、清水漆	m²	3	14	42	56	98
地砖	300×300仿古砖	m²	41.8	6.3	263.3	126	389.3	窗帘杆	3.5kg罗马杆（木质）	m	18	3.8	68.4	10	78.4
	砂、水泥、801胶	m²	15	6.3	94.5		94.5	电视背景	细木工板、柚木贴面	个	1800	1	1800	300	2100
顶面	立邦新三合一（环保）	m²	10	6.3	63	37.8	100.8		封固底漆、清水漆	个	130	1	130	150	280
	二度批嵌（碧丽宝）	m²	5	6.3	31.5		31.5	电视柜	细木工板、柚木贴面	个	650	1	650	150	800
墙面	立邦新三合一（环保）	m²	10	3.9	39	23.4	62.4		封固底漆、清水漆	个	75	1	75	55	130
	二度批嵌（碧丽宝）	m²	5	3.9	19.5		19.5	玄关	8mm玻璃玄关	个	1200	1	1200	180	1380
大门套	中密度板、柚木贴面	樘	380	1	380	90	470	进户门套	中密度板、柚木贴面	樘	320	1	320	60	380
	封固底漆、清水漆	樘	65	1	65	50	115		封固底漆、清水漆	樘	65	1	65	50	115
					小计:		1283	鞋柜	细木工板、柚木贴面	个	380	1	380	90	470
2. 客厅									封固底漆、清水漆	个	55	1	55	40	95
地板	900×90×18康派斯	m²	110	25.7	2827	514	3341							小计:	12061
	地搁栅（落叶松）	m²	14	25.7	359.8		359.8	**3. 餐厅**							
	水晶地板漆（千禧）	m²	10	25.7	257		257	地板	900×90×18康派斯	m²	110	18.4	2024	368	2392
	磨地板、透明腻子	m²	5	25.7	128.5		128.5		地搁栅（落叶松）	m²	14	18.4	257.6		257.6
圈吊	纸面石膏板	m²	20	6	120	72	192		水晶地板漆（千禧）	m²	10	18.4	184		184
	木龙骨（白松）	m²	14	6	84		84		磨地板、透明腻子	m²	5	18.4	92		92
顶面	立邦新三合一（环保）	m²	10	25.7	257	154.2	411.2	花式吊顶	纸面石膏板（拉法基）	m²	20	4.3	86	51.6	137.6
	二度批嵌（碧丽宝）	m²	5	25.7	128.5		128.5		木龙骨（白松）	m²	14	4.3	60.2		60.2
顶角线	石膏顶角线	m	6	20	120	60	180	顶面	立邦新三合一（环保）	m²	10	18.4	184	110.4	294.4
墙面	立邦新三合一（环保）	m²	10	35.5	355	213	568		二度批嵌（碧丽宝）	m²	5	18.4	92		92
	二度批嵌（碧丽宝）	m²	5	35.5	177.5		177.5	墙面	立邦新三合一（环保）	m²	10	18.5	185	111	296
踢脚线	中密度板、柚木贴面	m	18	14	252	56	308		二度批嵌（碧丽宝）	m²	5	18.5	92.5		92.5

82　贵龙园　三室二厅实例2

项目名称	材料品牌与规格	单位	单价元	数量	材料费元	人工费元	合计元	项目名称	材料品牌与规格	单位	单价元	数量	材料费元	人工费元	合计元
顶角线	石膏顶角线	m	6	17.1	102.6	51.3	153.9	5．小阳台							
踢脚线	中密度板、柚木贴面	m	18	9	162	36	198	地砖	900×90×18康派斯	m²	41.8	1.7	71	34	105
	封固底漆、清水漆	m	3	9	27	36	63		地搁栅（落叶松）	m²	15	1.7	25.5		25.5
酒柜	细木工板、柚木贴面	个	2200	1	2200	350	2550	顶面	立邦新三合一（环保）	m²	10	1.7	17	10.2	27.2
	封固底漆、清水漆	个	130	1	130	150	280		二度批嵌（碧丽宝）	m²	5	1.7	8.5		8.5
						小计：	7143	墙面	立邦新三合一（环保）	m²	10	5.2	52	31.2	83.2
4．厨房									二度批嵌（碧丽宝）	m²	5	5.2	26		26
地砖	300×300仿古砖	m²	85.8	8.7	746.5	174	920.5	拖布斗	陶瓷拖布斗连下水	个	130	1	130		130
	砂、水泥、801胶	m²	15	8.7	130.5		130.5	龙头（水嘴）	洗衣机龙头	个	30	1	30		30
墙砖	200×270现代	m²	64.8	12.5	810	250	1060	门套	中密度板、柚木贴面	樘	320	1	320	60	380
	砂、水泥、801胶	m²	15	12.5	187.5		187.5		封固底漆、清水漆	樘	65	1	65	50	115
吊顶	金属铝扣板（10cm）	m²	80	9	720	180	900							小计：	930.4
	铝阴角线	m	10	12	120		120	6．过道							
橱柜	吸塑门板、大理石台面	m	1500	4.7	7050		7050	地板	900×90×18康派斯	m²	110	9.6	1056	192	1248
水斗	不锈钢双料双槽	个	350	1	350		350		地搁栅（落叶松）	m²	14	9.6	134.4		134.4
热水器	熔积式史密斯100L	台	4400	1	4400		4400		水晶地板漆（千禧）	m²	10	9.6	96		96
排油烟机	海尔欧式脱排	台	1500	1	1500		1500		磨地板、透明腻子	m²	5	9.6	48		48
灶具	海尔2芯脉冲点火	台	560	1	560		560	顶面	立邦新三合一（环保）	m²	10	9.6	96	57.6	153.6
大门套	中密度板、柚木贴面	樘	380	1	380	90	470		二度批嵌（碧丽宝）	m²	5	9.6	48		48
	封固底漆、清水漆	樘	65	1	65	50	115	墙面	立邦新三合一（环保）	m²	10	28.9	289	173.4	462.4
门	柚木面玻璃实芯工艺门	扇	450	4	1800	200	2000		二度批嵌（碧丽宝）	m²	5	28.9	144.5		144.5
	封固底漆、清水漆	扇	55	4	220	160	380	弧形吊顶	纸面石膏板（拉法基）	m²	20	9.6	192	115.2	307.2
敲墙	敲墙、砌墙	堵		1		120	120		木龙骨（白松）	m²	14	9.6	134.4		134.4
龙头（水嘴）	TOTO厨房龙头DL-302	个	630	1	630		630	灯光凹槽	中密度板、柚木贴面	个	180	1	180	60	240
						小计：	20893		封固底漆、清水漆	个	55	1	55	40	95

项目名称	材料品牌与规格	单位	单价元	数量	材料费元	人工费元	合计元	项目名称	材料品牌与规格	单位	单价元	数量	材料费元	人工费元	合计元
墙饰	细木工板、柚木贴面		380	1	380	90	470	门	柚木面实芯工艺门	扇	450	1	450	50	500
	封固底漆、清水漆		65	1	65	50	115		封固底漆、清水漆	扇	55	1	55	40	95
观景台	铁艺、大理石台面		280	1	280	60	340							小计:	7785.2
						小计:	4036.5	8. 主卫							
7. 主卧								地砖	300×300 抛光砖	m²	85.8	4	343.2	80	423.2
地板	900×90×18 康派斯	m²	110	15.8	1738	316	2054		砂、水泥、801胶	m²	15	4	60		60
	地搁栅（落叶松）	m²	14	15.8	221.2		221.2	墙砖	200×270 现代	m²	64.8	21	1360.8	420	1780.8
	水晶地板漆（千禧）	m²	10	15.8	158		158		砂、水泥、801胶	m²	15	21	315		315
	磨地板、透明腻子	m²	5	15.8	79		79	吊顶	金属铝扣板（10cm）	m²	80	5.5	440	160	600
顶面	立邦新三合一（环保）	m²	10	15.8	158	94.8	252.8		铝阴角线	m	10	12	120		120
	二度批嵌（碧丽宝）	m²	5	15.8	79		79	浴缸	TOTO 铸铁浴缸	个	1650	1	1650	150	1800
墙面	立邦新三合一（环保）	m²	10	32	320	192	512		TOTO 横出水	个	180	1	180		180
	二度批嵌（碧丽宝）	m²	5	32	160		160	坐便器	TOTO782/732 坐便器	个	950	1	950	100	1050
顶角线	石膏顶角线	m	6	16	96	48	144	玻璃台盆	爽健 1200×560	个	3600	1	3600		3600
踢脚线	中密度板、柚木贴面	m	18	16	288	64	352	踏地	砂、水泥、85砖	m²	80	2	160	60	220
	封固底漆、清水漆	m	3	16	48	64	112	铺大理石	枫叶红大理石	m²	180	2	360		360
窗台	深网纹大理石	m²	480	1	480		480		单磨边	m	30	2.9	87		87
	磨法国边	m	45	2	90		90	浴霸	奥兰德尔三合一	个	360	1	360	20	380
通天衣柜	中密度板、柚木贴面	个	1200	1	1200	240	1440	门套	中密度板、柚木贴面	樘	320	1	320	60	380
	封固底漆、清水漆	个	75	1	75	55	130		封固底漆、清水漆	樘	55	1	55	40	95
窗套	中密度板、柚木贴面	樘	220	1	220	60	280	门	柚木面实芯工艺门	扇	450	1	450	50	500
	封固底漆、清水漆	樘	50	1	50	30	80		封固底漆、清水漆	扇	55	1	55	40	95
窗帘杆	3.5cm单罗马杆(木质)	m	18	3.4	61.2	10	71.2	台盆龙头	TOTO DL-304	个	432	1	432	20	452
门套	中密度板、柚木贴面	樘	320	1	320	60	380	淋浴龙头	TOTO DM-302CF	个	520	1	520	20	540
	封固底漆、清水漆	樘	65	1	65	50	115	门移位	砂、水泥、85砖	堵	150	1	150		150

84 贵龙园 三室二厅实例 2

项目名称	材料品牌与规格	单位	单价元	数量	材料费元	人工费元	合计元	项目名称	材料品牌与规格	单位	单价元	数量	材料费元	人工费元	合计元
						小计:	13188							小计:	10673
9. 次卫								**10. 次卧**							
地砖	300×300抛光砖	m²	85.8	5.3	454.74	106	560.7	地板	900×90×18康派斯	m²	110	15.5	1705	310	2015
	砂、水泥、801胶	m²	15	5.3	79.5		79.5		地搁栅（落叶松）	m²	14	15.5	217		217
墙砖	200×270现代	m²	64.8	21	1360.8	420	1780.8		水晶地板漆（千禧）	m²	10	15.5	155		155
	砂、水泥、801胶	m²	15	21	315		315		磨地板、透明腻子	m²	5	15.5	77.5		77.5
吊顶	金属铝扣板（10cm）	m²	80	5.5	440	160	600	顶面	立邦新三合一（环保）	m²	10	15.5	155	93	248
	铝阴角线	m	10	12	120		120		二度批嵌（碧丽宝）	m²	5	15.5	77.5		77.5
台盆	TOTO LW-851	个	520	1	520		520	墙面	立邦新三合一（环保）	m²	10	41.6	416	249.6	665.6
台盆龙头	TOTO DL-304	个	432	1	432	20	452		二度批嵌（碧丽宝）	m²	5	41.6	208		208
淋浴龙头	TOTO R-DM-302CF	个	520	1	520	20	540	顶角线	石膏顶角线	m	6	15.8	94.8	47.4	142.2
	台盆下水	个	120	1	120		120	踢脚线	中密度板、柚木贴面	m	18	15	270	60	330
坐便器	TOTO782/732坐便器	个	950	1	950	100	1050		封固底漆、清水漆	m	3	15	45	60	105
小便池	TOTO C307	个	380	1	380	50	430	窗台	深网纹大理石	m²	480	0.4	192		192
	手压出水器	个	250	1	250		250		磨法国边	m	45	2	90		90
淋浴房	无框玻璃门10mm	m²	450	3.4	1530		1530	窗帘杆	3.5cm单罗马杆(木质)	m	18	2.6	46.8	10	56.8
台面	爵士白大理石	m²	580	0.72	417.6		417.6	窗套	中密度板、柚木贴面	樘	220	1	220	60	280
	磨法国边	m	45	2.4	108		108		封固底漆、清水漆	樘	50	1	50	30	80
台盆架	三角铁	个	160	1	160	40	200	门套	中密度板、柚木贴面	樘	320	1	320	60	380
浴霸	奥兰德尔三合一	个	360	1	360	20	380		封固底漆、清水漆	樘	65	1	65	50	115
门套	中密度板、柚木贴面	樘	320	1	320	60	380	门	柚木面实芯工艺门(定做)	扇	450	1	450	50	500
	封固底漆、清水漆	樘	55	1	55	40	95		封固底漆、清水漆	扇	55	1	55	40	95
门	柚木面玻璃实芯工艺门	扇	450	1	450	50	500							小计:	6029.6
	封固底漆、清水漆	扇	55	1	55	40	95	**11. 储藏室**							
门移位	砂、水泥、801胶	堵	150	1	150		150	地板	4000×800×18杉木	m²	45	3	135	60	195

项目名称	材料品牌与规格	单位	单价元	数量	材料费元	人工费元	合计元	项目名称	材料品牌与规格	单位	单价元	数量	材料费元	人工费元	合计元
	地搁栅（落叶松）	m²	14	3	42		42	踢脚线	中密度板、柚木贴面	m	18	7.5	135	30	165
	水晶地板漆（千禧）	m²	10	3	30		30		封固底漆、清水漆	m	3	7.5	22.5	30	52.5
	磨地板，透明腻子	m²	5	3	15		15	窗套	中密度板、柚木贴面	樘	180	1	180	60	240
吊顶	4000×800×12 杉木	m²	35	3	105	60	165		封固底漆、清水漆	樘	40	1	40	30	70
	封固底漆、清水漆	m²	10	3	30		30	大门套	中密度板、柚木贴面	樘	380	1	380	90	470
	木龙骨（白松）	m²	10	3	42		42		封固底漆、清水漆	樘	65	1	65	50	115
顶角线	白木顶角线	m	8	7.5	60	30	90	门	柚木面玻璃实芯工艺门	扇	450	4	1800	200	2000
衣柜	细木工板、柚木贴面	组	2400	1	2400	240	2640		封固底漆、清水漆	扇	55	4	220	160	380
	封固底漆、清水漆	组	130	1	130	150	280	书柜	细木工板，柚木贴面	组	860	1	860	240	1100
门套	中密度板、柚木贴面	樘	320	1	320	60	380		封固底漆、清水漆	组	130	1	130	150	280
	封固底漆、清水漆	樘	55	1	55	40	95	电脑台	细木工板、柚木贴面	个	420	1	420	150	570
折叠门	柚木面实芯工艺门	扇	450	1	450	50	500		封固底漆、清水漆	个	65	1	65	50	115
	封固底漆、清水漆	扇	55	1	55	40	95							小计:	7192.5
门移位	砂、水泥、85砖	堵	150	1	150		150	13.子卧							
						小计:	4749	地板	900×90×18 康派斯	m²	110	11.4	1254	228	1482
12. 书房									地搁栅（落叶松）	m²	14	11.4	159.6		159.6
地板	900×90×18 康派斯	m²	110	5.9	649	118	767		水晶地板漆（千禧）	m²	10	11.4	114		114
	地搁栅（落叶松）	m²	14	5.9	82.6		82.6		磨地板，透明腻子	m²	5	11.4	57		57
	水晶地板漆（千禧）	m²	10	5.9	59		59	顶面	立邦新三合一（环保）	m²	10	11.4	114	68.4	182.4
	磨地板，透明腻子	m²	5	5.9	29.5		29.5		二度批嵌（碧丽宝）	m²	5	11.4	57		57
顶面	立邦新三合一（环保）	m²	10	5.9	59	35.4	94.4	墙面	立邦新三合一（环保）	m²	10	26.5	265	159	424
	二度批嵌（碧丽宝）	m²	5	5.9	29.5		29.5		二度批嵌（碧丽宝）	m²	5	26.5	132.5		132.5
墙面	立邦新三合一（环保）	m²	10	23	230	138	368	顶角线	石膏顶角线	m	6	13	78	39	117
	二度批嵌（碧丽宝）	m²	5	23	115		115	踢脚线	中密度板、柚木贴面	m	18	10	180	40	220
顶角线	石膏顶角线	m	6	10	60	30	90		封固底漆、清水漆	m	3	10	30	40	70

86 贵龙园 三室二厅实例2

项目名称	材料品牌与规格	单位	单价元	数量	材料费元	人工费元	合计元
窗套	中密度板、柚木贴面	樘	220	1	220	60	280
	封固底漆、清水漆	樘	50	1	50	30	80
窗台	深网纹大理石	m²	480	0.4	192		192
	磨法国边	m	45	2	90		90
门套	中密度板、柚木贴面	樘	320	1	320	60	380
	封固底漆、清水漆	樘	65	1	65	50	115
门	柚木面实芯工艺门(定做)	扇	450	1	450	50	500
	封固底漆、清水漆	扇	55	1	55	40	95
窗帘杆	3.5cm单罗马杆(木质)	m	18	2.6	46.8	10	56.8
滑槽	台湾品良	m	40	7.5	300		300
吊轮	台湾品良	付	60	5	300		300
						小计:	5404.3
14.其他							
白松		m³	1250	0.6	750		750
水管	6分紫铜管	m	42	50	2100		2100
	管配件	个	8	40	320		320
电线电视电话					1800		1800
开关插座					800		800
五金料					2500		2500
垃圾清运费					300		300
蛇皮袋、灯泡					50		50
						小计:	8620
						合计:	109990

说明:
　　凡是未列入本预算中的水龙头(水嘴)、玻璃、灯具、锁具、窗帘等都由户主自购。

直接费: 109990.7元(人工费14054.9元、材料费95935.8元)
设计费: 2%　免
管理费: 5%　5499元
税金: 3.41%　3938元
总价: 119427元

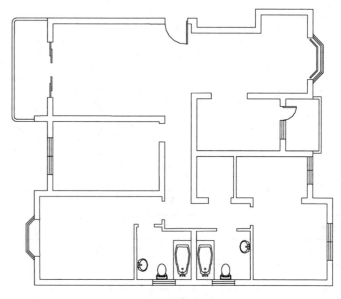

原始房型图

东方曼哈顿 三室二厅实例3

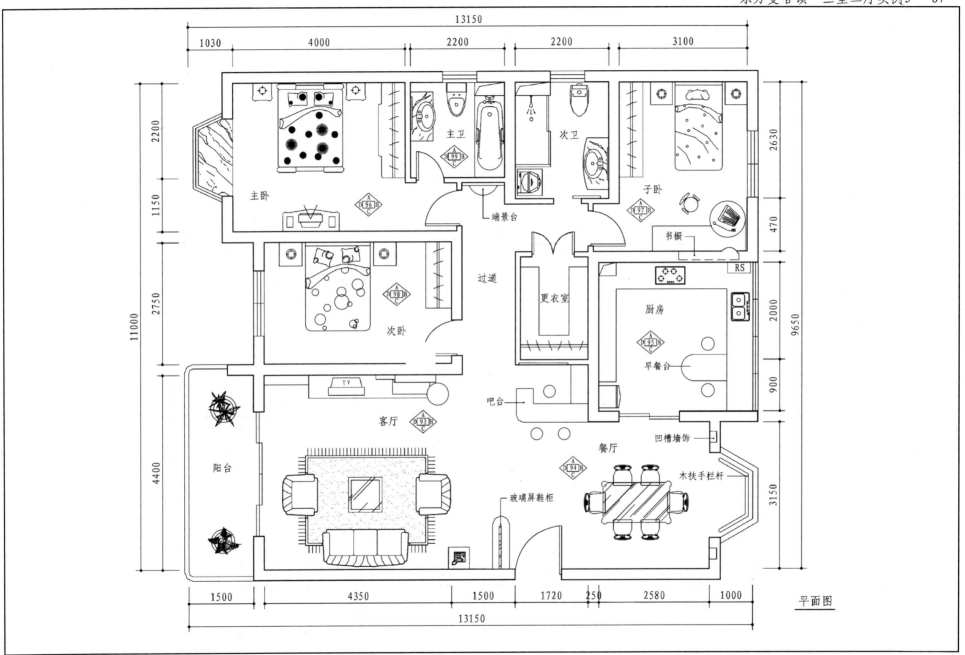

平面图

88　东方曼哈顿　三室二厅实例3

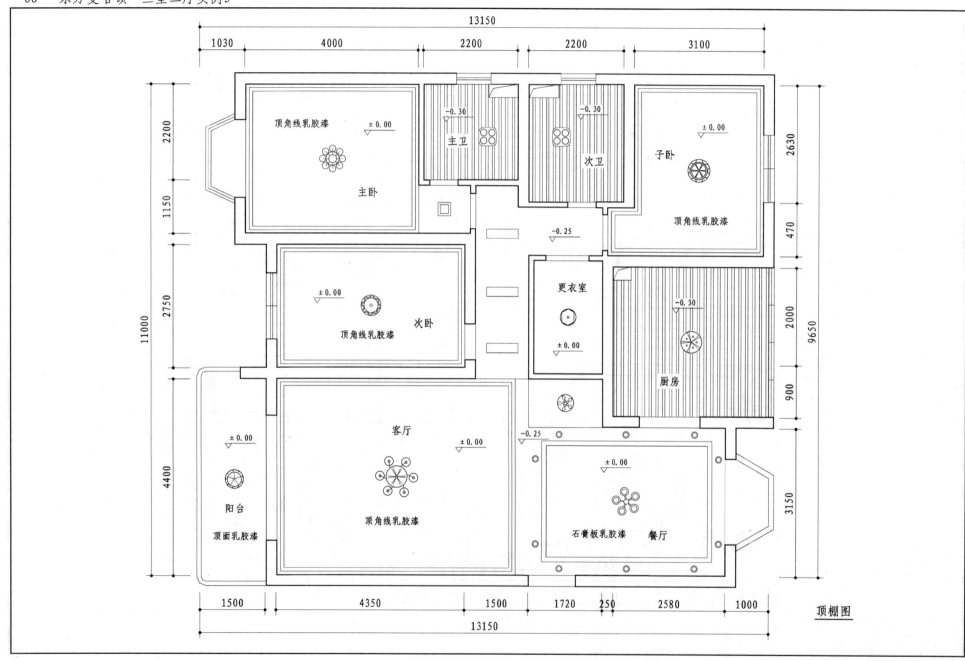

顶棚图

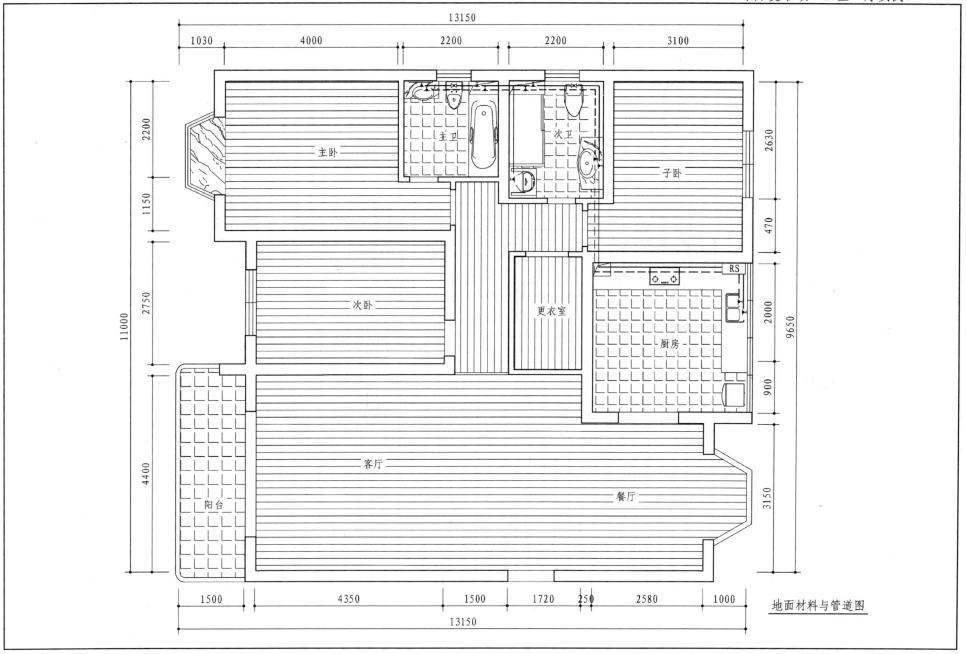

地面材料与管道图

90　东方曼哈顿　三室二厅实例3

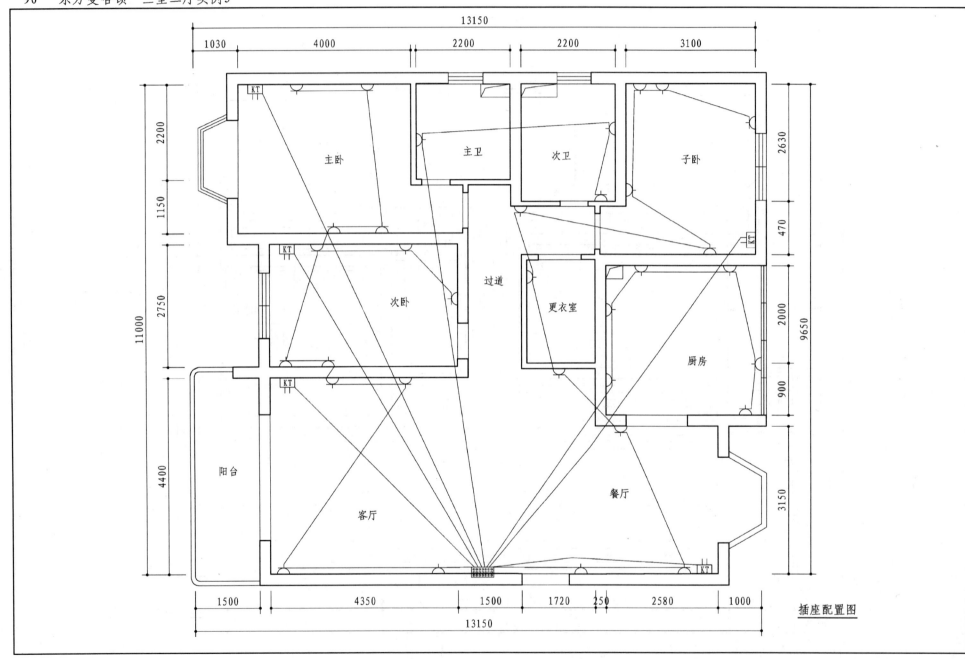

插座配置图

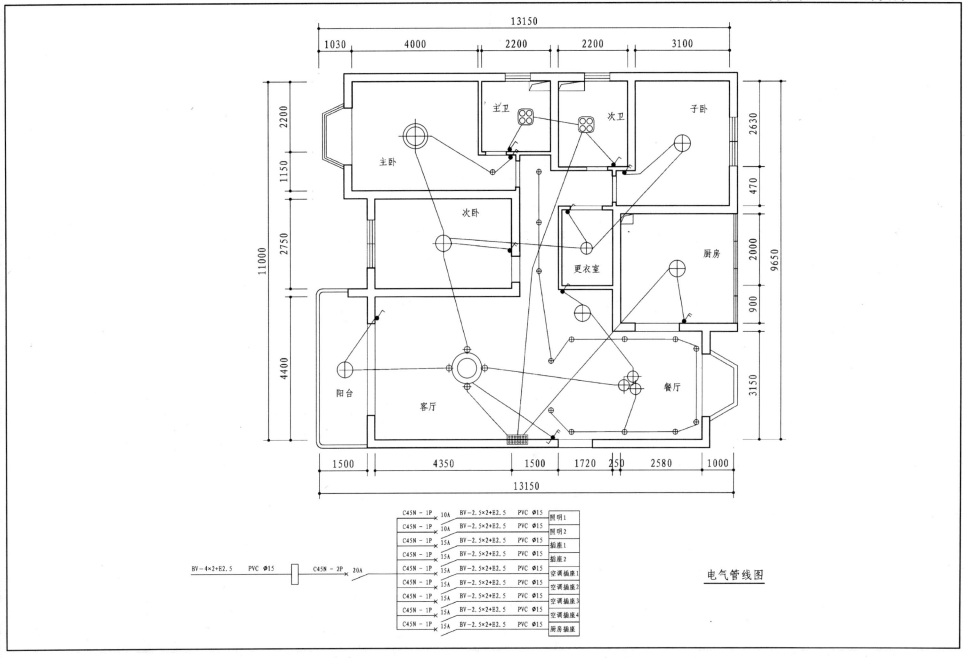

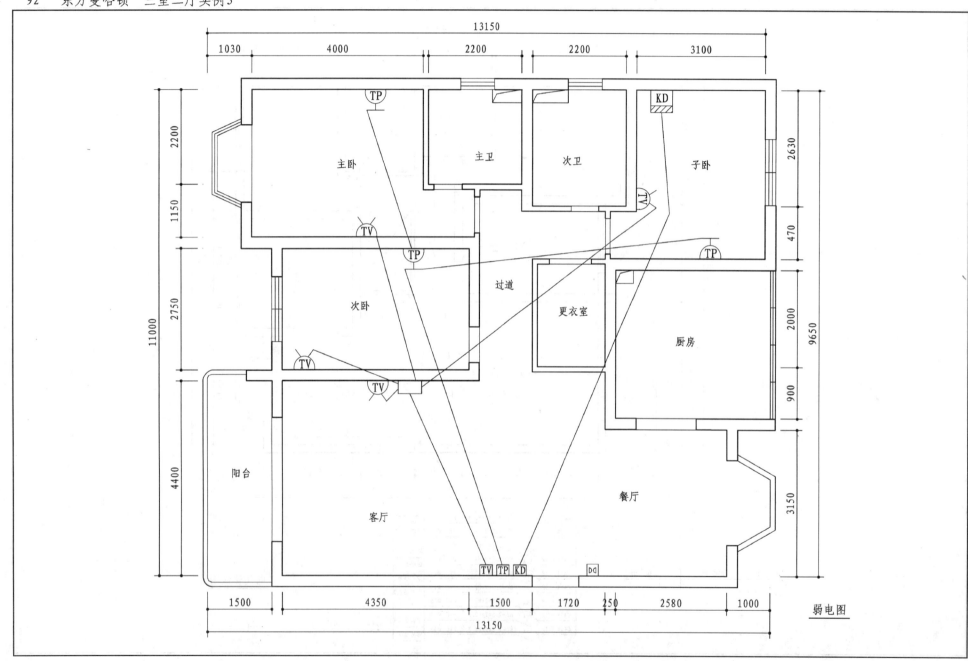

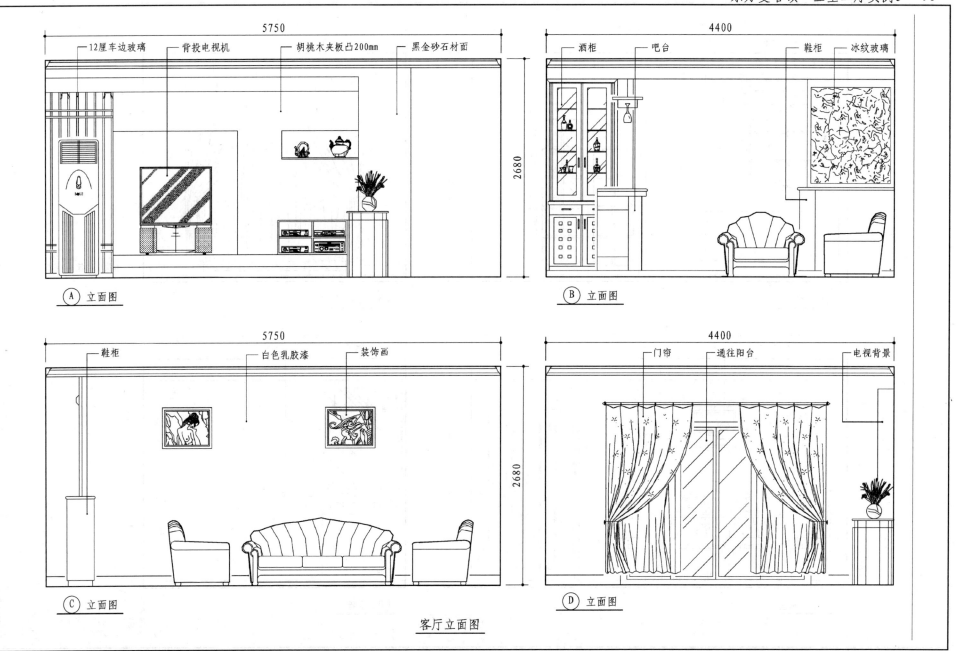

客厅立面图

94　东方曼哈顿　三室二厅实例3

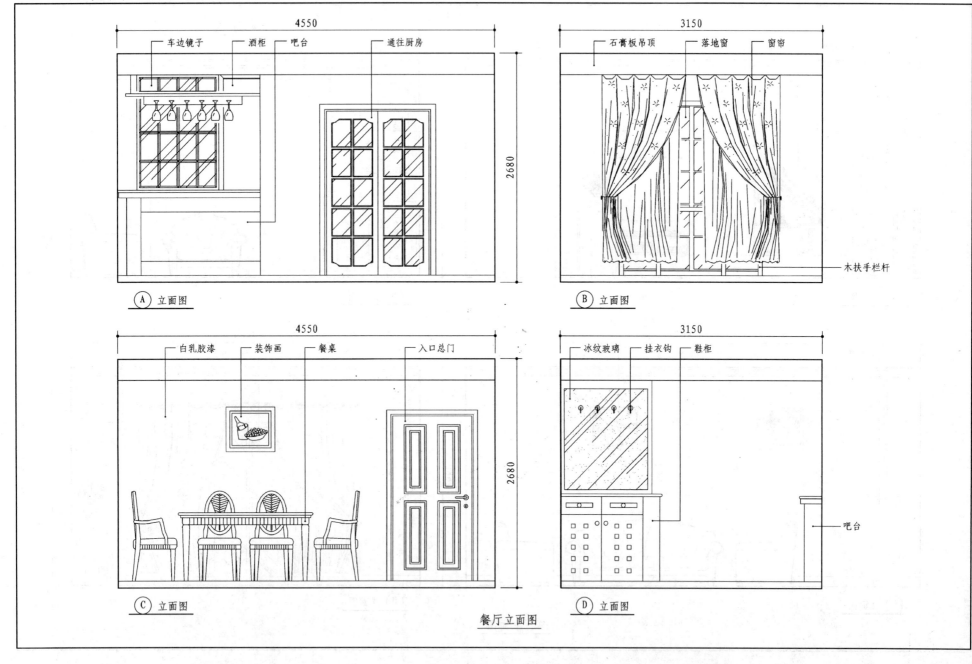

餐厅立面图

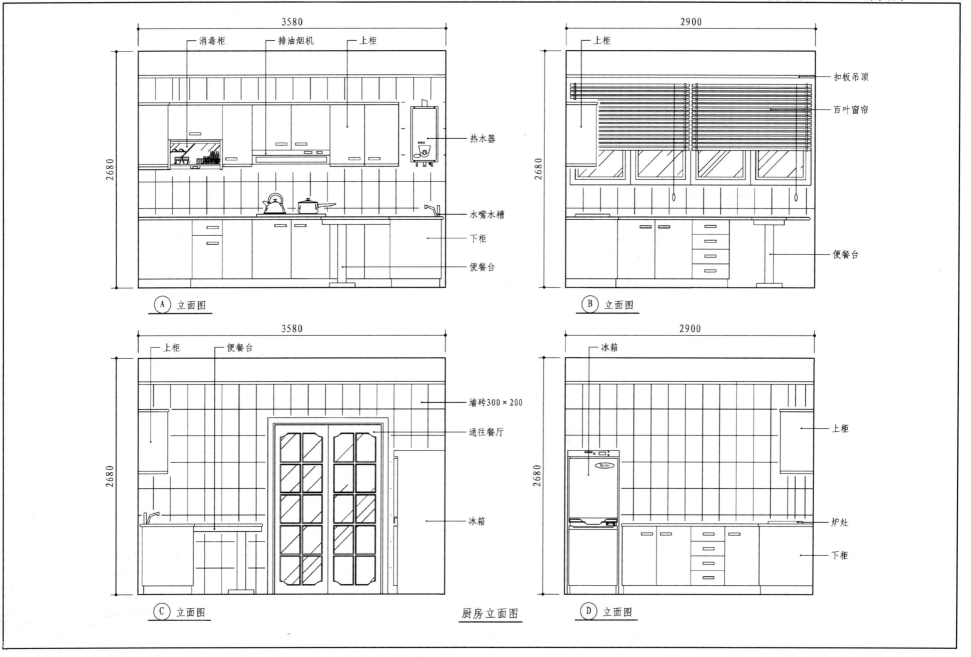

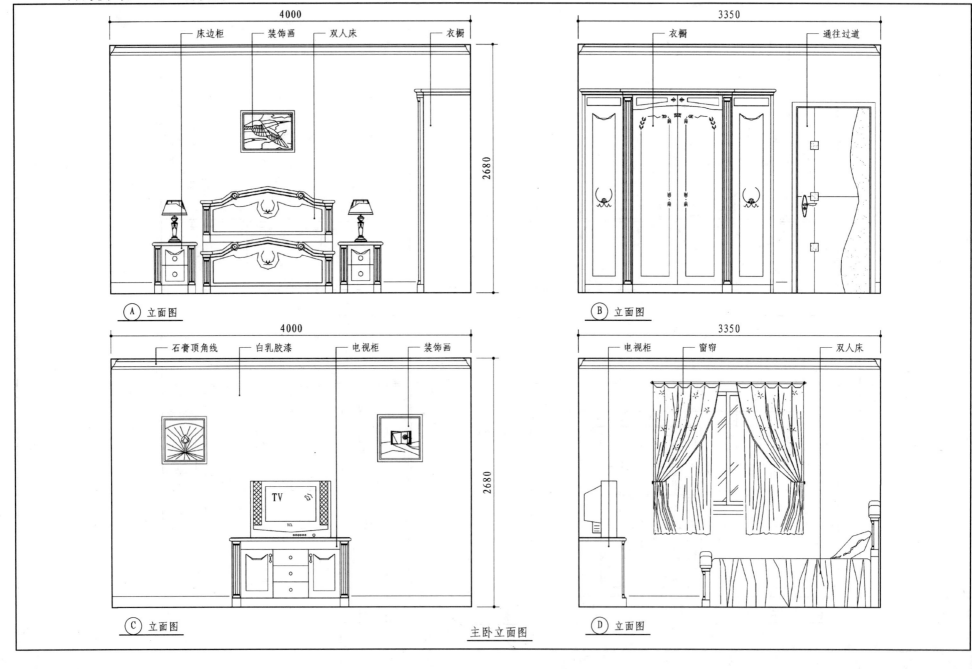

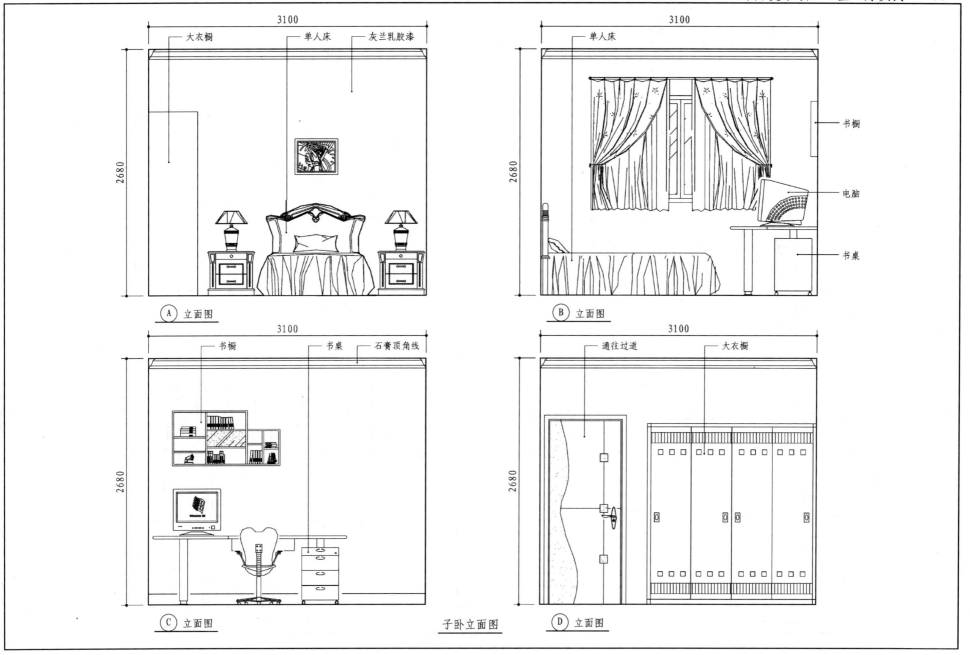

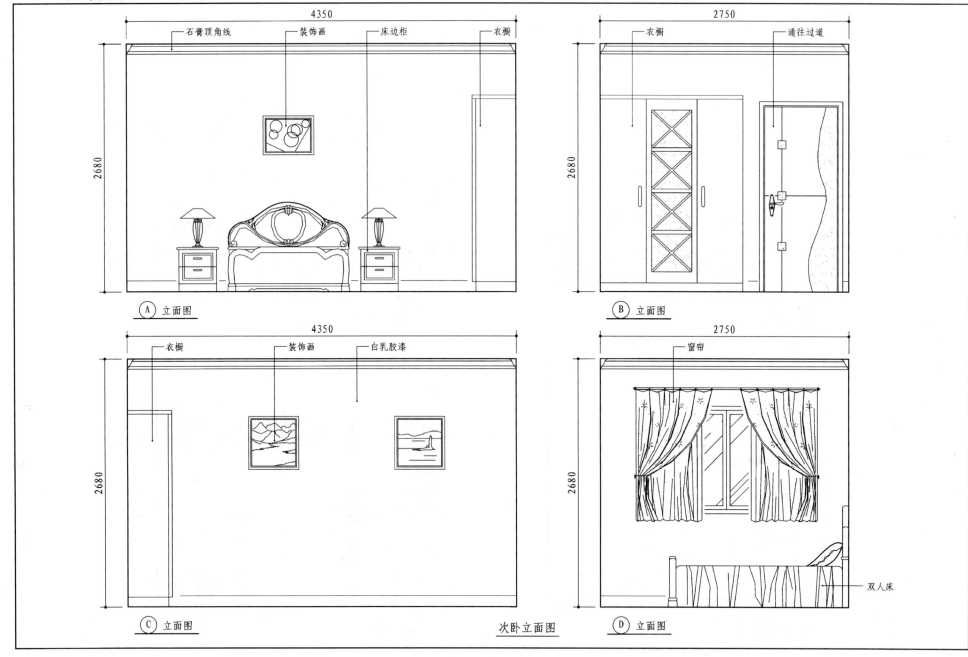

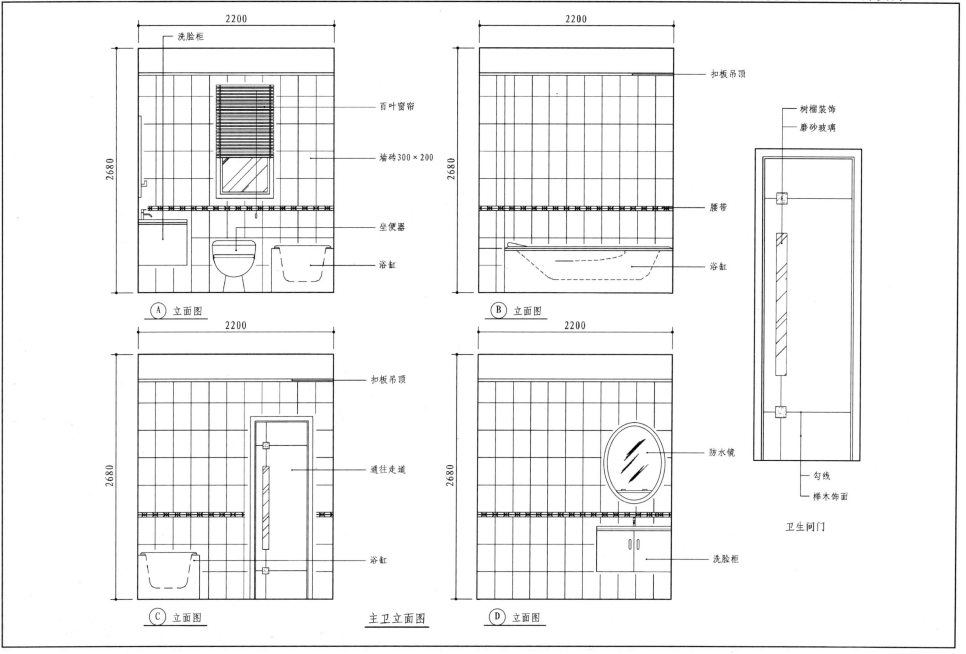

东方曼哈顿 三室二厅实例3

住宅装饰估价表

项目名称	材料品牌与规格	单位	单价元	数量	材料费元	人工费元	合计元	项目名称	材料品牌与规格	单位	单价元	数量	材料费元	人工费元	合计元
1. 客餐厅								地板	康派司 900×90×18	m²	90	4	360	72	432
进门门套	12cm榉木平板收口	樘	220	1	220	80	300	磨地板		m²	4	4		16	16
阳台门套	15cm榉木平板收口	樘	300	1	300	100	400	地板油漆	长春藤地板漆	m²	18	4	72	72	144
北门门套	12cm榉木平板收口	樘	220	1	220	80	300	墙面	二次批平石膏粉胶水	m²	6	20	120	60	180
过道门套	12cm榉木平板收口	樘	220	1	220	80	300	涂料	立邦	m²	8	20	160	40	200
门套油漆材料	长春藤地板漆	组	160	2	320	80	400	踢脚线	12cm榉木贴面	m	20	8	160	32	192
地搁栅	落叶松 30×50	m²	15	40	600	400	1000	电线	上海熊猫	m	1.5	60	90	60	150
地板	康派司 900×90×18	m²	90	40	3600	720	4320	开关插座	松本电器	个	12	3	36	30	66
磨地板		m²	4	40		160	160	门套油漆材料	长春藤地面漆				28	12	40
地板油漆	长春藤地板漆	m²	18	40	720	720	1440	五金辅料					150		150
顶角线	110豪华石膏线	m	6	22	132		132							小计:	1970
踢脚线	12cm榉木贴面	m	20	22	440	88	528	**3. 次卧**							
吊顶灯圈	石棉纸膏板	m	30	10	300	100	400	门套	12cm榉木平板收口	樘	220	1	220	80	300
墙面	二次批平石膏粉胶水	m²	6	130	780	390	1170	木门	榉木工艺门	扇	300	1	300	50	350
涂料	德国欧龙	m²	8	130	1040	260	1300	窗套	12cm榉木平板收口	樘	220	1	220	80	300
电线	上海熊猫	m	1.5	150	225	150	375	油漆	长春藤地面漆				60	60	120
电视电话线	上海熊猫	m	1	100	100	80	180	大理石	汉白玉双边	m²	200	0.5	100	50	150
开关插座	松本电器	个	12	10	120	100	220	石膏线	110豪华石膏线	m	6	20	120		120
五金辅料	地板钉、圆钉、木螺钉				387		387	踢脚线	12cm榉木贴面	m	20	20	400	80	480
						小计:	13312	地搁栅	落叶松 30×50	m²	15	12	180	120	300
2. 过道								地板	康派司 900×90×18	m²	90	12	1080	216	1296
吊顶	石棉纸膏板	m²	60	4	240	60	300	磨地板		m²	4	12		48	48
地搁栅	落叶松 30×50	m²	15	4	60	40	100	地板油漆	长春藤地板漆	m²	18	12	216	216	432

项目名称	材料品牌与规格	单位	单价元	数量	材料费元	人工费元	合计元	项目名称	材料品牌与规格	单位	单价元	数量	材料费元	人工费元	合计元
墙面	二次批平石膏粉胶水	m²	6	38	228	114	342							小计:	6455
涂料	德国欧龙	m²	8	38	304	76	380	5. 子卧							
电线	上海熊猫	m	1.5	50	60	60	120	门套	12cm榉木平板收口	樘	220	1	220	80	300
电视电话线	上海熊猫	m	1	50	50	50	100	木门	榉木工艺门	扇	300	1	300	50	350
开关插座	松本电器	个	12	5	60	60	120	窗套	12cm榉木平板收口	樘	220	1	220	80	300
五金辅料	地板钉、圆钉、木螺钉				285		285	油漆	长春藤地面漆				50	50	100
						小计:	5243	大理石	雪花白双边	m²	200	0.5	100	50	150
4. 主卧								地搁栅	落叶松30×50	m²	15	10	150	100	250
门套	12cm榉木平板收口	樘	220	1	220	80	300	地板	康派司900×90×18	m²	90	10	900	180	1080
木门	榉木工艺门	扇	300	1	300	50	350	磨地板		m²	4	10		40	40
窗套	12cm榉木平板收口	樘	300	1	300	80	380	地板油漆	长春藤地板漆	m²	18	10	180	180	360
油漆	长春藤地面漆				75	75	150	顶角线	110豪华石膏线	m	6	15	90		90
大理石	汉白玉双边	m²	200	2	400	50	450	踢脚线	12cm榉木贴面	m	20	15	300	60	360
地搁栅	落叶松30×50	m²	15	15	225	150	375	墙面	二次批平石膏粉胶水	m²	6	35	210	105	315
地板	康派司900×90×18	m²	90	15	1350	270	1620	涂料	德国欧龙	m²	8	35	280	70	350
磨地板		m²	4	15		60	60	电线	上海熊猫	m	1.5	60	90	90	180
地板油漆	长春藤地板漆	m²	18	15	270	270	540	电视电话线	上海熊猫	m	1	50	50	50	100
顶角线	110豪华石膏线	m	6	20	120		120	开关插座	松本电器	个	12	5	60	60	120
踢脚线	12cm榉木贴面	m	20	20	400	80	480	五金辅料	地板钉、圆钉、木螺钉				280		280
墙面	二次批平石膏粉胶水	m²	6	50	300	150	450							小计:	4725
涂料	立邦	m²	8	50	400	100	500	6. 厨房							
电线	上海熊猫	m	1.5	60	90	90	180	门套	12cm榉木平板收口	樘	300	1	300	100	400
电视电话线	上海熊猫	m	1	50	50	50	100	木门	榉木工艺门	扇	250	2	500	100	600
开关插座	松本电器	个	12	5	60	60	120	吊顶	木龙骨30×50	m²	15	9	135	90	225
五金辅料	地板钉、圆钉、木螺钉				280		280	PVC扣板	PVC扣板加角线	m²	30	9	270	90	360

东方曼哈顿 三室二厅实例 3

项目名称	材料品牌与规格	单位	单价元	数量	材料费元	人工费元	合计元	项目名称	材料品牌与规格	单位	单价元	数量	材料费元	人工费元	合计元
敲墙	阳台和窗	m²	20	3		60	60	鞋架	不锈钢	个	40	1	40	10	50
墙砖	上元墙砖200×300	m²	40	30	1200	450	1650	坐便	TOTO	个	970	1	970	50	1020
地砖	上元地砖300×300	m²	40	9	360	135	495	台盆	TOTO	个	480	1	480	30	510
砂、水泥	水泥（32.5级）	m²	15	39	585	30	615	浴缸	TOTO压克力	个	1000	1	1000	150	1150
水管	劳动镀锌管	m	10	20	200	200	400	三角阀	镀镍	个	15	3	45	30	75
配件	弯头三遍接头				120	40	160	浴缸下水	铜配件	个	80	1	80	20	100
淋浴器	甲方自购			自购		50	50	开关插座	松本电器	个	12	4	48	40	88
排油烟机	甲方自购			自购		50	50	防水镜	防水玻璃5mm	块	100	1	100	20	120
水槽	甲方自购			自购		30	30							小计:	6443
电线	上海熊猫	m	1.5	50	75	75	150	**8. 客卫**							
开关插座	松本电器	个	12	5	60	60	120	门套	12cm榉木平板收口	樘	300	1	220	80	300
厨具	柜架三聚青氨LG门板	m²	700	6	4200	300	4500	木门	榉木工艺门	扇	250	1	250	50	300
五金辅料					350		350	移门槽	台湾义明	m	30	1.5	45	20	65
					小计:		10215	吊轮	ABC吊轮	付	30	1	30	10	40
7. 主卫								面砖	上元面砖200×300	m²	40	20	800	300	1100
门套	12cm榉木平板收口	樘	300	1	220	80	300	地砖	上元地砖300×300	m²	40	5	200	75	275
木门	榉木工艺门不含玻璃	扇	250	1	250	50	300	砂、水泥	水泥（32.5级）	m²	15	25	375	30	405
吊顶	木龙骨白松	m²	15	5	75	50	125	吊顶	木龙骨	m²	15	5	75	50	125
PVC扣板	PVC扣板加角线	m²	30	5	150	50	200	PVC扣板	PVC扣板加角线	m²	30	5	150	50	200
面砖	上元面砖200×300	m²	40	20	800	300	1100	水管	劳动牌6分管	m	10	20	200	200	400
地砖	上元地砖300×300	m²	40	5	200	60	260	配件	弯头三角接头				120	20	140
砂、水泥	水泥（32.5级）	m²	15	25	375	30	405	坐便器	广东美华	个	500	1	500	50	550
水管	劳动镀锌管	m	10	20	200	200	400	台盆	广东美华	个	200	1	200	30	230
配件					120	30	150	淋浴房	上海绿叶	个	1000	1	1000		1000
毛巾架	不锈钢	个	80	1	80	10	90	开关插座	松本电器	个	12	4	48	40	88

项目名称	材料品牌与规格	单位	单价元	数量	材料费元	人工费元	合计元
电线	上海熊猫	m	1.5	40	60	60	120
毛巾架	不锈钢	个	80	1	80	20	100
鞋架	不锈钢	个	40	1	40	10	50
防水镜	防水玻璃 5mm	块	100	1	100	20	120
						小计：	5608
9. 其他项目							
进门鞋柜	榉木制作 1200×1000×300	个	680	1	680	200	880
端景台	榉木制作 100×900	个	360	1	360	150	510
酒吧柜	榉木制作 1200×1100×300	个	1100	1	1100	450	1550
储藏柜	细木工板制作	m	400	6	2400	300	2700
挂衣柜	细木工板制作	个	800	2	1600	400	2000
书柜	细木工板制作	个	660	1	660	100	760
						小计：	8400
						合计：	62371

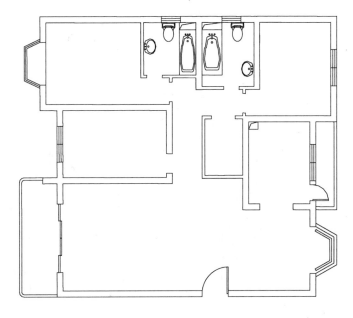

原始房型图

说明：
凡是未列入本预算中的灯具、锁具、窗帘杆、防盗门窗、纱窗、纱门、花台、电器、水槽、家具等都由户主自购。

直接费：62371元（人工费：14087元，材料费：48284元）

设计费： 2%　　免

管理费： 5%　　3118元

税金： 3.41%　　2233元

总价： 67722元

104 万邦都市花园 三室二厅实例4

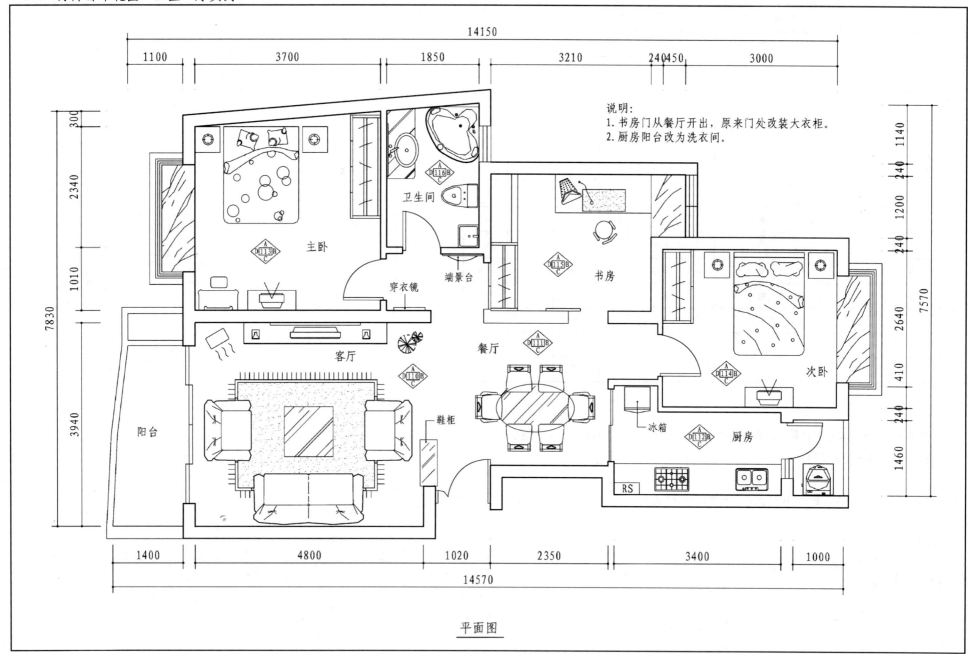

说明:
1. 书房门从餐厅开出,原来门处改装大衣柜。
2. 厨房阳台改为洗衣间。

平面图

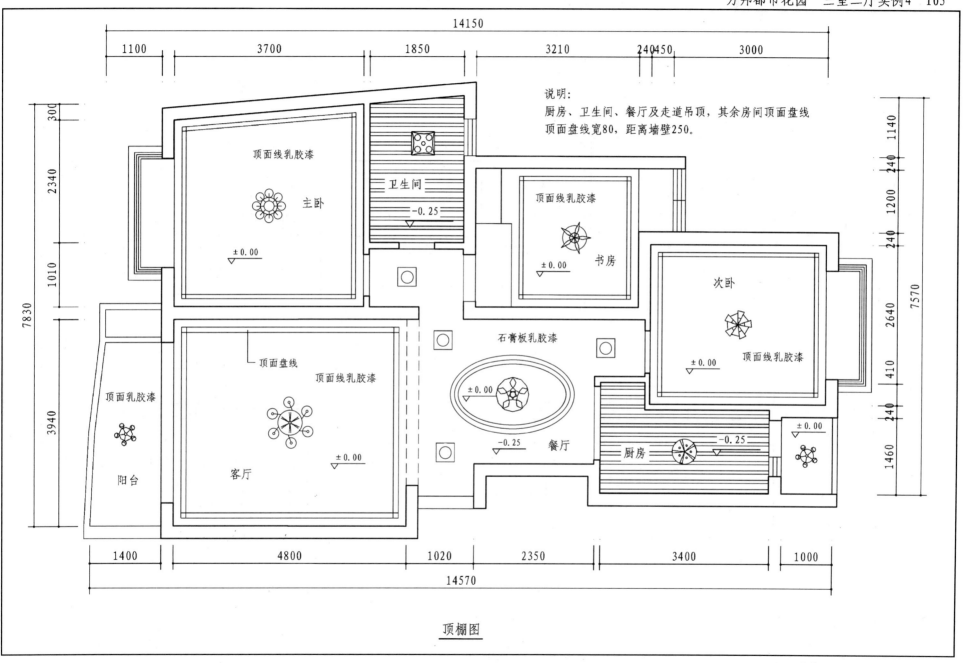
顶棚图

106 万邦都市花园 三室二厅实例4

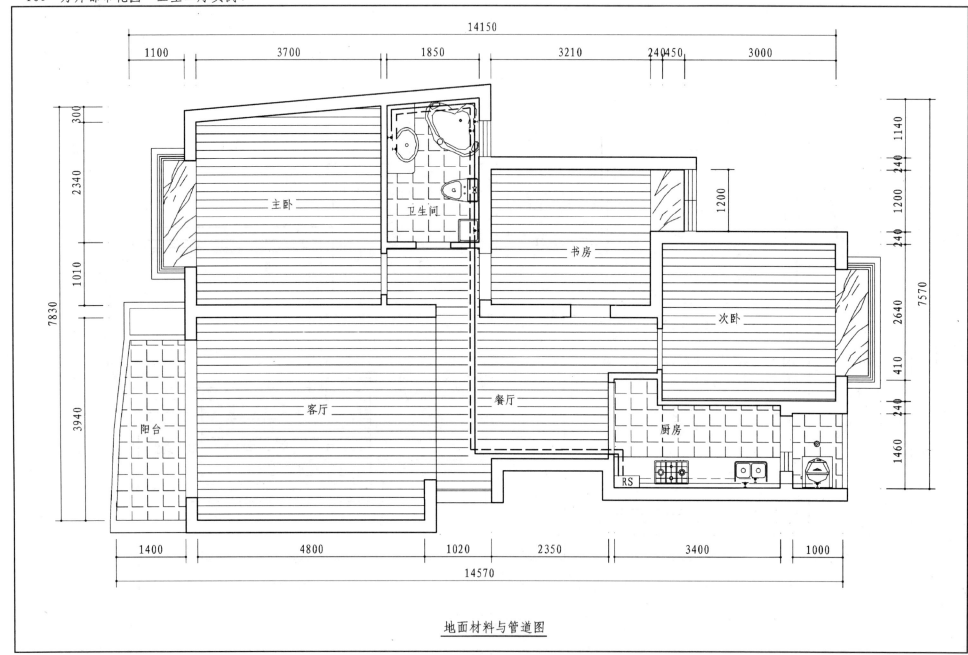

地面材料与管道图

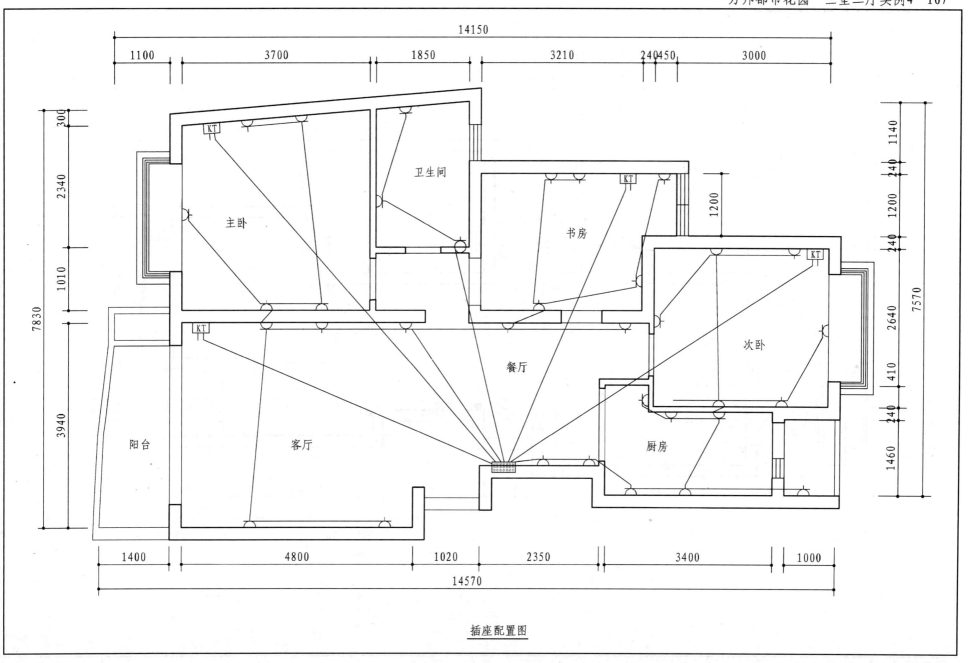

插座配置图

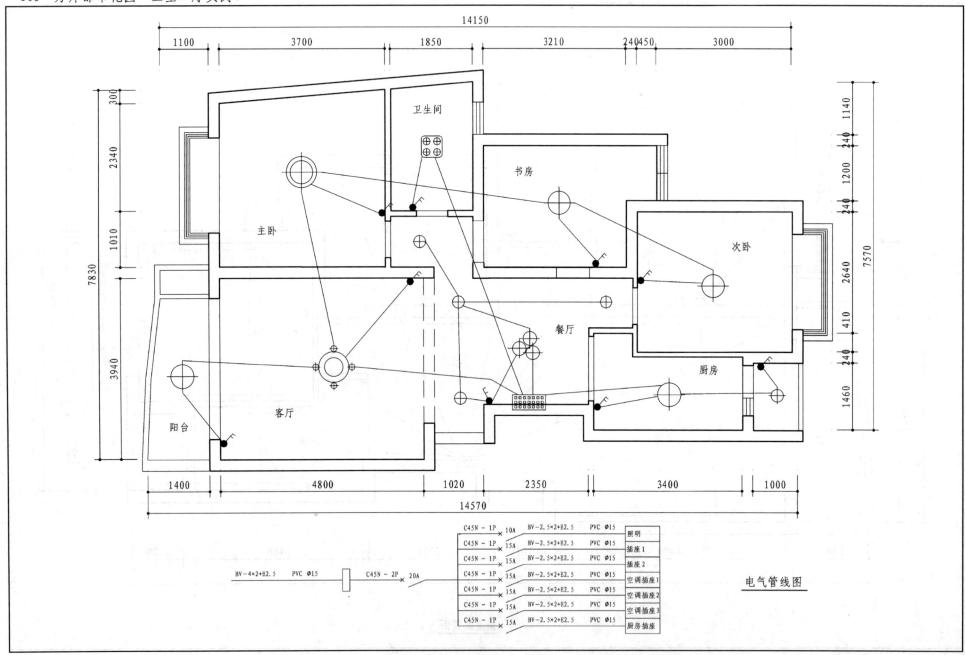

108 万邦都市花园 三室二厅实例4

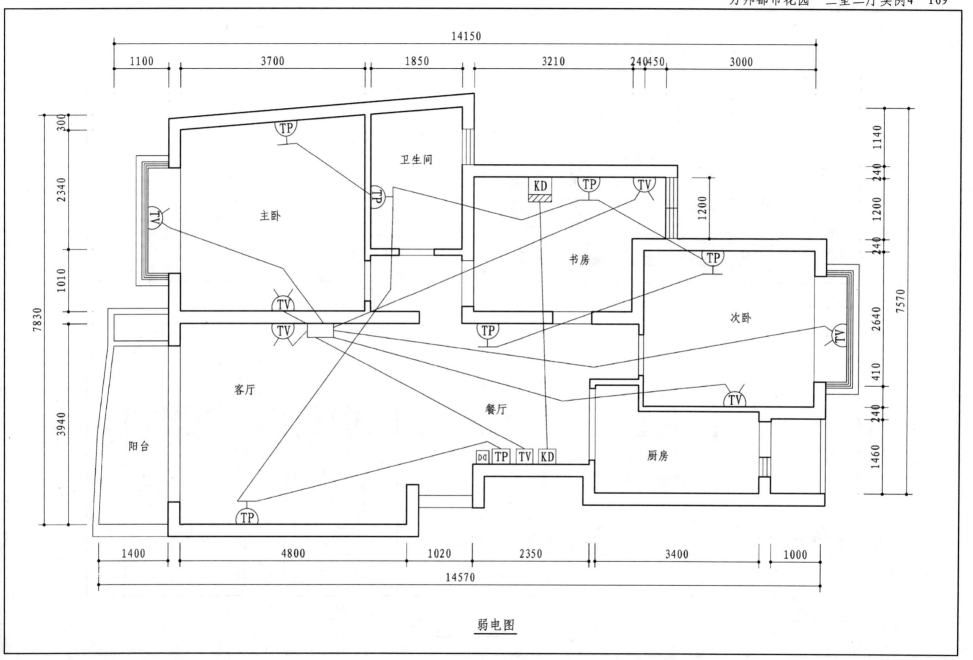

弱电图

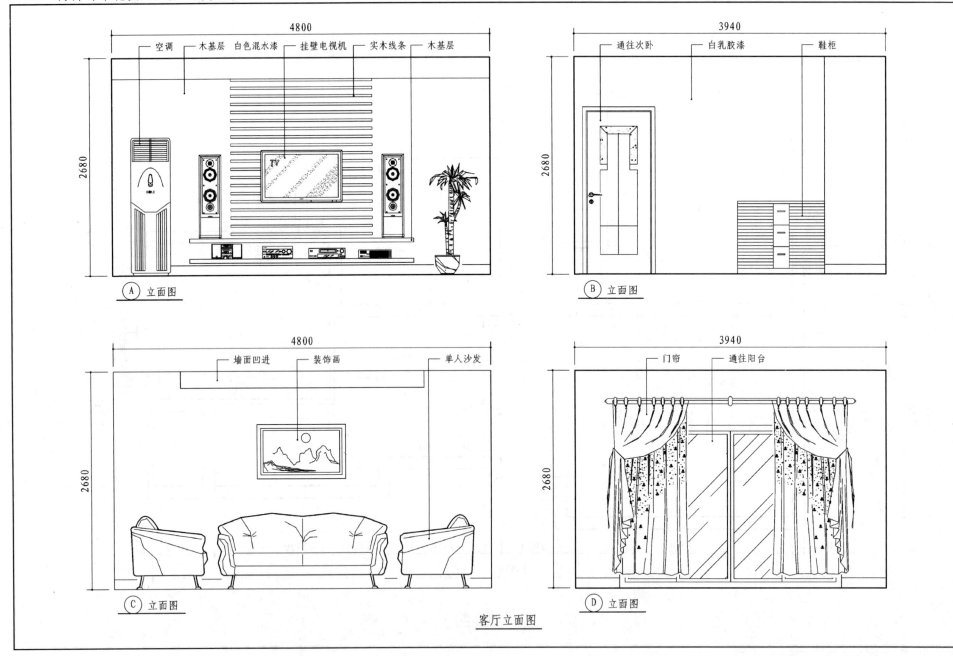

客厅立面图

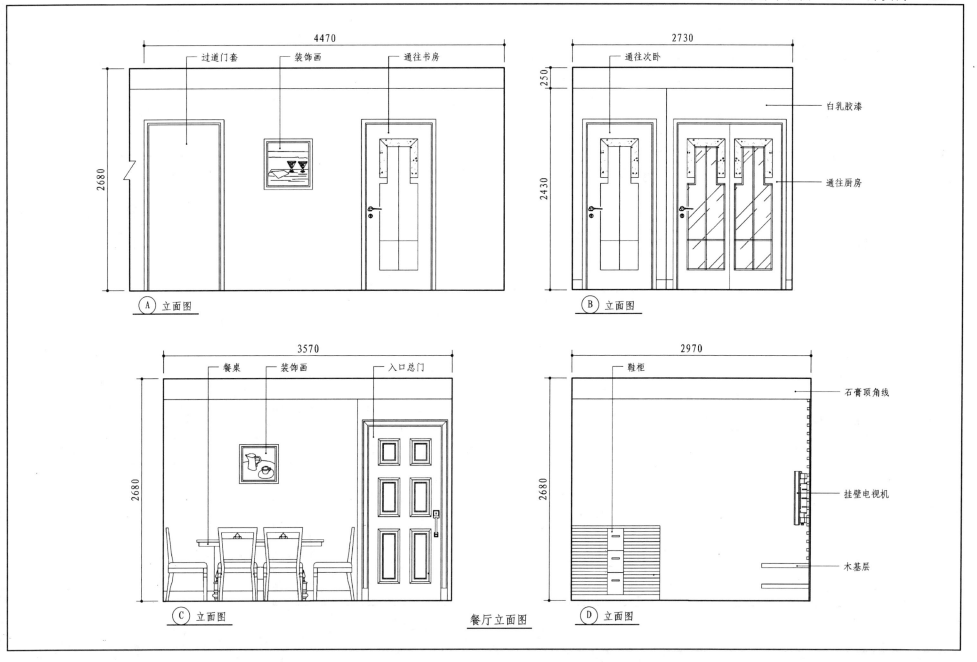

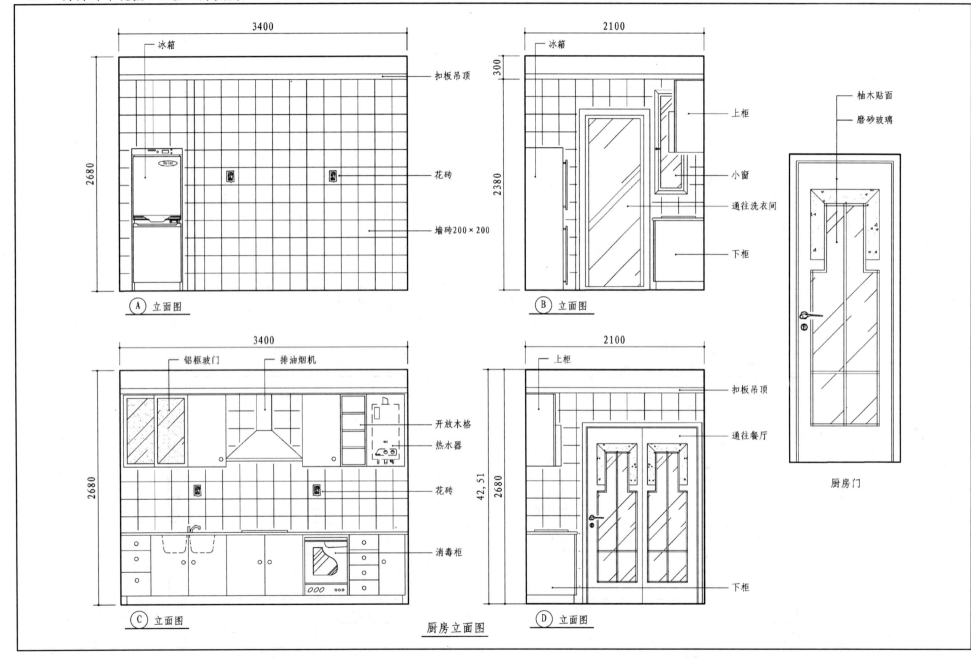

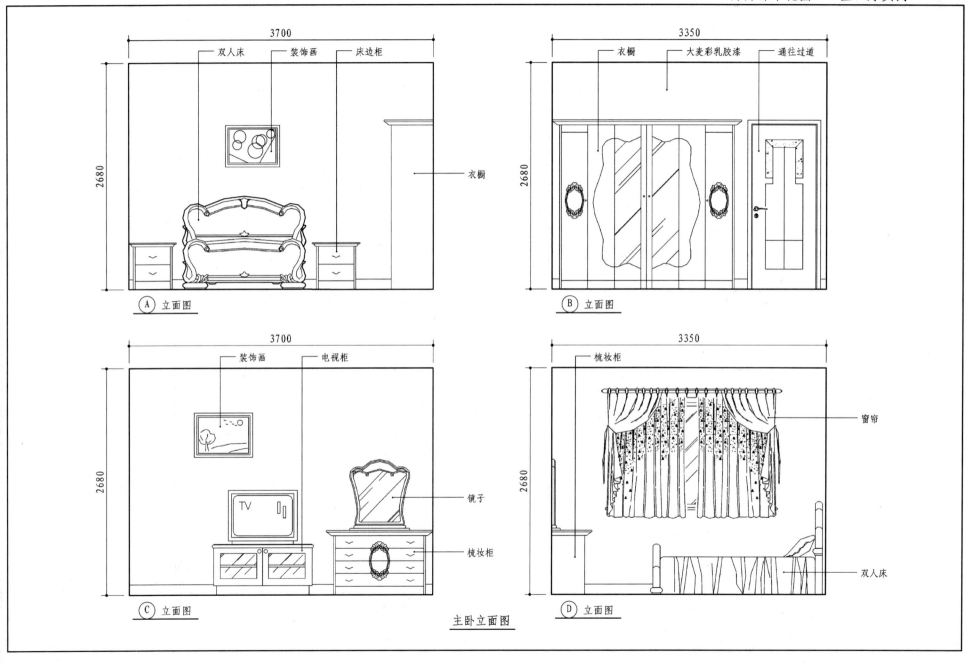

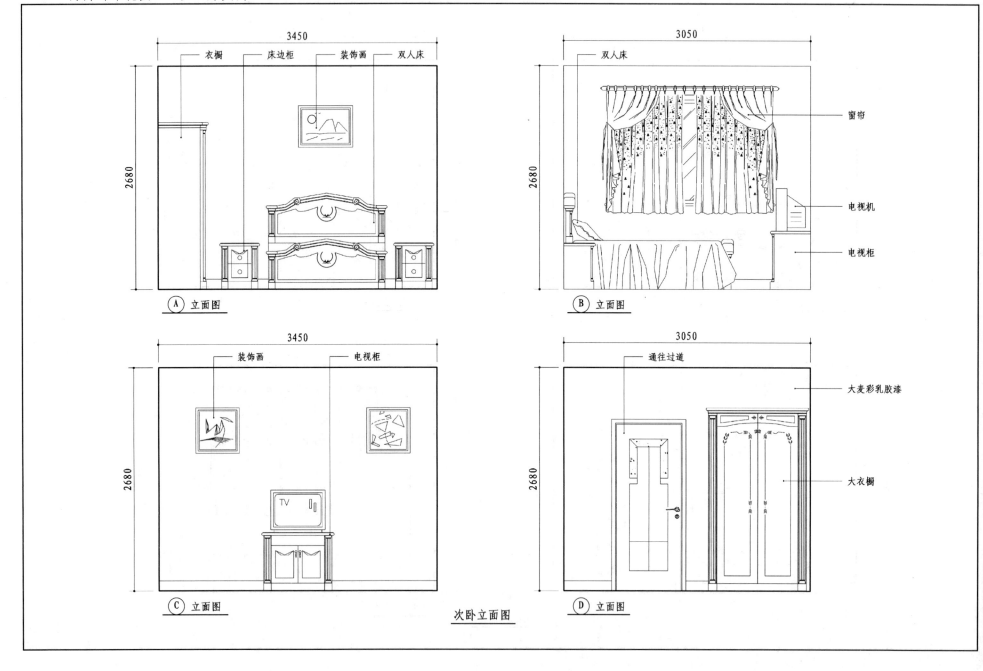

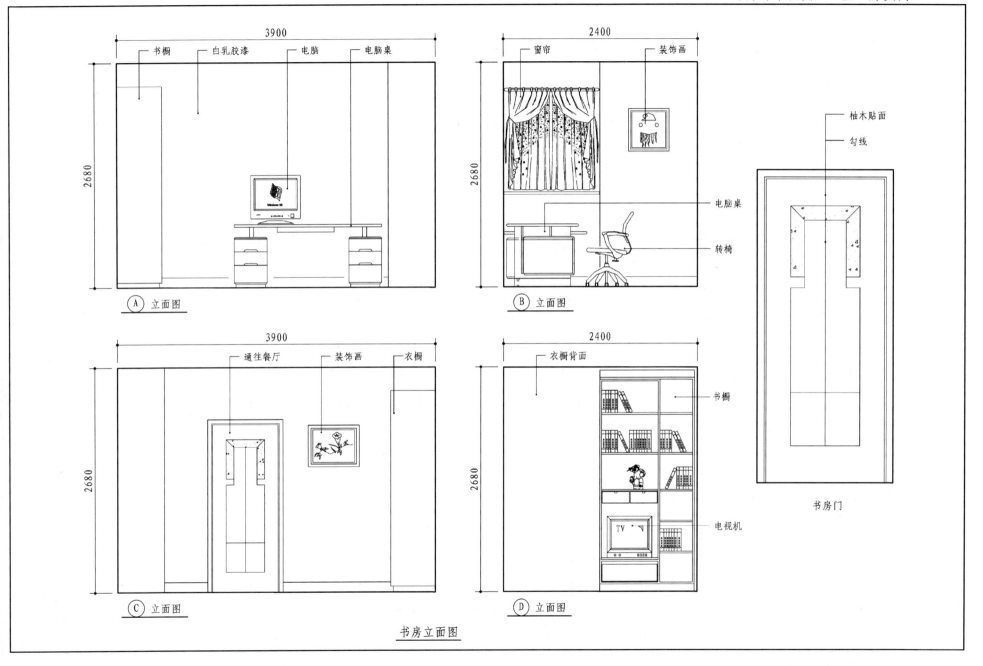

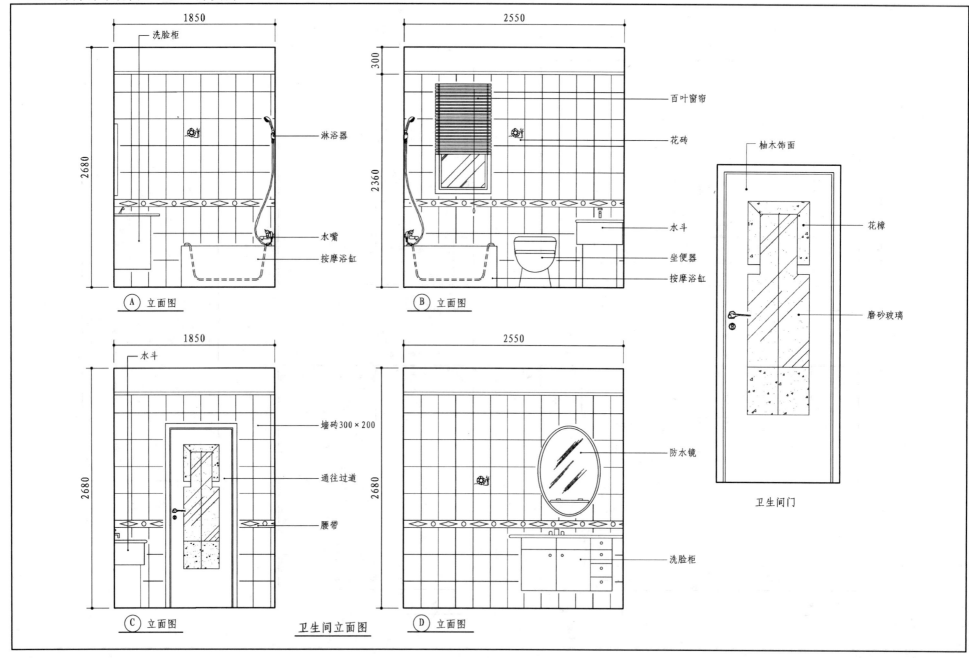

住宅装饰估价表

项目名称	材料品牌与规格	单位	单价元	数量	材料费元	人工费元	合计元	项目名称	材料品牌与规格	单位	单价元	数量	材料费元	人工费元	合计元
1. 客厅									小五金				200		200
地板	巴劳 900×90×18	m²	140	19	2660	380	3040							小计:	10280
	欧龙亚光漆	m²	20	19	380	171	551	**2. 阳台**							
	磨地板	m²	4	19	76		76	地砖	尖峰（300×300）	m²	44	6	264	120	384
	批透明腻子	m²	5	19	95		95		砂、水泥、801胶	m²	20	6	120		120
	木龙骨(落叶松)	m²	14	19	266	76	342							小计:	504
踢脚线	密度板、柚木贴面	m	17	13	221	65	286	**3. 餐厅**							
	欧龙亚光漆	m	20	13	260	40	300	地板	巴劳 900×90×18	m²	140	10	1400	200	1600
阳台门套	密度板、柚木贴面	樘	480	1	480	90	570		欧龙亚光漆	m²	20	10	200	90	290
	欧龙亚光漆	樘	55	1	55	50	105		批透明腻子	m²	5	10	50		50
木门	柚木工艺门	扇	520	1	520	50	570		木龙骨(落叶松)	m²	14	10	140	40	180
	欧龙亚光漆	扇	60	1	60	60	120	踢脚线	密度板、柚木贴面	m	17	11	187	55	242
	门吸	个	8	1	8		8		欧龙亚光漆	m	20	11	220	33	253
	铜合页	付	25	1	25		25	吊顶	木龙骨、隔音板	m²	40	10	400	250	650
电视柜	细木工板、柚木贴面	张	500	1	500	300	800	顶面涂料	欧龙涂料	m²	9	10	90	100	190
	欧龙亚光漆	张	70	1	70	100	170	墙面涂料	欧龙涂料	m²	9	21	189	189	378
玄关	细木工板、柚木贴面	张	600	1	600	400	1000		二度批嵌（碧丽宝）	m²	5	31	155		155
	欧龙亚光漆	张	100	1	100	150	250	总门套	密度板、柚木贴面	樘	450	1	450	100	550
圈吊线条	细木工板、柚木贴面	圈	300	1	300	150	450		欧龙亚光漆	樘	50	1	50	60	110
	欧龙亚光漆	圈	30	1	30	50	80	小五金					200		200
顶面涂料	欧龙涂料	m²	9	19	171	171	342							小计:	4848
墙面涂料	欧龙涂料	m²	9	35	315	315	630	**4. 厨房**							
	二度批嵌（碧丽宝）	m²	5	54	270		270	拆砌粉墙	砂、水泥、砖	堵	300	1	300	200	500

万邦都市花园 三室二厅实例 4

项目名称	材料品牌与规格	单位	单价元	数量	材料费元	人工费元	合计元	项目名称	材料品牌与规格	单位	单价元	数量	材料费元	人工费元	合计元
门套	密度板、柚木贴面	樘	580	1	580	120	700	门套	密度板、柚木贴面	樘	450	1	450	100	550
	欧龙亚光漆	樘	60	1	60	80	140		欧龙亚光漆	樘	60	1	60	70	130
木门	磨砂玻璃工艺门	扇	520	2	1040	100	1140	木门	柚木工艺门	扇	520	1	520	50	570
	欧龙亚光漆	扇	50	2	100	120	220		欧龙亚光漆	扇	60	1	60	70	130
	滑轮轨道	付	260	1	260		260		门吸	个	8	1	8		8
上下柜	维新防火板	m	400	7.8	3120	702	3822		铜合页	付	25	1	25		25
台面	珍珠黑大理石	m²	90	2	180		180	窗套	密度板、柚木贴面	樘	450	1	450	100	550
	磨边	m²	40	3.4	136		136		欧龙亚光漆	樘	60	1	60	70	130
	挖洞	个	30	2	60		60	窗台	金线米黄大理石	m²	320	1.1	352		352
龙头（水嘴）	宏仕达	套	100	3	300		300		磨边	m²	40	1.7	68		68
拆砌粉墙	砂、水泥、砖	堵	300	1	300	200	500	顶面涂料	欧龙涂料	m²	9	11	99	99	198
面砖	尖峰（200×200）	m²	51	21	1071	462	1533	墙面涂料	欧龙涂料	m²	9	30	270	270	540
	砂、水泥、801胶	m²	20	21	420		420		二度批嵌（碧丽宝）	m²	5	43	215		215
地砖	尖峰（200×200）	m²	44	6.5	286	130	416	小五金					300		300
	砂、水泥、801胶	m²			97		97							小计：	6682
小五金					300		300	6. 过道							
						小计：	10724	地板	巴劳 900×90×18	m²	140	2	280	40	320
5. 次卧									欧龙亚光漆	m²	20	2	40	18	58
地板	巴劳 900×90×18	m²	140	11	1540	220	1760		磨地板	m²	4	2	8		8
	欧龙亚光漆	m²	20	11	220	99	319		木龙骨（落叶松）	m²	14	2	28	8	36
	磨地板	m²	4	11	44		44	踢脚线	密度板、柚木贴面	m	17	4	68	20	88
	批透明腻子	m²	5	11	55		55		欧龙亚光漆	m	12	4	48	12	60
	木龙骨（落叶松）	m²	14	11	154	44	198	吊顶	木龙骨、石膏板	m²	40	2	80	50	130
踢脚线	密度板、柚木贴面	m	17	12	204	60	264	顶墙涂料	欧龙涂料	m²	9	13	117	117	234
	欧龙亚光漆	m	20	12	240	36	276	小五金					100		100

项目名称	材料品牌与规格	单位	单价元	数量	材料费元	人工费元	合计元	项目名称	材料品牌与规格	单位	单价元	数量	材料费元	人工费元	合计元
						小计:	1034		欧龙亚光漆	m	3	13	39	52	91
7. 卫生间								门套	密度板、柚木贴面	樘	450	2	900	200	1100
地砖	尖峰（300×300）	m²	44	5	220	100	320		欧龙亚光漆	樘	60	2	120	140	260
面砖	尖峰（200×300）	m²	51	22	1122	484	1606	木门	实心柚木工艺门	扇	520	1	520	50	570
	砂、水泥、801胶	m²	500	1	500	100	600		欧龙亚光漆	扇	60	1	60	70	130
门套	密度板、柚木贴面	樘	500	1	500	100	600		滑轮轨道	付	260	1	260		260
	欧龙亚光漆	樘	50	1	50	50	100	百叶门	柚木百叶门	扇	400	2	800	100	900
木门	磨砂玻璃工艺门	扇	480	1	480	50	530		欧龙亚光漆	扇	60	2	120	140	260
	欧龙亚光漆	扇	60	1	60	50	110	拆砌粉门					400		400
	滑轮轨迹	付	260	1	260		260	衣橱	细木工板、柚木贴面	m²	400	3.84	1536	300	1836
拆砌粉墙	砂、水泥、砖	堵	200	1	200	100	300		欧龙亚光漆	m²	115	3.84	441	60	501
坐便器	甲方自购							书橱	细木工板、柚木贴面	m²	400	2.2	880	200	1080
按摩浴缸	甲方自购								欧龙亚光漆	m²	30	2.2	30	66	96
拖布斗、台盆	甲方自购							窗套	密度板、柚木贴面	樘	400	1	400	80	480
台盆架	维新防火板	m	400	1.2	480	108	588		欧龙亚光漆	樘	40	1	40	50	90
浴霸	奥普200E	个	580	1	580	50	630	窗台	金线米黄大理石	块			230		230
小五金					300		300		磨边	m²	40	1.2	48		48
						小计:	5944	顶面涂料	欧龙涂料	m²	9	10	90	90	180
8. 书房								墙面涂料	欧龙涂料	m²	9	27	243	243	486
地板	巴劳 900×90×18	m²	140	10	1400	200	1600		二度批嵌	m²	5	37	185		185
	欧龙亚光漆	m²	20	10	200	90	290	小五金					200		200
	磨地板	m²	4	10	40		40							小计:	11829
	批透明腻子	m²	5	10	50		50	9. 主卧							
	木龙骨（落叶松）	m²	14	10	140	40	180	地板	巴劳 900×90×18	m²	140	14	1960	280	2240
踢脚线	密度板、柚木贴面	m	17	13	221	65	286		欧龙亚光漆	m²	20	14	280	126	406

万邦都市花园 三室二厅实例 4

项目名称	材料品牌与规格	单位	单价 元	数量	材料费 元	人工费 元	合计 元
	磨地板	m²	4	14	56		56
	批透明腻子	m²	5	14	70		70
	木龙骨（落叶松）	m²	14	14	196	70	266
踢脚线	密度板、柚木贴面	m	17	15	255	75	330
	欧龙亚光漆	m	3	15	45	45	90
门套	密度板、柚木贴面	樘	450	1	450	100	550
	欧龙亚光漆	樘	60	1	60	70	130
木门	柚木贴面工艺门	扇	520	1	520	50	570
	欧龙亚光漆	扇	60	1	60	70	130
	铜合页	付	25	1	25		25
	门吸	个	8	1	8		8
拆砌粉墙	砂、水泥、砖	堵	150	1	150	100	250
窗套	密度板、柚木贴面	樘	500	1	500	100	600
	欧龙亚光漆	樘	60	1	60	70	130
窗台	金线米黄大理石	块	500	1	500		500
顶面涂料	欧龙涂料	m²	9	14	126	126	252
墙面涂料	欧龙涂料	m²	9	34	306	306	612
	二度批嵌（碧丽宝）	m²	5	48	240		240
小五金						200	200
						小计:	7655
10. 其他							
电线	熊猫电线				1000	500	1500
	TCL 开关、插座				600		600
水管	劳动牌6分管				800	500	1300
						小计:	3400

说明：
　凡是未列入本预算中的灯具、锁具、窗帘杆、防盗门窗、纱窗、纱门、水槽、家具等都由户主自购。

直接费：62900元（人工费：13538元，材料费：49362元）
设计费：2%　　免
管理费：5%　　3145元
税金：3.41%　2252元
总价：68297元

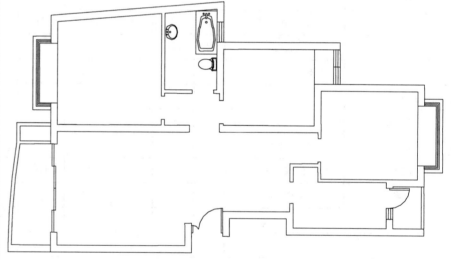

原始房型图

香樟苑 四室二厅实例1 121

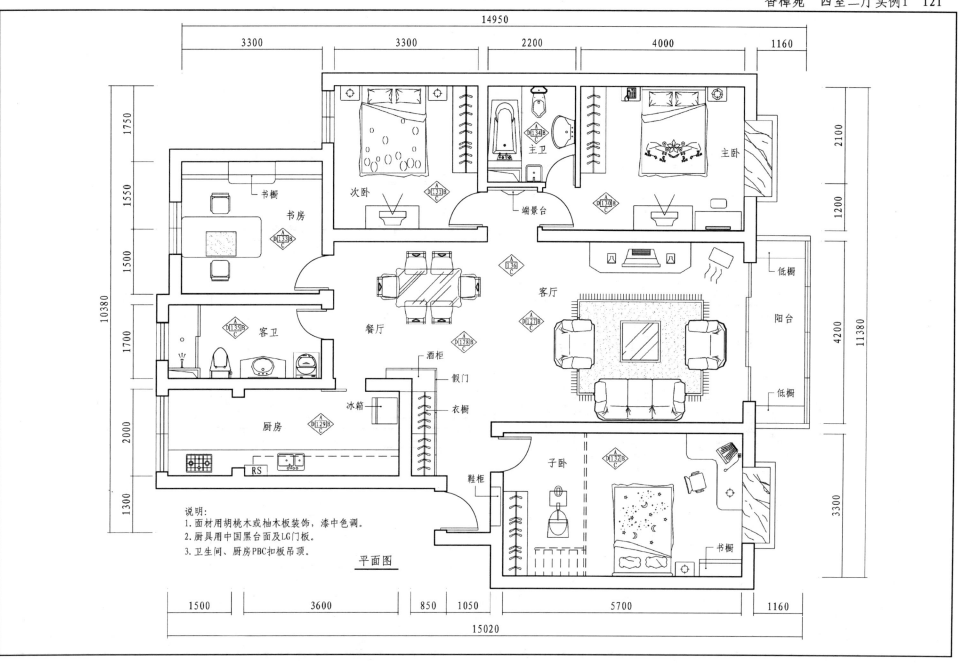

平面图

说明：
1. 面材用胡桃木或柚木板装饰，漆中色调。
2. 厨具用中国黑台面及LG门板。
3. 卫生间、厨房PBC扣板吊顶。

122　香樟苑　四室二厅实例1

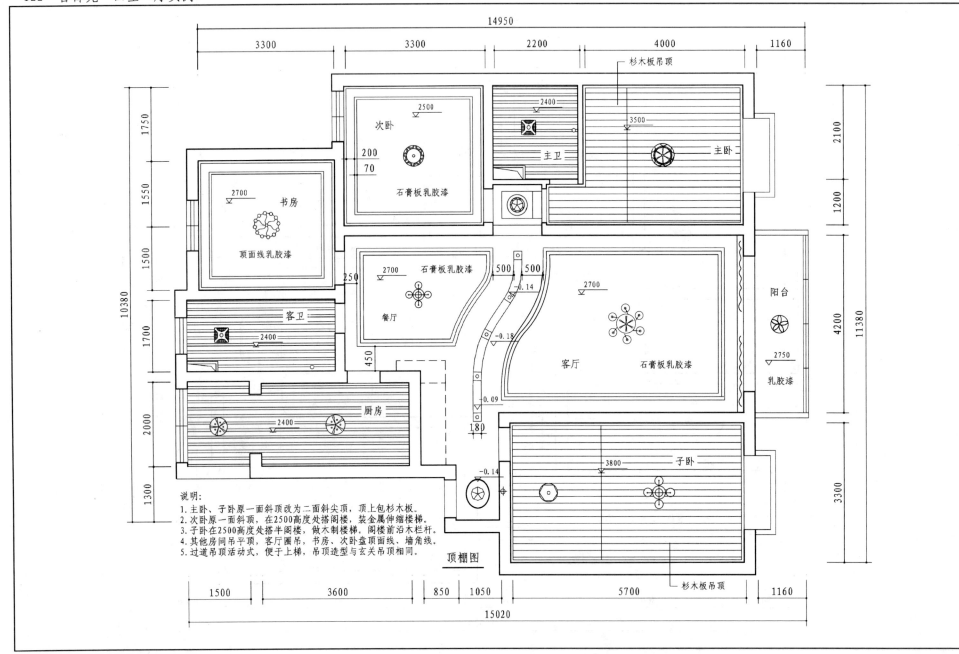

说明：
1. 主卧、子卧原一面斜顶改为二面斜尖顶，顶上包杉木板。
2. 次卧原一面斜顶，在2500高度处搭阁楼，装金属伸缩楼梯。
3. 子卧在2500高度处搭半阁楼，做木制楼梯。阁楼前沿木栏杆。
4. 其他房间吊平顶，客厅圈吊，书房、次卧盘顶面线、墙角线。
5. 过道吊顶活动式，便于上梯，吊顶造型与玄关吊顶相同。

顶棚图

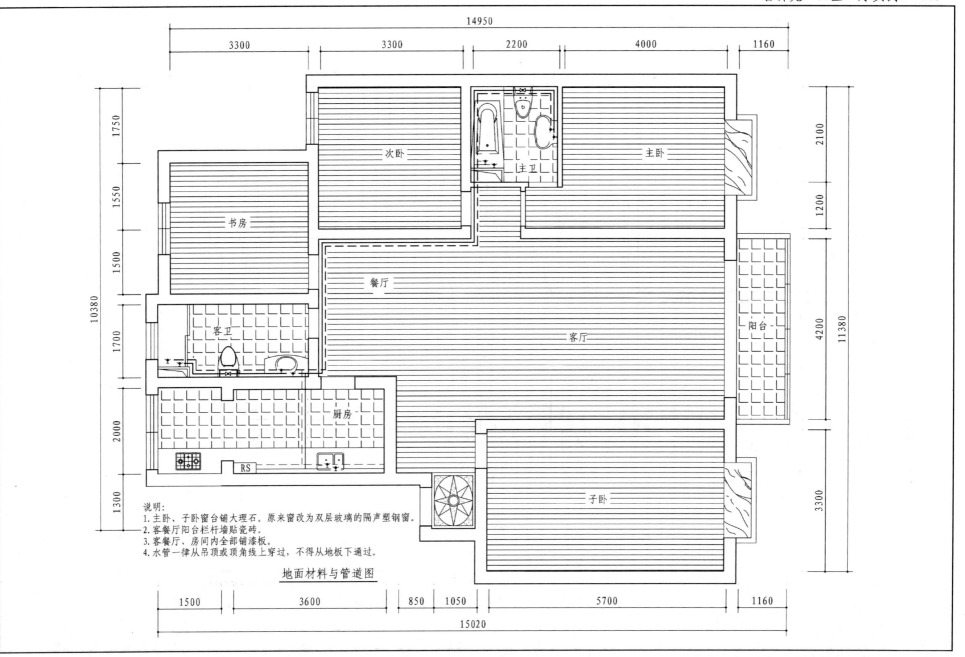

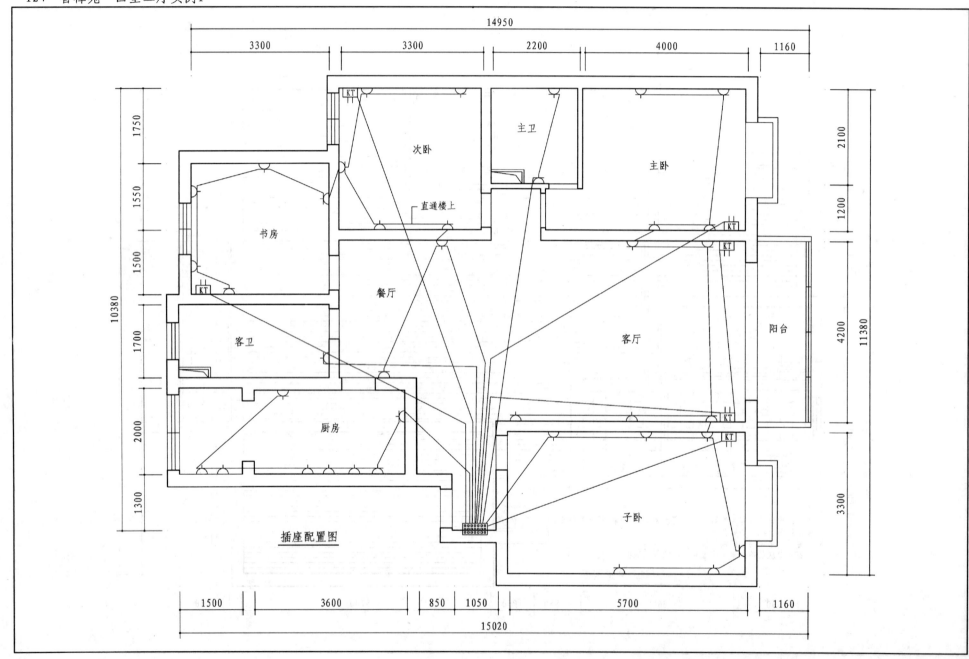

插座配置图

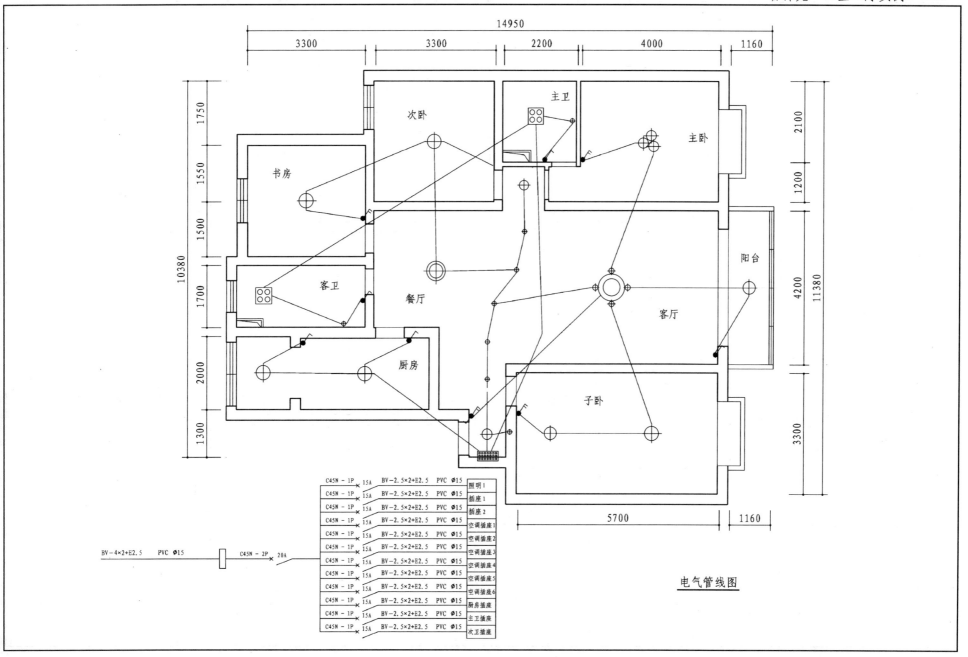

电气管线图

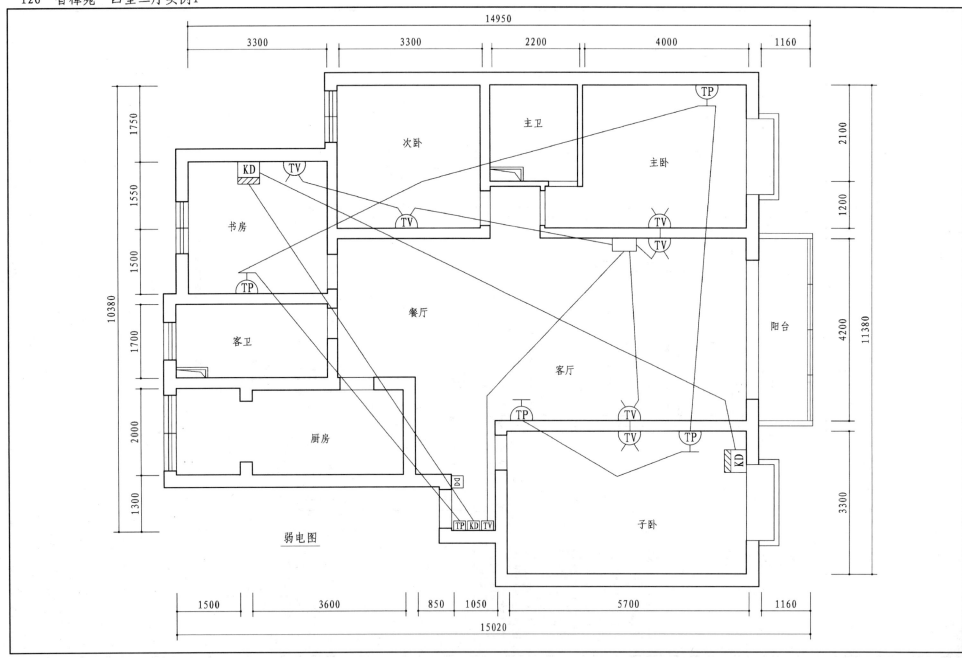

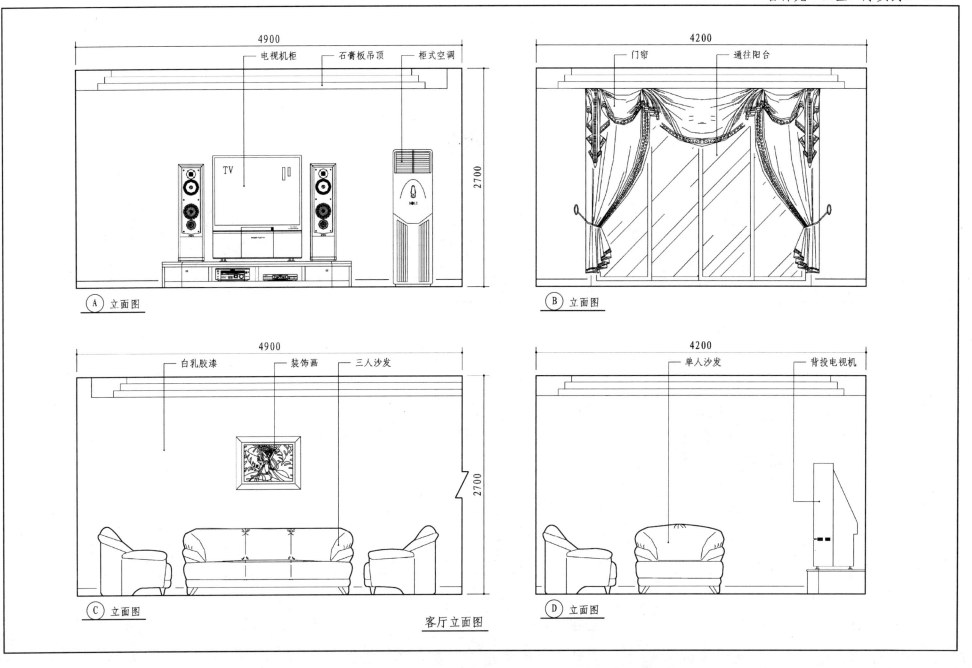

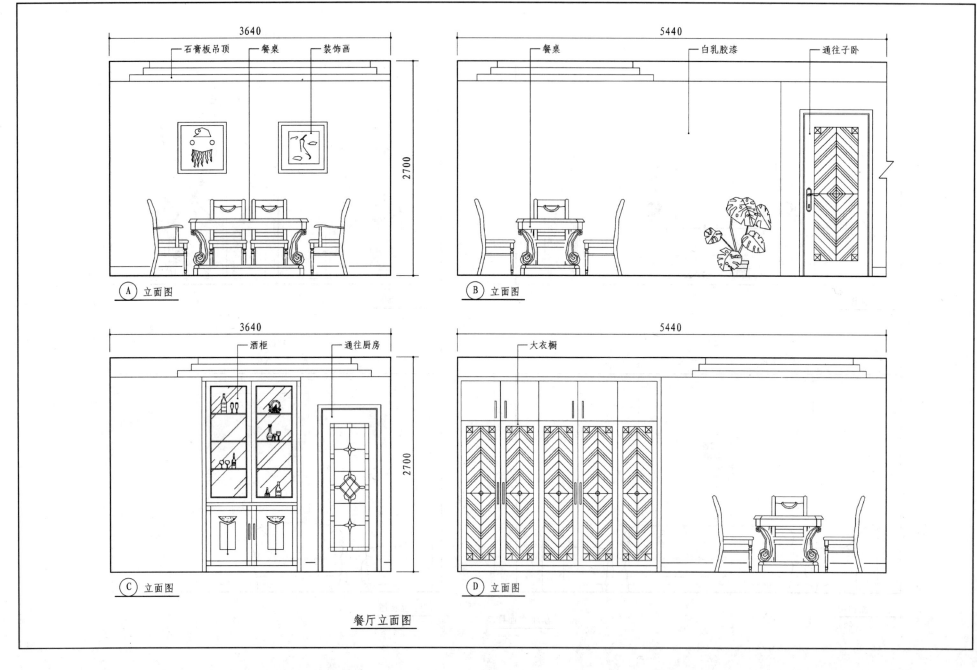

餐厅立面图

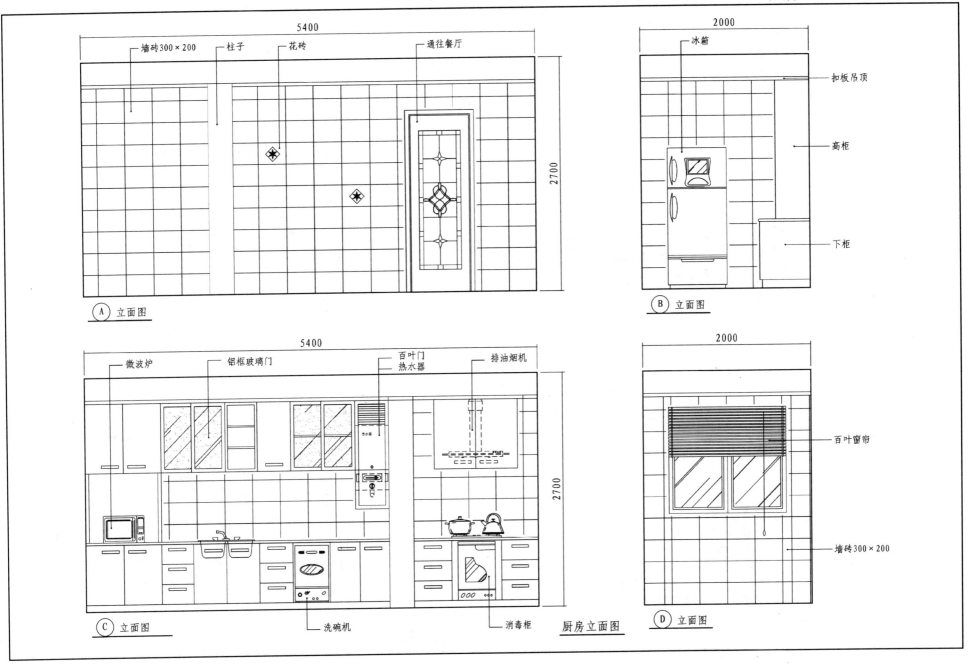

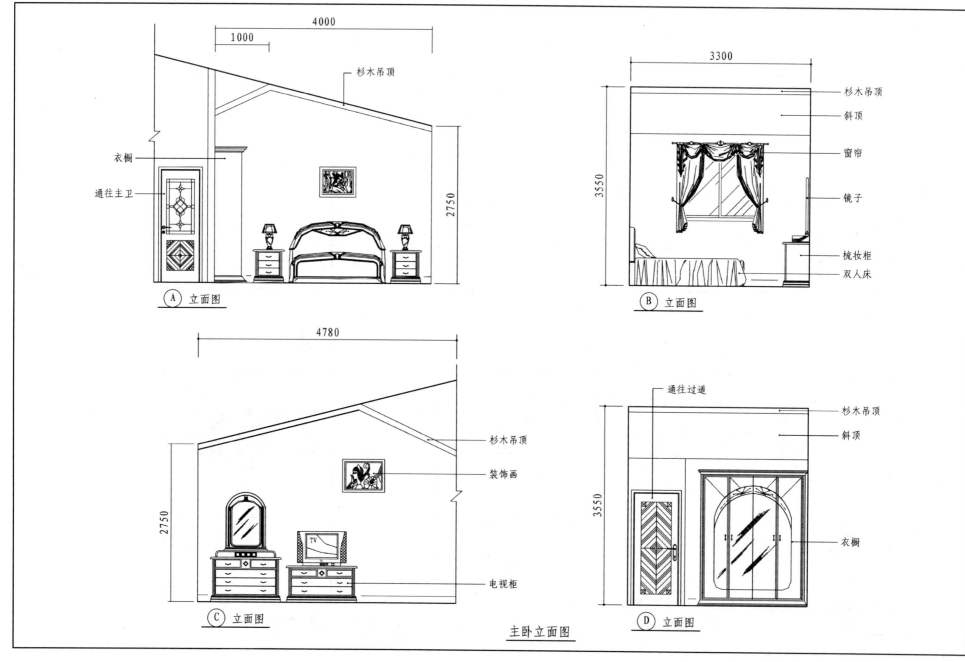

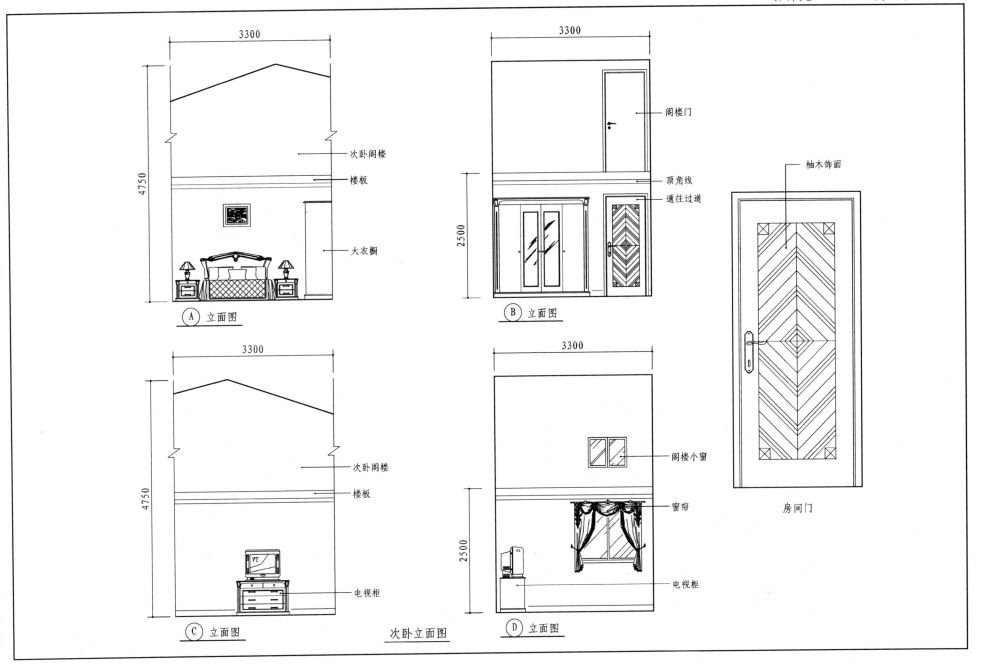

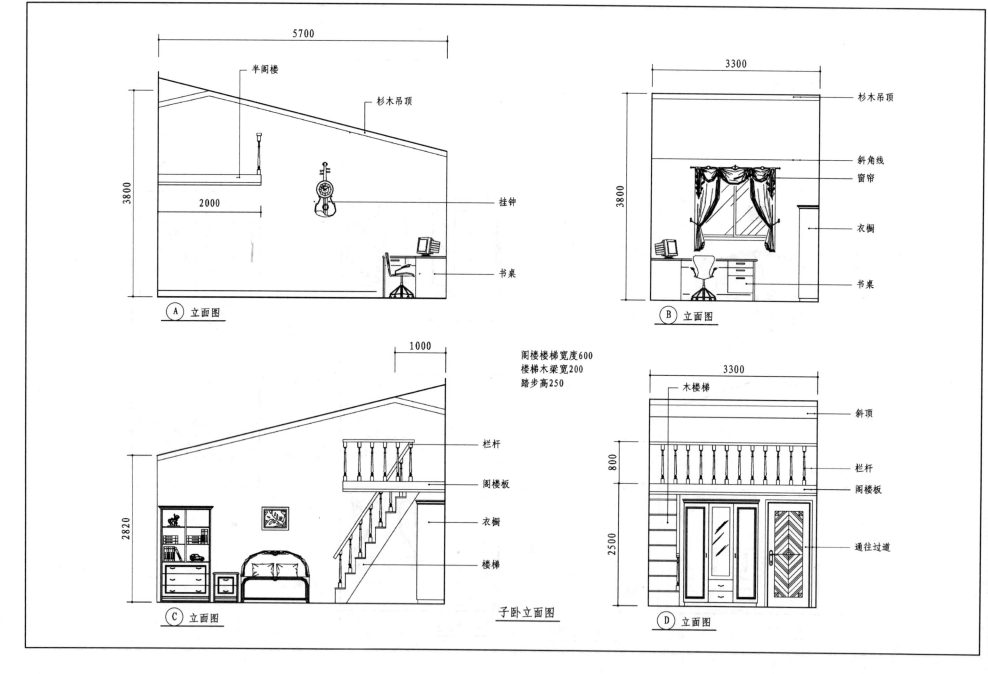

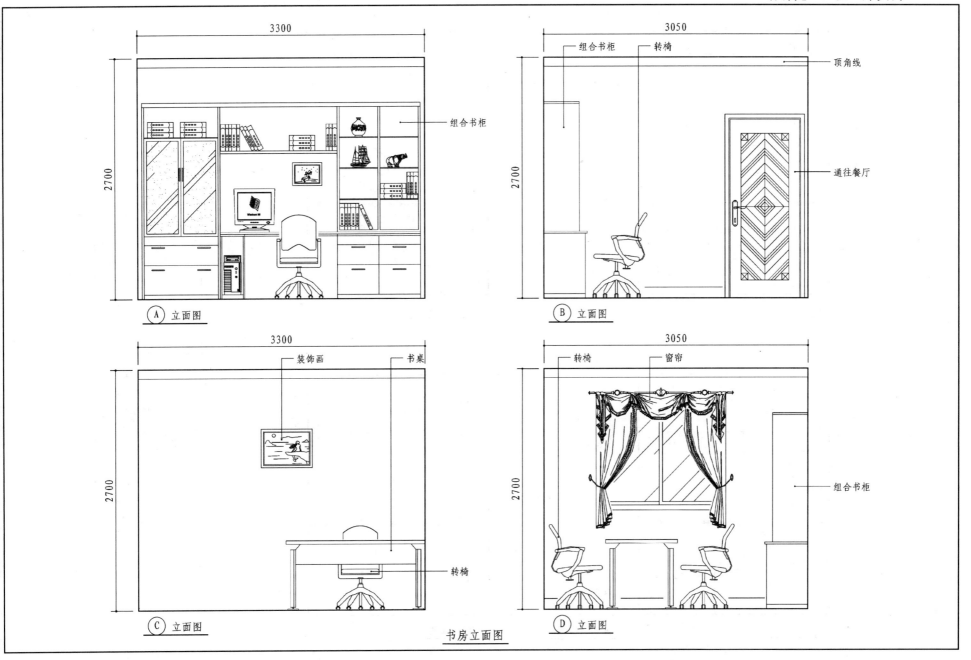

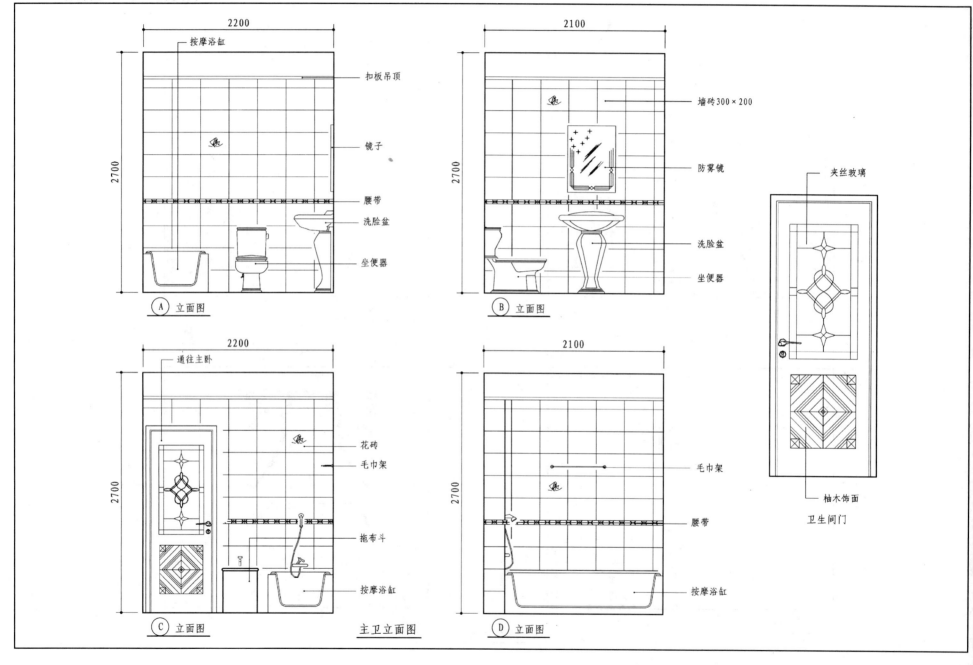

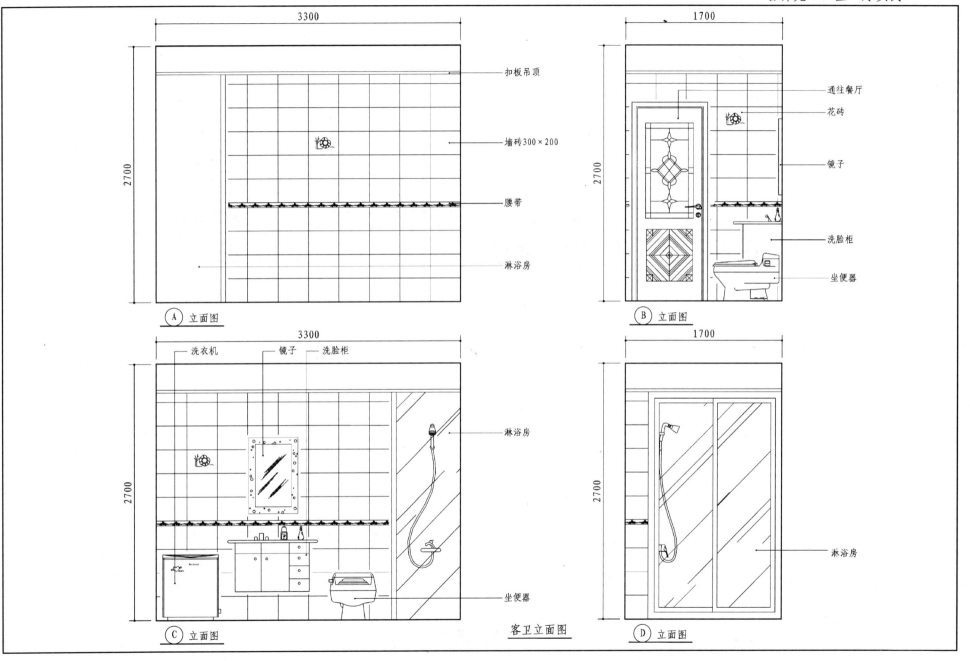

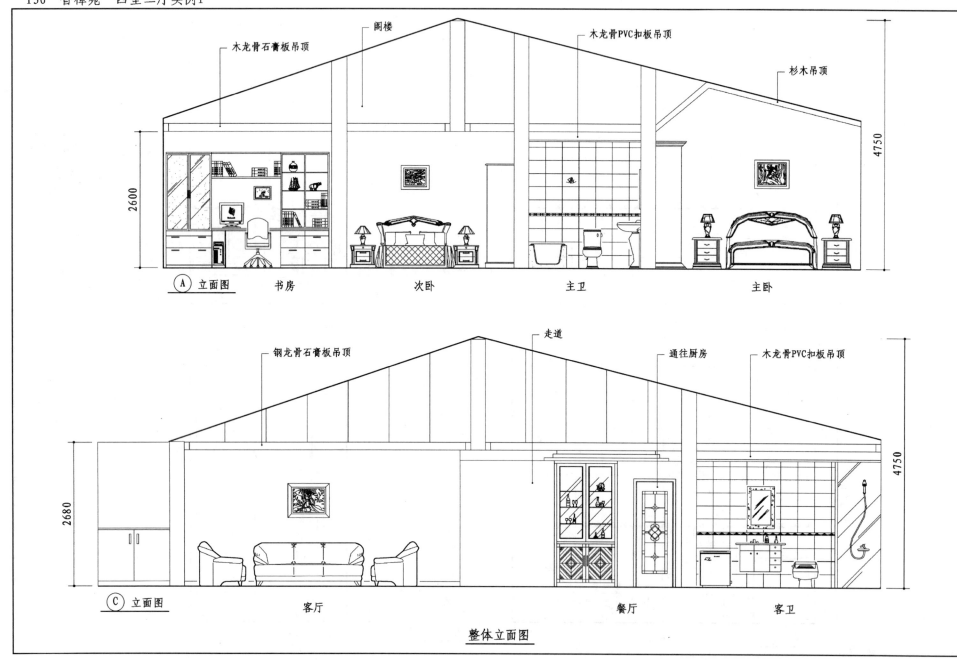

住宅装饰估价表

项目内容	单位	数量	主材品牌规格	主材费用 单价 元	主材费用 合计 元	辅材费用 单价 元	辅材费用 合计 元	人工费用 单价 元	人工费用 合计 元	项目内容	单位	数量	主材品牌规格	主材费用 单价 元	主材费用 合计 元	辅材费用 单价 元	辅材费用 合计 元	人工费用 单价 元	人工费用 合计 元
1. 客,餐厅										端景台	只	1	细木工板玻璃制作	620	620	60	60	200	200
进门门套	只	1	12cm柚木夹板收口	220	220	60	60	80	80	窗帘杆	m	4.2	罗马杆单轨	15	63	0	0	20	84
过道门套	只	1	12cm柚木夹板收口	220	220	60	60	80	80									小计:	30041
阳台门套	只	1	15cm柚木夹板收口	300	300	80	80	100	100	**2. 主卧室**									
油漆	m²	16	长春藤,聚脂漆	25	400	5	80	10	160	进门门套	只	1	12cm柚木夹板白松中纤板	280	280	40	40	120	120
阳台移门	m²	9	塑钢上海海螺	170	1530	5	45	10	90	木门	扇	1	柚木工艺拼花	350	350	50	50	50	50
地板	m²	40	巴劳 900×90×18	160	6400	5	200	20	800	窗台窗套	只	1	12cm柚木夹板收口	190	190	30	30	80	80
地搁栅	m²	40	落叶松 30×50	14	560	8	320	0	0	窗台大理石	m²	1.5	雪花白双边	200	300	0	0	70	70
吊顶	m²	45	轻钢龙骨,纸面石膏板	75	3375	10	450	20	900	油漆	m²	8	长春藤聚脂漆	25	200	5	40	10	80
圈吊	m²	20	木龙骨,石膏板	45	900	12	240	20	400	吊顶	m²	5	轻钢龙骨纸面石膏板	75	375	10	50	20	100
吊顶	m²	45	杉木扣板 4000×12×70	20	900	10	450	20	900	吊顶	m²	15	杉木扣板 4000×12×70	20	300	10	150	20	300
踢脚线	m	30	12cm柚木夹板贴面	18	540	2	60	4	120	墙面	m²	30	二次批平石膏粉胶水	6	180	0	0	3	90
墙面	m²	130	二次批平石膏粉胶水	6	780	0	0	3	390	涂料	m²	30	立邦美得丽	8	240	2	60	2	60
涂料	m²	130	立邦美得丽	8	1040	0	0	2	260	踢脚线	m²	20	12cm柚木贴面	18	360	2	40	4	80
电线	m	100	上海熊猫	1.5	150	0	0	1	100	电线	m	40	上海熊猫	1.5	60	0	0	1	40
电视电话线	m	70	上海熊猫	1	70	0	0	1	70	电视电话线	m	40	上海熊猫	1	40	0	0	1	40
开关,插座	只	10	松本电器	12	120	0	0	10	100	开关插座	只	5	松本电器	12	60	0	0	10	50
阳台地砖	m²	6	现代工艺砖 300×300	50	300	16	96	18	108	窗帘杆	m	2	罗马杆单轨	15	30	0	0	20	40
阳台面砖	m²	10	现代面砖 200×300	60	600	16	160	18	180	地板	m²	15	巴劳漆板 900×90×18	160	2400	5	75	20	300
进门鞋柜	只	1	细木工板制作	500	500	80	80	210	210	地搁栅	m²	15	落叶松 30×50	14	210	8	120	0	0
挂衣柜	只	1	细木工板制作	950	950	100	100	480	480									小计:	7730
酒柜	只	1	细木工板制作	800	800	60	60	290	290	**3. 次卧**									

138 香樟苑 四室二厅实例1

项目内容	单位	数量	主材品牌规格	主材费用 单价 元	主材费用 合计 元	辅材费用 单价 元	辅材费用 合计 元	人工费用 单价 元	人工费用 合计 元	项目内容	单位	数量	主材品牌规格	主材费用 单价 元	主材费用 合计 元	辅材费用 单价 元	辅材费用 合计 元	人工费用 单价 元	人工费用 合计 元
门套	只	1	杉木扣板4000×12×70	280	280	40	40	120	120	墙面	m²	60	二次批平石膏粉胶水	6	360	0	0	3	180
木门	扇	1	柚木工艺门	320	320	80	80	50	50	涂料	m²	60	立邦美得丽	8	480	2	120	2	120
窗台窗套	只	1	12cm柚木夹板收口	190	190	30	30	80	80	阁楼	m²	7	木龙骨细木工板	45	315	10	70	20	140
窗台大理石	m²	0.5	雪花白双边	200	100	0	0	80	40	地板	m²	7	杉木地板900×2000×1.5	36	252	3	21	15	105
阁楼(龙骨)	m²	11	落叶松阁栅细木工板	45	495	10	110	20	220	吊顶	m²	21	杉木扣板4000×12×70	20	420	10	210	20	420
地板	m²	11	杉木地板900×2000×1.5	36	396	3	33	15	165	栏杆	只	1	柳安实木	250	250	0	0	100	100
吊顶	m²	12	杉木扣板4000×12×70	20	240	10	120	20	240	楼梯	只	1	黄柳安实木	1080	1080	100	100	280	280
顶角线	m	13.5	石膏板	6	81	2	27	0	0	地板	m	19	巴劳漆板900×90×18	160	3040	5	95	20	380
踢脚线	m	14	12cm柚木夹板贴面	18	252	2	28	4	56	地搁栅	m²	19	落叶松30×15	14	266	8	152	0	0
墙面	m²	47	二次批平石膏粉胶水	6	282	0	0	3	141	油漆	m²	18	长春藤聚脂漆	25	450	5	90	10	180
立邦美得丽涂料	m²	47	立邦美得丽	8	376	2	94	2	94	踢脚线	m	20	12cm柚木贴面	18	360	2	40	4	80
地板	m²	15	巴劳漆板900×90×18	160	2400	5	75	20	300	电线	m	50	上海熊猫	1.5	75	0	0	1	50
地搁栅	m²	15	落叶松30×15	14	210	8	120	0	0	电视电话线	m	1	上海熊猫	40	40	0	0	1	40
电线	m	50	上海熊猫	1.5	75	0	0	1	50	开关插座	只	6	松本电器	12	72	0	0	10	60
电线电话线	m	40	上海熊猫	1	40	0	0	1	40	窗帘杆	m	2	罗马杆单	15	30	0	0	20	40
开关插座	只	5	松本电器	12	60	0	0	10	50									小计:	12493
窗帘杆	m	1.5	罗马杆单轨	15	22.5	0	0	20	30	5.书房									
								小计:	8252.5	门套	只	1	12cm柚木夹板收口	290	290	30	30	120	120
4.子卧										木门	扇	1	工艺门	320	320	80	80	50	50
门套	只	1	12cm柚木夹板平板收口	290	290	30	30	120	120	窗套	只	1	12cm柚木夹板收口	190	190	30	30	80	80
木门	扇	1	柚木工艺门	320	320	80	80	50	50	油漆	m²	8	长春藤聚脂漆	25	200	5	40	10	80
窗套	只	1	12cm柚木夹板平板收口	190	190	30	30	80	80	顶角线	m	16	110豪华石膏板	6	96	0	0	0	0
油漆	m²	8	长春藤聚脂漆	25	200	5	40	10	80	踢脚线	m	20	12cm柚木贴面	18	360	2	40	4	80
窗台大理石	m	1.5	雪花白双边	200	300	0	0	80	120	墙面	m²	30	二次批平石膏粉胶水	6	180	0	0	3	90

项目内容	单位	数量	主材品牌规格	主材费用 单价 元	主材费用 合计 元	辅材费用 单价 元	辅材费用 合计 元	人工费用 单价 元	人工费用 合计 元	项目内容	单位	数量	主材品牌规格	主材费用 单价 元	主材费用 合计 元	辅材费用 单价 元	辅材费用 合计 元	人工费用 单价 元	人工费用 合计 元
涂料	m²	30	立邦美得丽	8	240	2	60	3	90	电线	m	40	上海熊猫	1.5	60	0	0	1	40
地板	m²	11	巴劳漆板 900×90×18	160	1760	5	55	20	220	开关插座	只	5	松本电器	12	60	0	0	10	50
地搁栅	m²	11	落叶松 30×15	14	154	8	88	0	0	厨具	m	6	框架三聚青氧LC门板 台面中国黑双边	700	4200			400	2400
窗台大理石	m	0.5	雪花白双边	200	100	80	40	80	40	敲(强)墙	m²	1.5	垃圾清运	40	60			60	90
电线	m	40	上海熊猫	1.5	60	0	0	1	40	移门	m²	3	海螺塑钢	170	510	0	0	0	0
电视电话线	m	30	上海熊猫	1	30	0	0	1	30									小计:	15555
开关插座	只	5	松本电器	12	60	0	0	10	50	7. 主卫									
窗帘杆	m	1.5	罗马杆单轨	15	22.5	0	0	20	30	进门门套	只	1	12cm 柚木夹板白松中纤板	290	290	30	30	120	120
								小计:	5525.5	木门	扇	1	柚木工艺门(铜嵌玻璃)	360	360	40	40	50	50
6. 厨房										封管道	根	1	85砖黄砂水泥	75	75	0	0	50	50
门套	只	1	12cm 柚木夹板收口	290	290	30	30	120	120	吊顶	m²	5	木龙骨 30×50	15	75	2	10	15	75
木门	扇	1	柚木工艺门	320	320	80	80	50	50	扣板	m²	5	武峰PVC扣板加角线	30	150	2	10	10	50
油漆	m²	5	长春藤聚脂漆	25	125	5	25	15	75	吊顶	m²	5	细木工板,纸面石膏板	45	225	10	50	20	100
吊顶	m²	10.5	木龙骨 30×50	15	157.5	2	21	15	157.5	面砖	m²	20	现代面砖	60	1200	3	60	15	300
移门槽	m	2	义明铝合金	25	50	0	0	10	20	地砖	m²	5	现代抛砖	60	300	3	15	15	75
吊轮	付	2	ABS吊轮	25	50	0	0	10	20	砂、水泥	m²	25	425中粗	15	375			0	0
扣板	m²	10.5	上海武峰扣板	30	315	2	21	10	105	水管	m	20	上海三净铜管	25	500			10	200
面砖	m²	23	现代 200×300	60	1380	3	69	15	345	配件	项	1	B分铜配管	250	250	0	0	0	0
地砖	m²	10.5	现代 200×300	60	630	3	31.5	15	157.5	毛巾架	只	1	不锈钢双架	80	80			20	20
黄砂水泥	m²	32	425中粗	15	480	0	0	0	0	草子架	只	1	不锈钢	40	40			20	20
水管	m	20	上海三净铜管	25	500	0	0	10	200	坐便器	只	1	TOTO784型	970	970			50	50
配件	项	1	B分铜配件	250	250	0	0	0	0	台盆	只	1	TOTO851型	450	450			30	30
淋浴器	只	1	淋内强排机	1450	1450	0	0	150	150	浴缸	只	1	TOTO压克力1500	980	980			150	150
水漕	只	1	不锈钢双斗	380	380	0	0	30	30	三角阀	只	3	波澳	15	45	0	0	10	30

140 香樟苑 四室二厅实例1

项目内容	单位	数量	主材品牌规格	主材费用 单价 元	主材费用 合计 元	辅材费用 单价 元	辅材费用 合计 元	人工费用 单价 元	人工费用 合计 元	项目内容	单位	数量	主材品牌规格	主材费用 单价 元	主材费用 合计 元	辅材费用 单价 元	辅材费用 合计 元	人工费用 单价 元	人工费用 合计 元
浴缸下水	付	1	铜下水	120	120	0	0	0	0	台盆	只	1	TOTO台盆	480	480	0	0	50	50
开关插座	只	4	松本电器	12	48	0	0	10	40	大理石	m	1.5	雪花白大理石双边	200	300	0	0	80	120
电线	m	30	上海熊猫	1.5	45	0	0	1	30	三角阀	只	3	渡澳	15	45	0	0	30	90
防水镜	块	1	5mm	100	100	0	0	20	20	电线	m	40	上海熊猫	1.5	60	0	0	1	40
浴霸	只	1	奥普	350	350	0	0	50	50	开关插座	只	4	松本电器	12	48	0	0	10	40
腰带	块	42	10×20广东产	8	336	0	0	0	0	腰带	块	48	10×20广东产	8	384	0	0	0	0
花砖	块	4	罗马20×30	23	92	0	0	0	0	花砖	块	4	罗马20×30	23	92	0	0	0	0
								小计:	9131	防水镜	块	1	5mm	100	100	0	0	20	20
8. 客卫																		小计:	19291
门套	只	1	12cm柚木夹板收口	290	290	30	30	120	120										
木门	扇	1	柚木工艺门（铜嵌玻璃）	360	360	40	40	50	50										
油漆	m²	5	长春藤聚脂漆	25	125	5	25	10	50										
吊顶	m²	6	木龙骨30×50	15	90	2	12	15	90										
扣板	m²	6	上海武峰PVC	30	180	2	12	10	60										
面砖	m²	20	现代200×300	60	1200	3	60	15	300										
地砖	m²	6	现代300×300	60	360	3	18	15	90										
砂、水泥	m²	27	425中粗	15	405	0	0	0	0										
水管	m	20	上海三净铜管	25	500	500	10000	10	200										
配件	项	1	B分铜配件	250	250	0	0	0	0										
封管道	只	1	85砖、砂、水泥	75	75	0	0	50	50										
毛巾架	只	1	不锈钢双架杠	80	80	0	0	20	20										
草子架	只	1	不锈钢	40	40	0	0	20	20										
淋浴房	m²	4	上海绿叶	300	1200	0	0	0	0										
坐便器	只	1	TOTO坐便器	970	970	0	0	50	50										

说明：
　　凡是未列入本预算中的水龙头（水嘴）、灯具、锁具、窗帘等都由户主自购。

直接费：108019元（人工费：19833元，材料费：88186元）

设计费：2%　　免

管理费：5%　　5400元

税金：3.41%　　3867元

总价：117286元

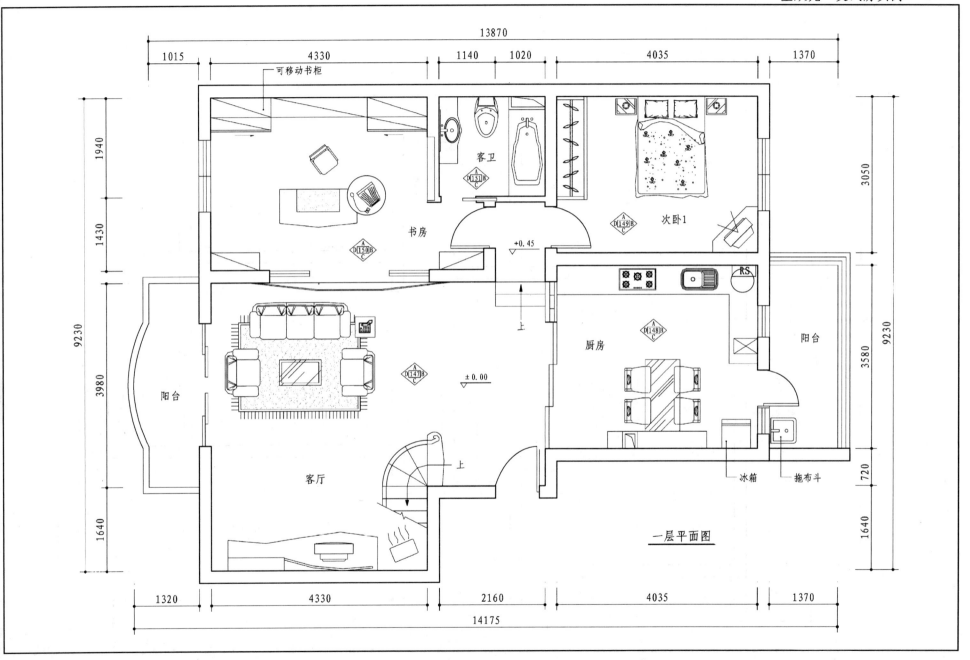

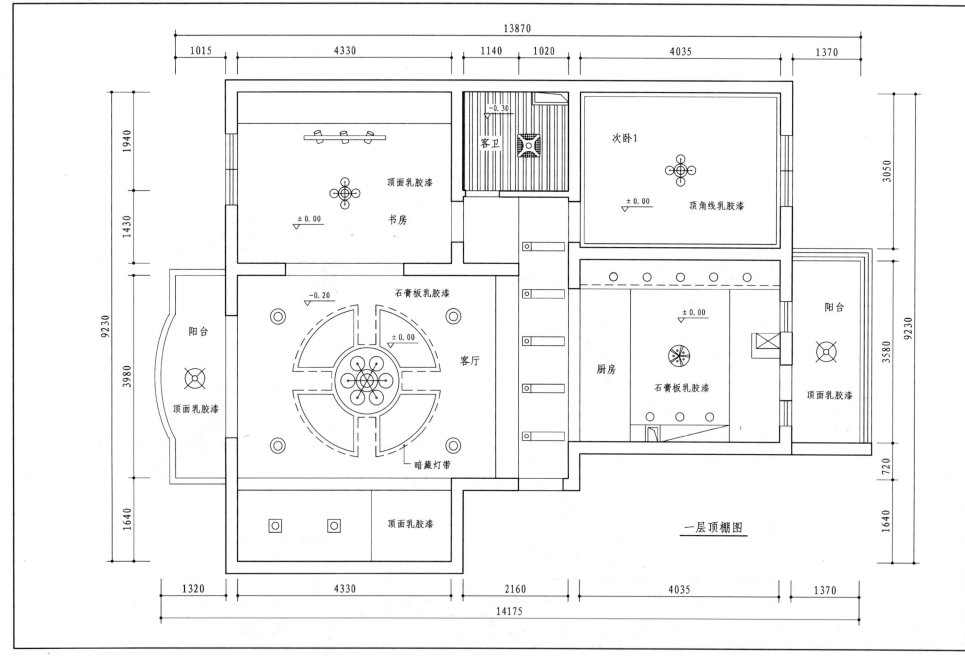

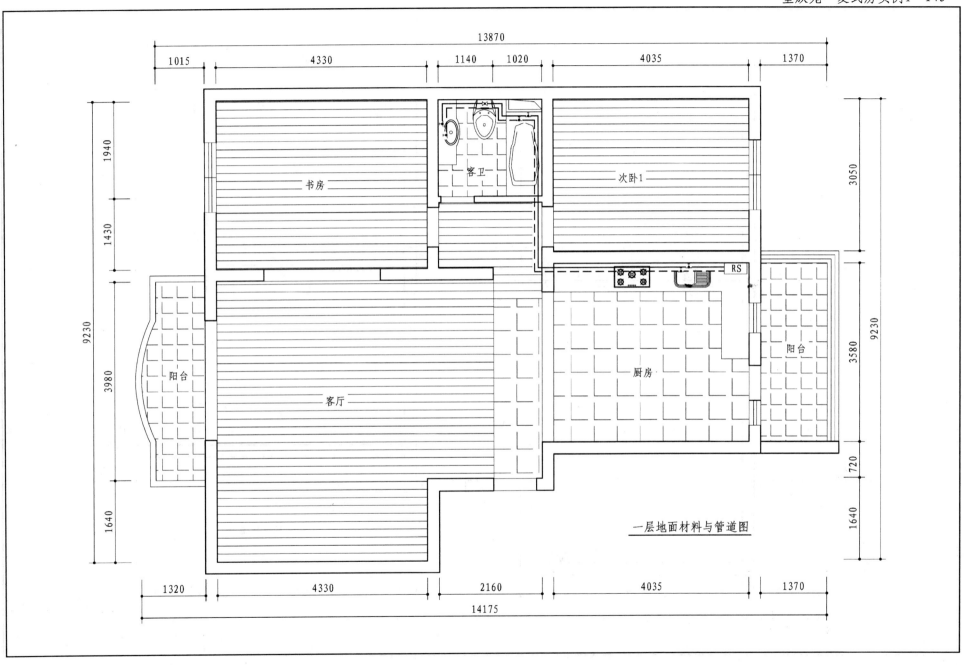

一层地面材料与管道图

144　望族苑　复式房实例1

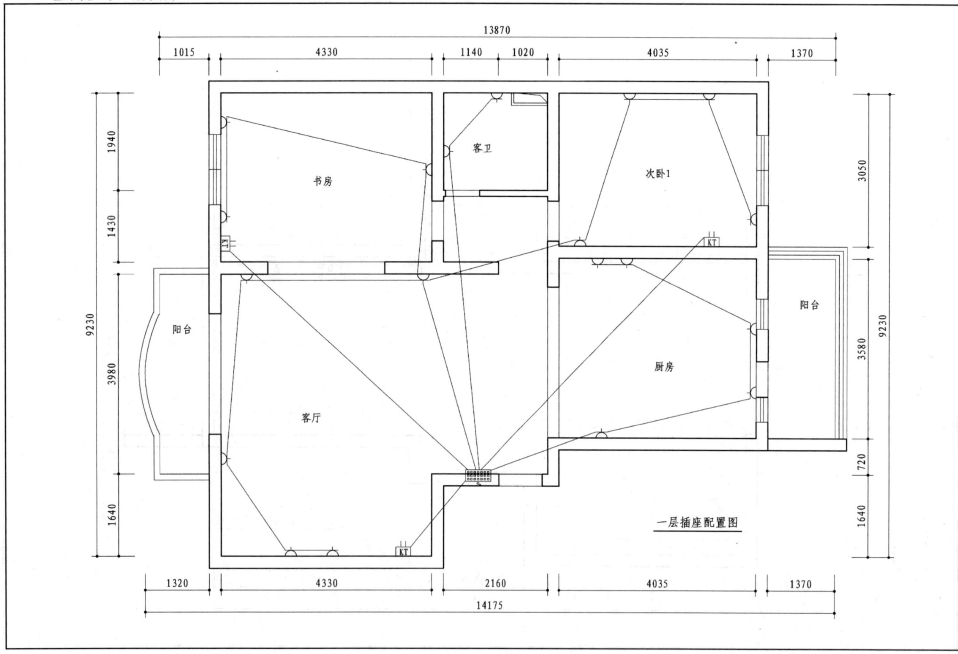

一层插座配置图

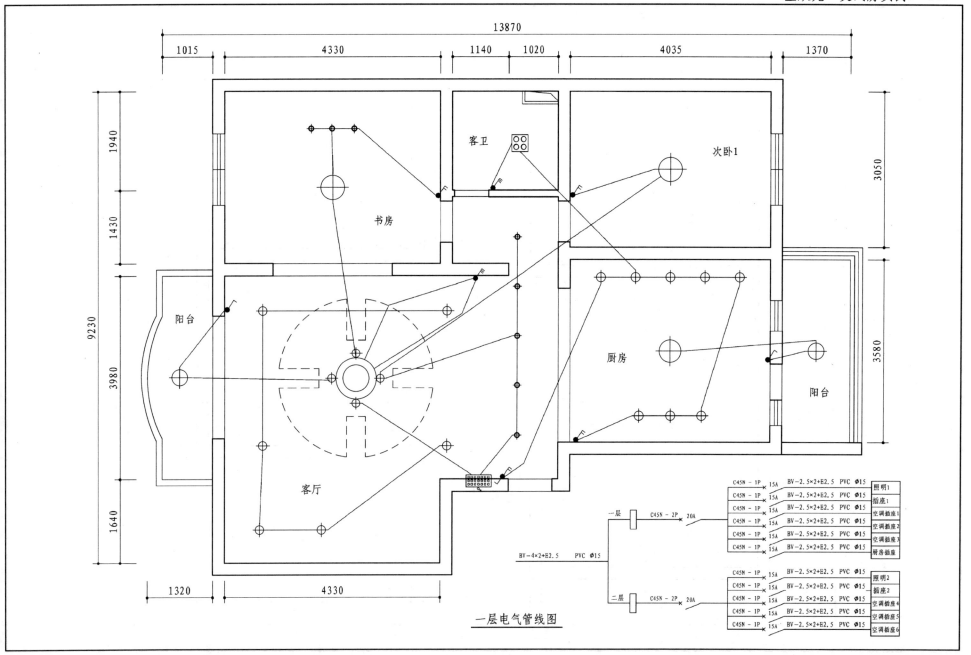

146 望族苑 复式房实例1

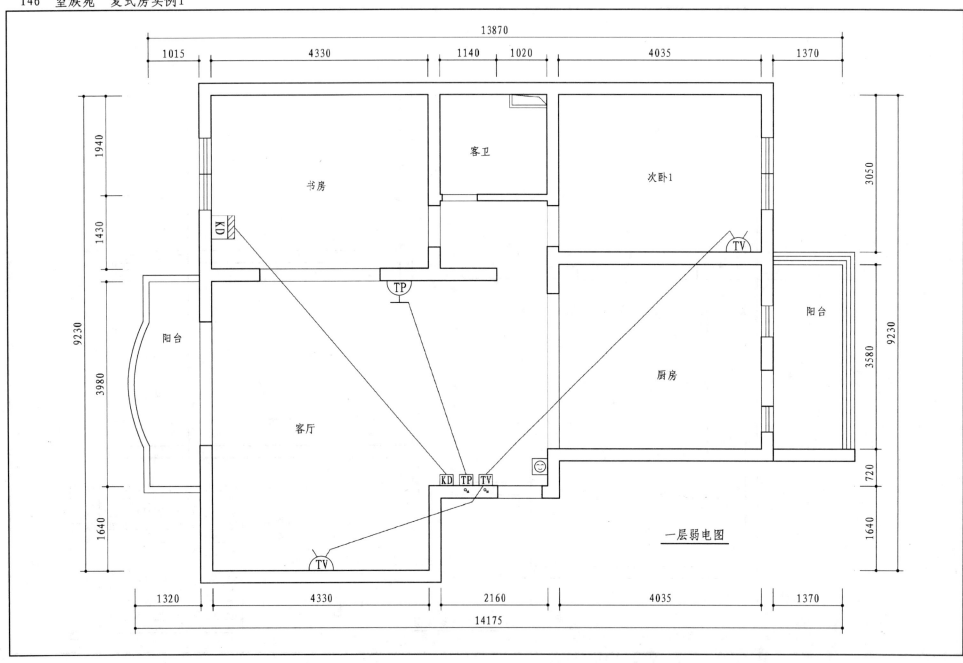

一层弱电图

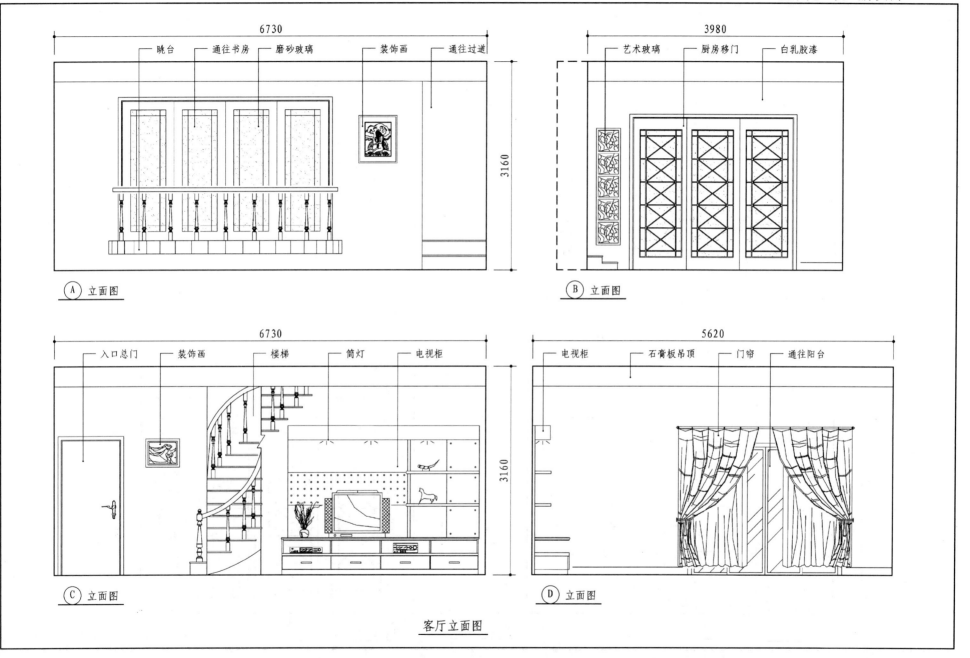

148　望族苑　复式房实例1

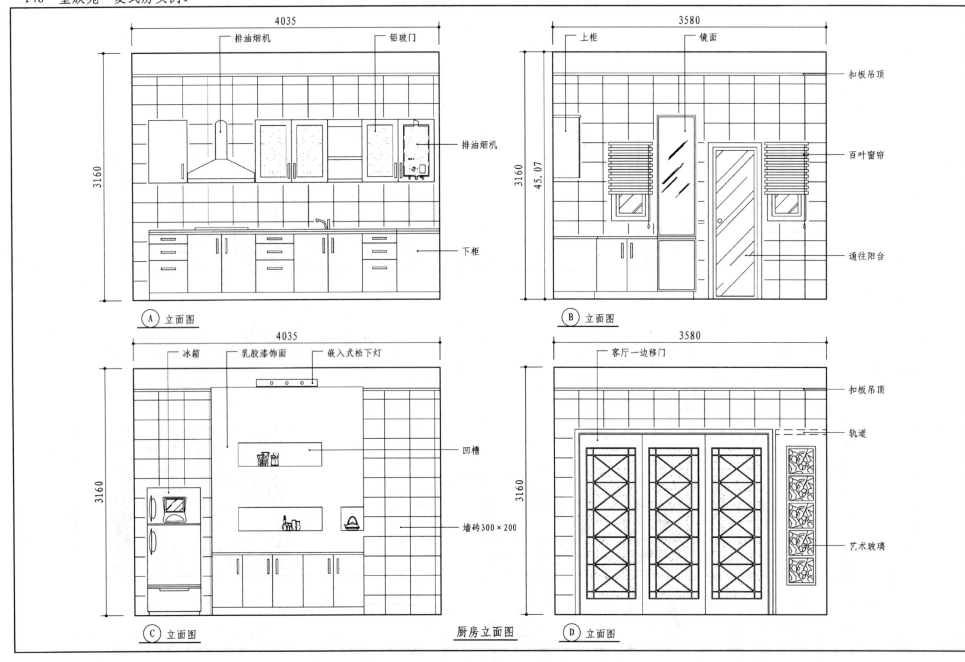

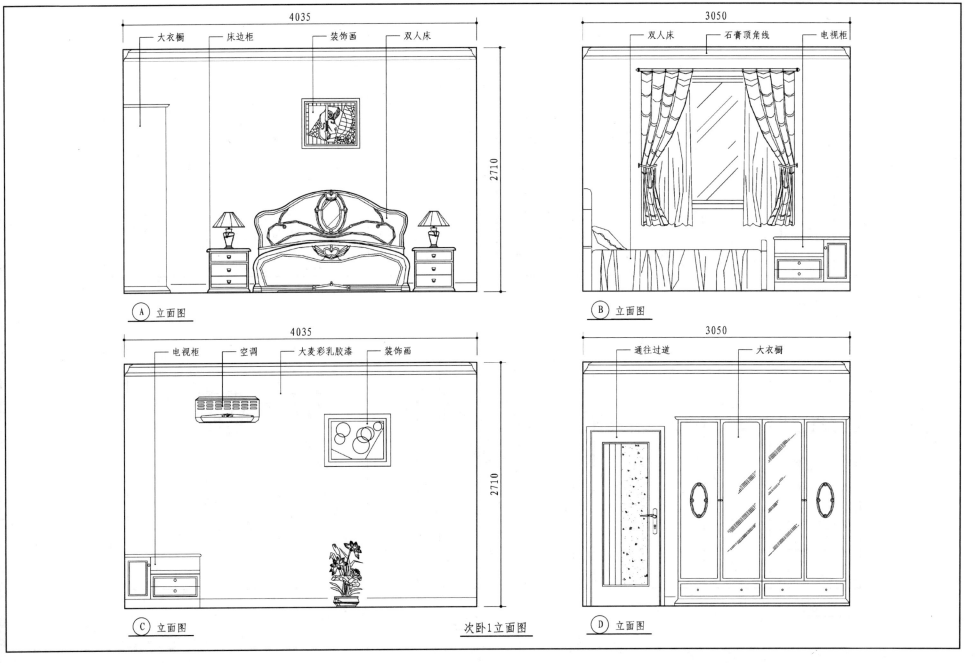

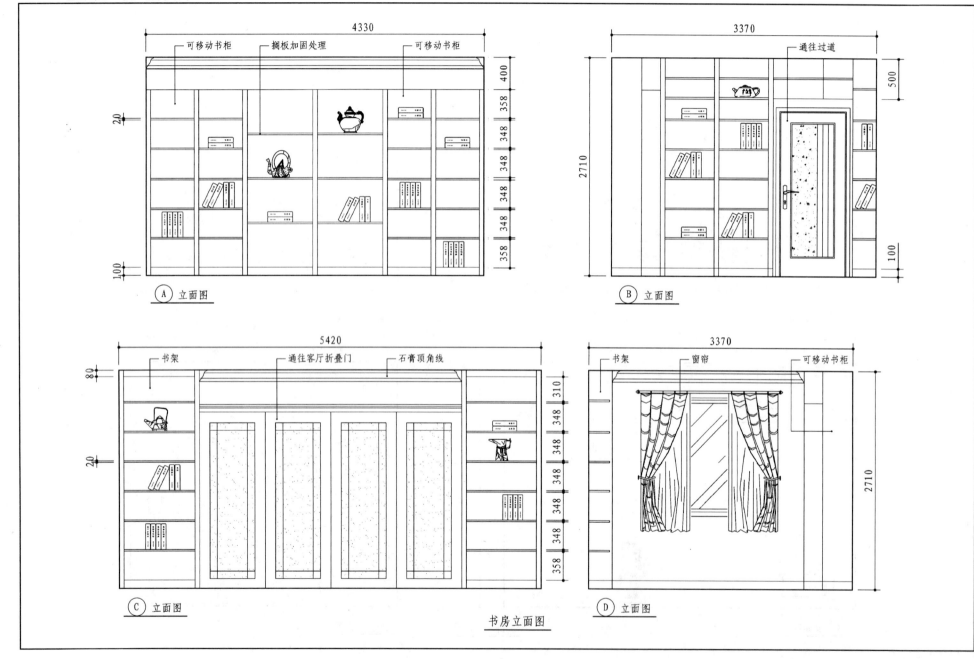

书房立面图

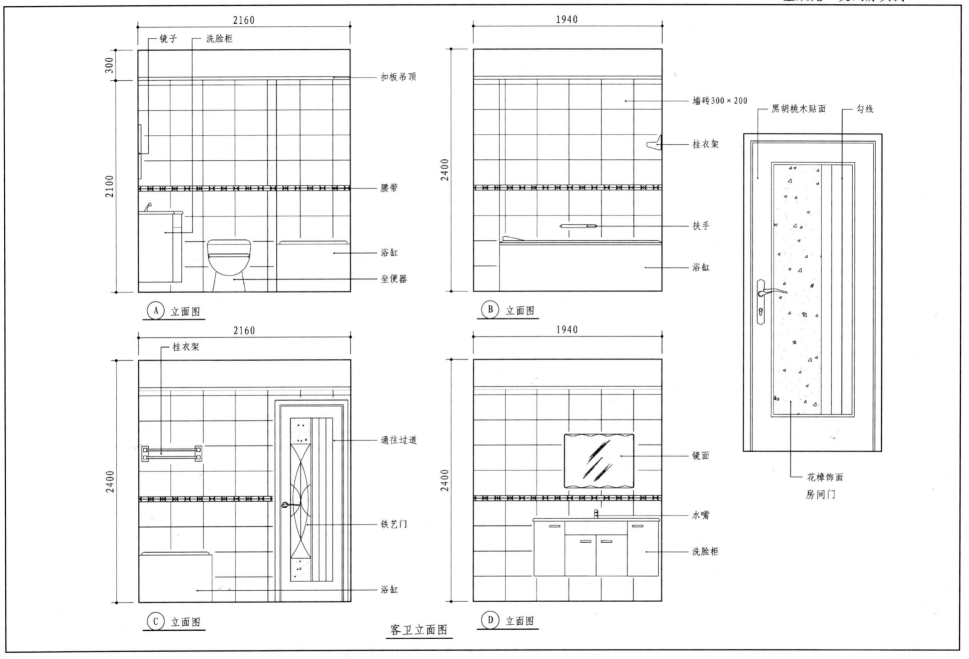

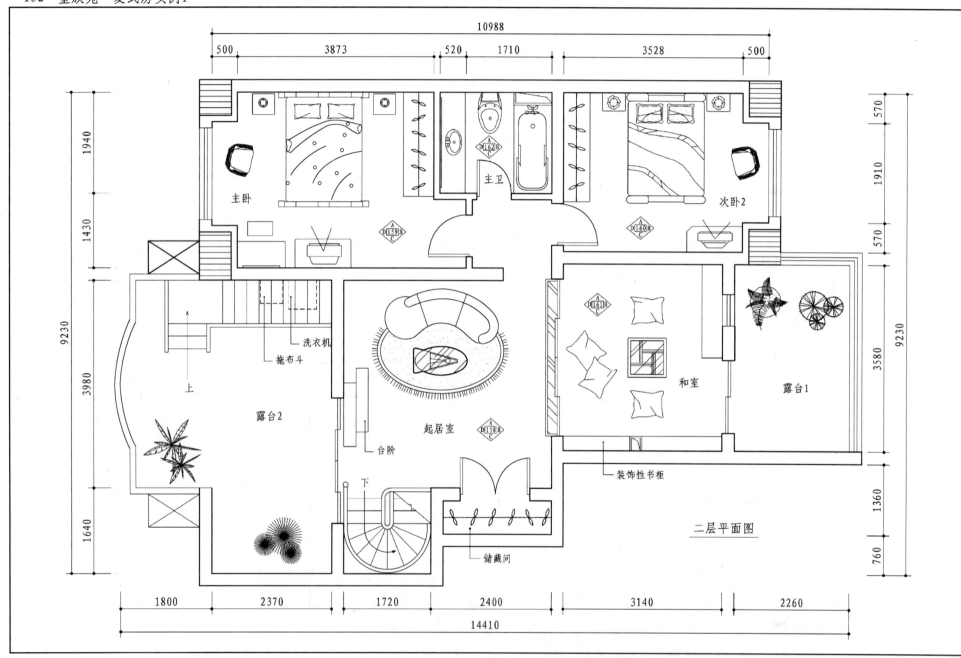

二层平面图

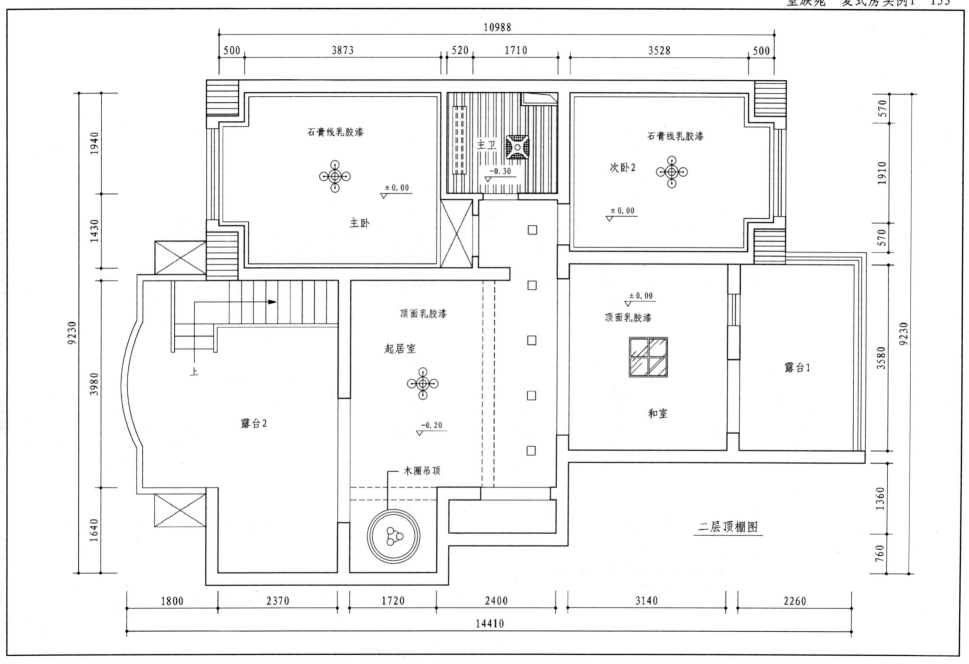

二层顶棚图

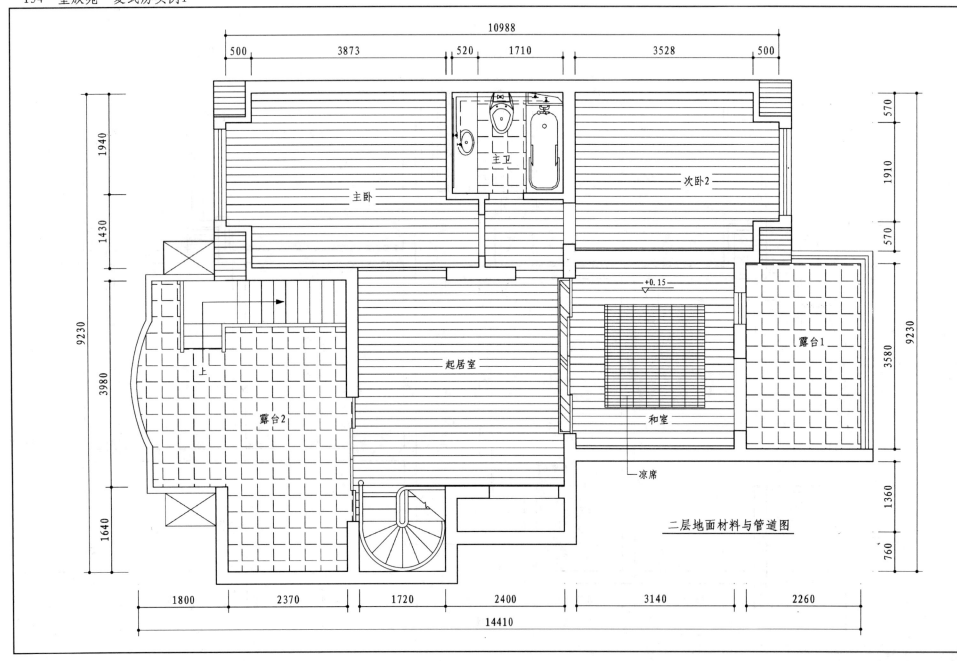

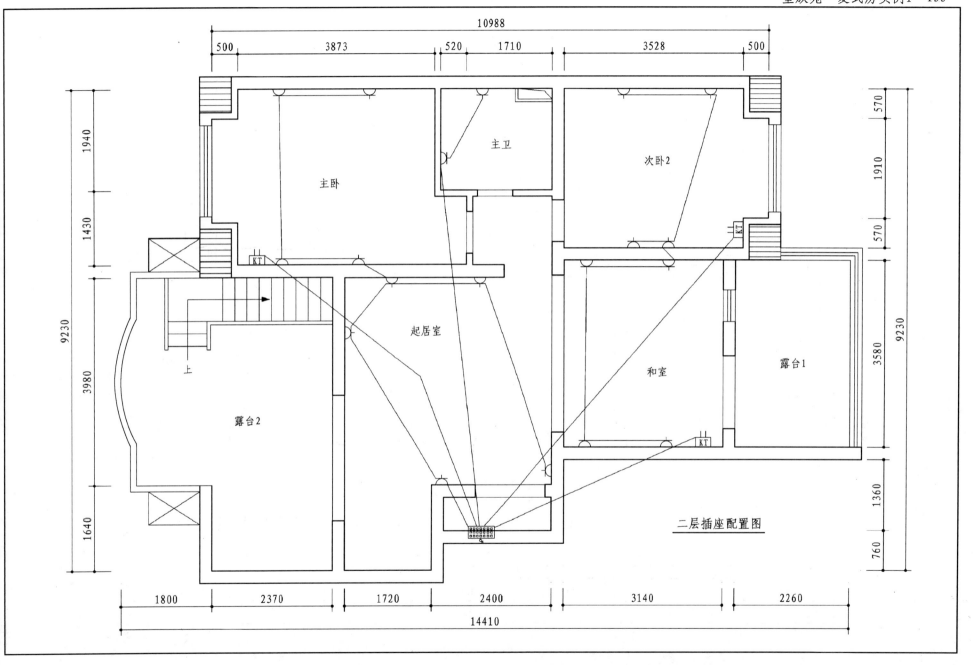

二层插座配置图

156 望族苑 复式房实例1

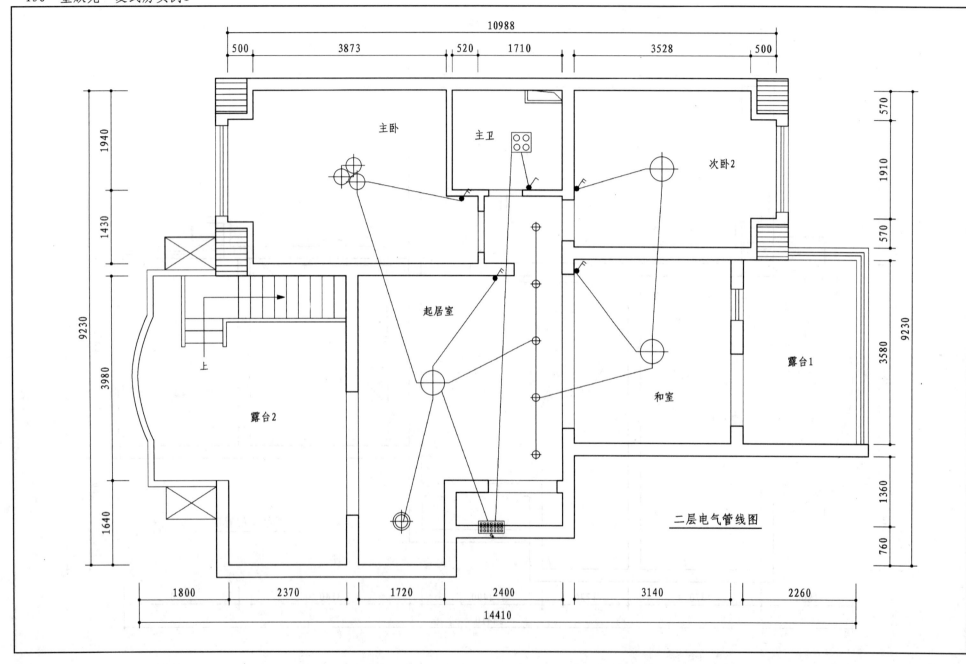

二层电气管线图

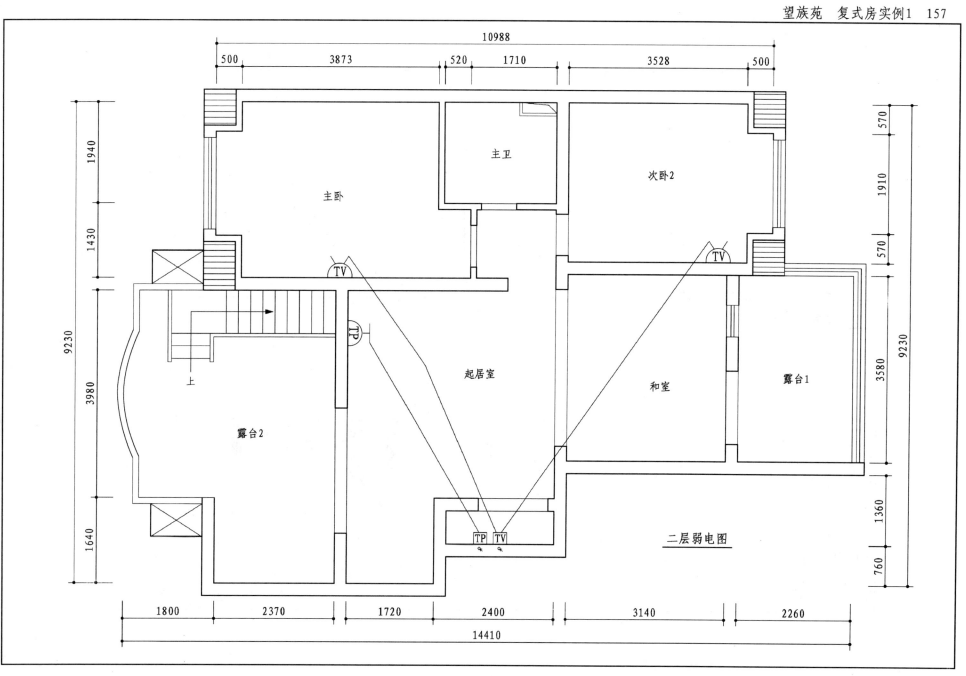

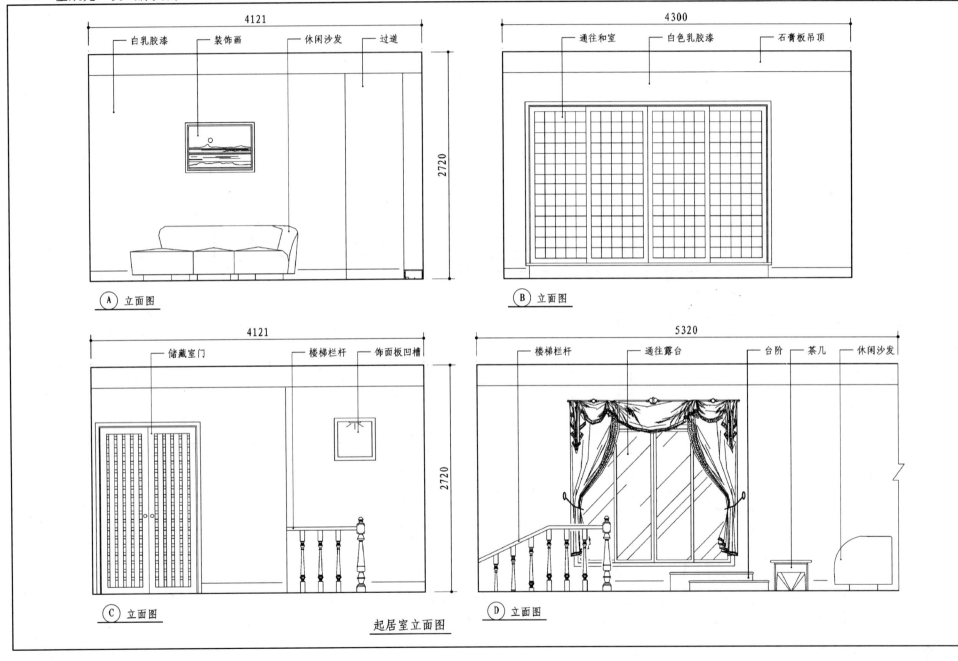

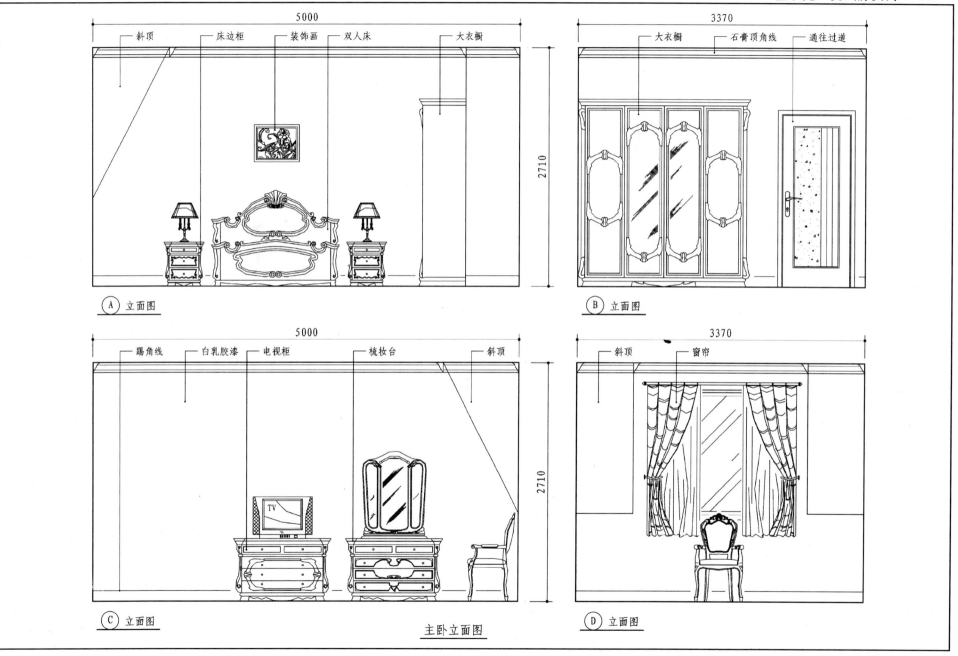

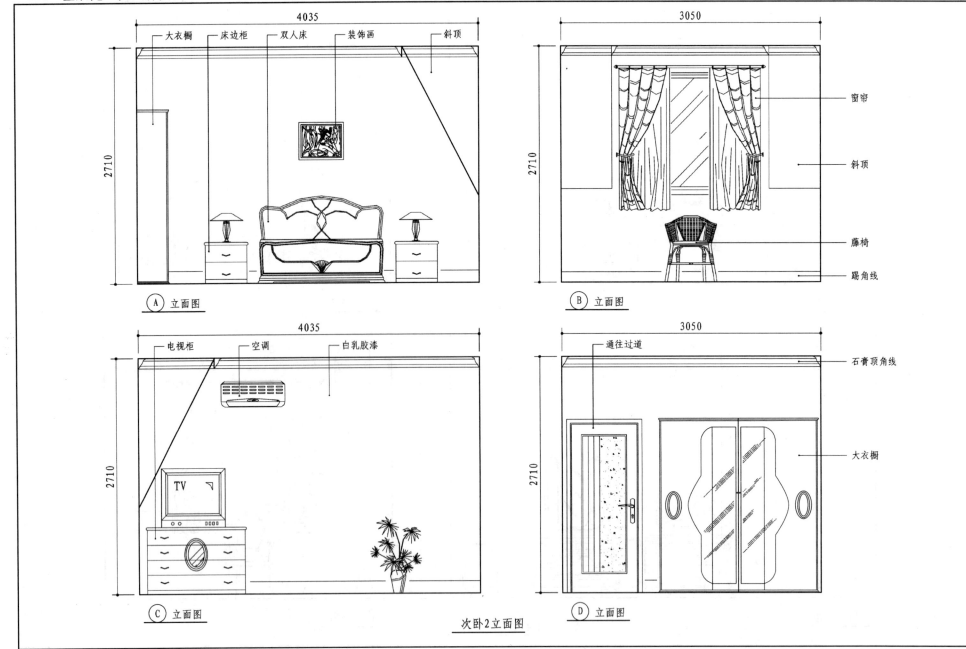

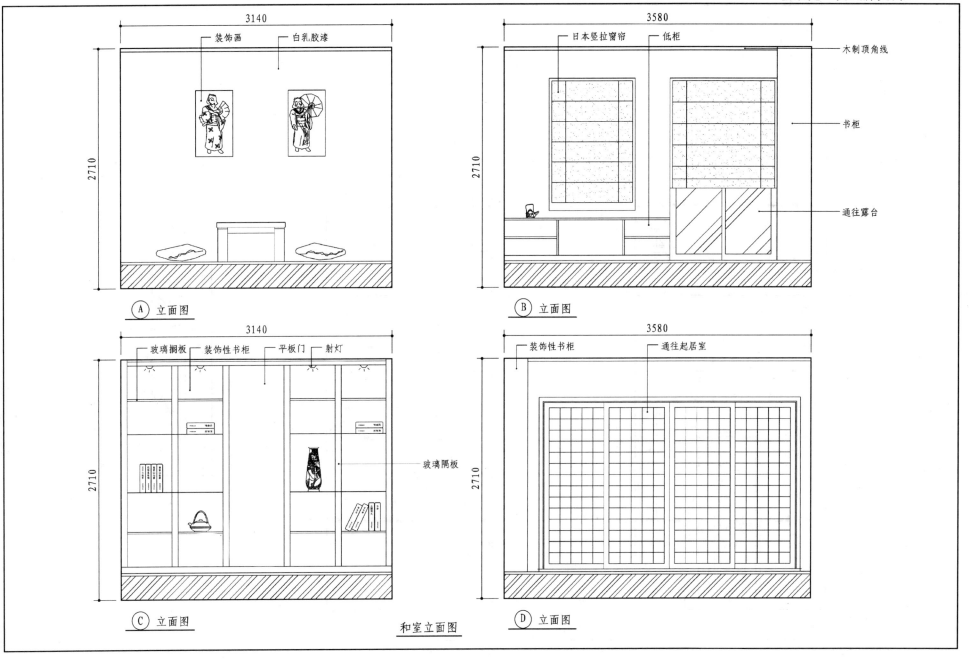

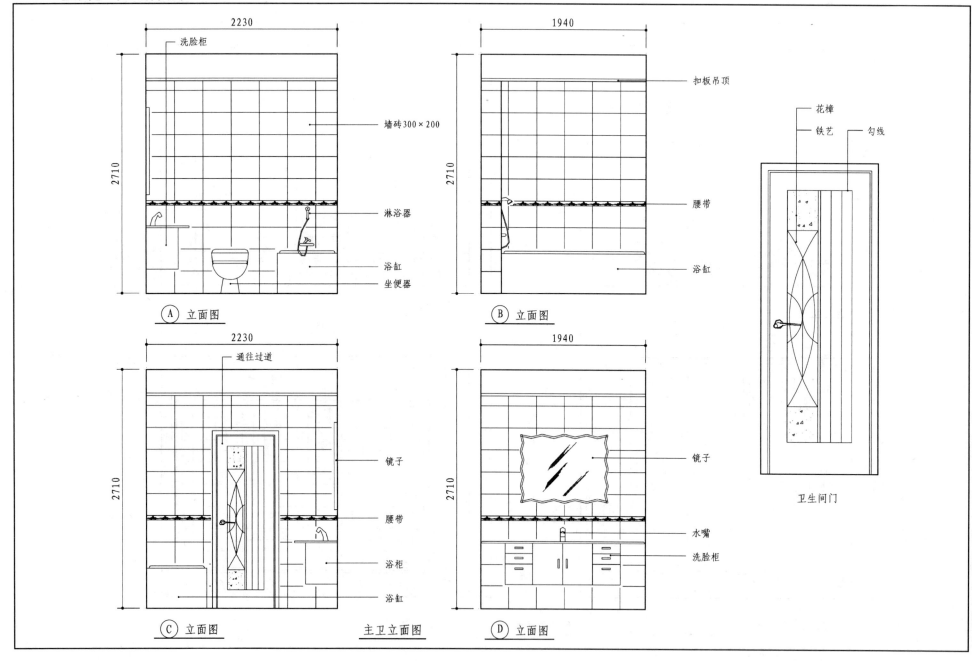

住宅装饰估价表

项目名称	材料品牌与规格	单位	单价元	数量	材料费元	人工费元	合计元	项目名称	材料品牌与规格	单位	单价元	数量	材料费元	人工费元	合计元
一层									二度批嵌碧丽宝	m²	5	62.4	312		312
1. 客厅								窗帘杆	柚木单杆	m	20	5.6	112	20	132
地板（漆板）	铁木枫叶（900×95×18）	m²	180	31	5580	620	6200	客厅阳台	仿古（30×30）	m²	55	5	275	100	375
	落叶松（龙骨）	m²	19	31	589	155	744		砂、水泥、801胶	m²	18	5	90		90
踢脚线	中密度板、黑胡桃木贴面	m	17	17	289	85	374	电视柜	细木工板、黑胡桃木贴面	m	400	2.3	400	200	600
	无苯长春藤油漆	m	5	17	85	85	170	台面	咖啡网纹大理石	块	450	1	450		450
电视背景墙	细木工板、黑胡桃木贴面	m²	200	6.9	1380	300	1680	小五金	钉、胶水、螺钉				200		200
	无苯长春藤油漆	m²	23	6.9	158	69	227							小计:	25979
装饰门	细木工板、黑胡桃木贴面	樘	450	1	450	100	550	2. 厨房							
	无苯长春藤油漆	樘	50	1	50	50	100	门套	细木工板、黑胡桃木贴面	樘	400	1	400	150	550
栏杆	工艺铁艺	个	300	1	300		300		无苯长春藤油漆	樘	50	1	50	50	100
拆粉墙	砂、水泥	堵	300	1	300		300	木门	黑胡桃木工艺门	扇	400	3	1200	150	1350
木门	黑胡桃工艺门	扇	300	4	1200	200	1400		无苯长春藤油漆	扇	70	3	70	100	170
	无苯长春藤油漆	扇	20	4	80	120	200		无声轨道	个	260	3	780		780
客厅阳台门套	细木工板、黑胡桃木贴面	樘	400	1	400	150	550	上橱	双面防火板、定做铝玻门	m	600	4	2400	400	2800
	无苯长春藤油漆	樘	50	1	50	50	100	下橱	双面防火板、韩国门板	m	400	4.8	1920	432	2352
浇楼板	钢筋、水泥、砂、瓜子片	m²	30	8	240	300	540		欧堡三层侧拉器	个	300	1	300	20	320
	租钢板、电焊	m²	400	8	400		400		欧堡嵌入式垃圾桶	个	186	1	186	30	216
楼梯	槽钢、莎比利	个		1	6700		6700		侬宝弹簧合页	付	9	22	198	110	308
	无苯长春藤油漆	个		1	200	200	400		不锈钢拉手（12cm）	个	6	22	132	22	154
吊顶	白松、石膏板	m²	30	34	1020	680	1700	台面	琦宝石（大理石）	m	320	4.8	1536		1536
顶面涂料	多乐士5合1	m²	10	34.4	344	309	653		开眼	个	30	2	60		60
墙面涂料	多乐士5合1	m²	10	28	280	252	532	双斗水槽	名实牌不锈钢加厚	个	450	1	450	20	470

164 望族苑 复式房实例1

项目名称	材料品牌与规格	单位	单价 元	数量	材料费 元	人工费 元	合计 元	项目名称	材料品牌与规格	单位	单价 元	数量	材料费 元	人工费 元	合计 元
龙头（水嘴）	名实牌	个	600	3	600	60	660							小计:	1697
排油烟机	亿田（浙江）	台	1580	1	1580	50	1630	4. 次卧							
灶具	甲方供							地板（漆板）	铁木上海枫叶	m²	180	13	2340	260	2600
面砖	罗马现代（20×300）	m²	85	19	1615	475	2090		落叶松（龙骨）	m²	19	13	247	65	312
	水泥、801胶	m²	15	19	285		285	踢脚线	中密度板、黑胡桃木贴面	m	17	13	221	65	286
地砖	恒诺全玻化抛光砖	m²	92	17	1564	540	2104		无苯长春藤油漆	m	5	13	65	65	130
	砂、水泥、801胶	m²	20	17	340		340	角线	石膏线条	m	6	13	78		78
拆粉墙	砂、水泥、砖					500	500	顶面涂料	多乐士5合1	m²	10	12.3	123	110	233
吊顶	武峰PVC	m²	40	15	600	300	900	墙面涂料	多乐士5合1	m²	10	35	350	315	665
	PVC	m	5	18	54		54		二度批嵌碧丽宝	m²	5	47.3	237		237
艺术玻璃砖	艺术玻璃砖	块	10	20	200	50	250	门套	细木工板、黑胡桃木贴面	樘	400	1	400	100	500
厨房阳台	仿古（30×30）	m²	55	5	125	100	225		无苯长春藤油漆	樘	40	1	40	50	90
	砂、水泥、801胶	m²	20	5	100		100	木门	黑胡桃木工艺门	扇	420	1	420	50	470
水池	40×40	个		1		300	300		无苯长春藤油漆	扇	60	1	60	70	130
小五金	钉、胶水、螺钉					200	200	铜合页		付	25	1	25		25
						小计:	20804	门吸		个	18	1	18		18
3. 过道								窗套	细木工板、黑胡桃木贴面	樘	400	1	400	80	480
地板（漆板）	上海枫叶（900×95×18）	m²	180	3.7	666	74	740		无苯长春藤油漆	樘	40	1	40	50	90
	落叶松（龙骨）	m²	19	3.7	70	19	89	窗台	咖啡网纹大理石	块	150	1	150		150
踢脚线	中密度板、黑胡桃木贴面	m	30	1.5	30	20	50	窗帘杆	柚木单杆	根	20	3.05	63	20	83
门套	细木工板、黑胡桃木贴面	樘	400	1	400	100	500	小五金	钉、胶水、螺钉					200	200
	无苯长春藤油漆	樘	50	1	50	50	100							小计:	6777
顶墙涂料	多乐士5合1	m²	10	7	70	63	133	5. 书房							
	二度批嵌碧丽宝	m²	5	7	35		35	地板（漆板）	铁木上海枫叶	m²	180	15	2700	300	3000
小五金	钉、胶水、螺钉					50	50		落叶松（龙骨）	m²	19	15	285	75	360

望族苑 复式房实例1

项目名称	材料品牌与规格	单位	单价元	数量	材料费元	人工费元	合计元	项目名称	材料品牌与规格	单位	单价元	数量	材料费元	人工费元	合计元
踢脚线	密度板、黑胡桃木贴面	m	50	1.5	50		50		无苯长春藤油漆	樘	40	1	40	50	90
门套	细木工板、黑胡桃木贴面	樘	400	1	400	100	500		滑轮轨道	付	260	1	260		260
	无苯长春藤油漆	樘	40	1	40	50	90	洁具三件套	TOTO 浴缸	个	1900	1	1900	100	2000
木门	黑胡桃木工艺门	扇	420	1	420	50	470		铜下水	个	150	1	150		150
	无苯长春藤油漆	扇	60	1	60	70	130		TOTO 坐便器	个	950	1	950	100	1050
	铜合页	付	25	1	25		25		法兰	个	50	1	50		50
	门吸	个	18	1	18		18		TOTO 台盆	个	320	1	320	20	340
窗套	细木工板、黑胡桃木贴面	樘	400	1	400	80	480		下水	付	50	1	50		50
	无苯长春藤油漆	樘	40	1	40	50	90	台盆架	双面防火板、韩国门板	m	400	1.7	680	153	833
窗台	咖啡网纹大理石	块	150	1	150		150	台面	雪花白大理石	m²	180	0.85	153		153
窗帘杆	柚木单杆	m	20	3.37	67	20	87		磨边	m	25	2.2	55		55
B 立面图书柜	细木工板、黑胡桃木贴面	m²	250	5.4	1350	300	1650		开眼	个	30	1	30		30
	无苯长春藤油漆	m²	80	5.4	80	120	200	镜子	防水镜	块	150	1	150		150
D 立面图书柜	细木工板、黑胡桃木贴面	m²	250	9	2250	400	2650	面砖	罗马现代（25×33）	m²	60	17	1020	425	1445
	无苯长春藤油漆	m²		9.5	300	150	450		水泥、801 胶	m²	15	17	255		255
书柜轨道	轨道	付	320	2	640		640	腰线	花线砖（25×33）		5	25	125		125
A 立面图书柜	细木工板、黑胡桃木贴面	m²	250	3.3	825	300	1125		花砖		30	2	30	30	60
	无苯长春藤油漆	m²	50	3.3	50	120	170	地砖	罗马现代（30×30）		55	3.5	175	70	245
角线	石膏线条	m	6	16	96		96	吊顶	武峰 PVC		40	4	160	80	240
顶墙涂料	多乐士 5 合 1	m²	10	20	200	180	380		PVC		5	9	45		45
	二度批嵌（碧丽宝）	m²	5	20	100		100	浴霸	奥普 200E		548	1	548	50	598
小五金	钉、胶水、螺钉				200		200	小五金					200		200
						小计：	13111							小计：	8904
6. 客卫								二层							
门套	细木工板、黑胡桃木贴面	樘	400	1	400	80	480	7. 起居室							

166　望族苑　复式房实例1

项目名称	材料品牌与规格	单位	单价元	数量	材料费元	人工费元	合计元	项目名称	材料品牌与规格	单位	单价元	数量	材料费元	人工费元	合计元
地板（漆板）	铁木枫叶（900×95×1.8）	m²	180	20	3600	400	4000		无苯长春藤油漆	扇	100	4	100	150	250
	落叶松（龙骨）	m²	19	20	380	100	480		滑轮轨道	付	280	1	280		280
踢脚线	密度板、黑胡桃贴面	m	17	6.5	110	32	142	门套	细木工板、黑胡桃木贴面	樘	380	1	380	80	460
	无苯长春藤油漆	m	5	6.5	32	32	64		无苯长春藤油漆	樘	30	1	30	50	80
储藏室	细木工板、黑胡桃木贴面	m²	200	5.4	1080	300	1380	窗套	细木工板、黑胡桃木贴面	樘	300	1	300	80	380
	无苯长春藤油漆	m²	70	5.4	70	80	150		无苯长春藤油漆	樘	20	1	20	30	50
门套	细木工板、黑胡桃木贴面	樘	400	1	400	150	550	窗台	咖啡网纹大理石	块	100	1	100		100
	无苯长春藤油漆	樘	50	1	50	50	100	低柜	细木工板、黑胡桃木贴面	m²	200	1.44	288	200	488
吊顶	白松石膏板	m²	30	24	720	480	1200		无苯长春藤油漆	m²	40	1.44	40	60	100
顶、墙涂料	多乐士5合1	m²	10	42	420	378	798	B立面柜子	细木工板、黑胡桃木贴面	m²	200	8.5	1700	400	2100
C立面家具	细木工板、黑胡桃木贴面	m²	250	3.3	825	200	1025		无苯长春藤油漆	m²	80	8.5	80	80	160
	无苯长春藤油漆	m²	50	4.25	50	50	100	角线	石膏线条	m	6	14	84		84
窗帘杆	柚木单杆	m	20	5.62	112	20	132	顶、墙涂料	多乐士5合1	m²	12	25	300	225	525
小五金	钉、胶水等					200	200		二度批嵌（碧丽宝）	m²	5	25	125		125
起居室阳台	仿古（30×30）地砖	m²	55	20	1100	400	1500	拆、粉墙	砂、水泥、砖					500	500
	砂、水泥、801胶	m²	15	20	300		300	小五金	钉、胶水、螺钉					200	200
						小计：	12121							小计：	11738
8．和室								9．和室阳台							
地板（漆板）	铁木枫叶（900×95×1.8）	m²	180	12	2160	240	2400	地砖	恒诺玻化砖（50×50）	m²	92	8.13	747	243	990
	落叶松（龙骨）	m²	60	12	720	120	840		砂、水泥、801胶	m²	20	8.13	162		162
踢脚线	密度板、黑胡桃贴面	m	17	3	51	15	66							小计：	1152
	无苯长春藤油漆	m	5	3	15	15	30	10．过道							
门套	细木工板、黑胡桃木贴面	樘	500	1	500	180	680	地板（漆板）	铁木枫叶（900×95×1.8）	m²	180	3.7	666	74	740
	无苯长春藤油漆	樘	60	1	60	60	120		落叶松（龙骨）	m²	19	3.7	70	19	89
木门	黑胡桃木定做工艺门	扇	380	4	1520	200	1720	踢脚线	密度板、黑胡桃贴面	m	30	1.5	30	20	50

望族苑 复式房实例1

项目名称	材料品牌与规格	单位	单价元	数量	材料费元	人工费元	合计元	项目名称	材料品牌与规格	单位	单价元	数量	材料费元	人工费元	合计元
顶、墙涂料	多乐士5合1	m²	12	7	84	63	147								小计：7601
	二度批嵌（碧丽宝）	m²	5	7	35		35	12. 主卧							
小五金					50		50	地板（漆板）	铁木枫叶（900×95×1.8）	m²	180	14	2520	280	2800
							小计：1111		落叶松（龙骨）	m²	19	14	266	70	336
11. 次卧								踢脚线	密度板、黑胡桃木贴面	m	19	15	285	75	360
地板（漆板）	铁木枫叶（900×95×1.8）	m²	180	11	1980	220	2200		无苯长春藤油漆	m	5	15	75	75	150
	落叶松（龙骨）	m²	19	11	209	55	264	吊柜	细木工板、黑胡桃木贴面	m²	200	0.78	156	150	306
踢脚线	密度板、黑胡桃木贴面	m	17	12	204	60	264		无苯长春藤油漆	m²	20	0.78	20	20	40
	无苯长春藤油漆	m	5	12	60	60	120	门套	细木工板、黑胡桃木贴面	樘	400	1	400	100	500
门套	细木工板、黑胡桃木贴面	樘	400	1	400	100	500		无苯长春藤油漆	樘	40	1	40	50	90
	无苯长春藤油漆	樘	40	1	40	50	90	木门	黑胡桃工艺门	扇	420	1	420	50	470
木门	黑胡桃工艺门	扇	420	1	420	50	470		无苯长春藤油漆	扇	60	1	60	70	130
	无苯长春藤油漆	扇	60	1	60	70	130		铜合页	付	25	1	25		25
	铜合页	付	25	1	25		25		门吸	个	18	1	18		18
	门吸	个	18	1	18		18	窗套	细木工板、黑胡桃木贴面	樘	400	1	400	80	480
窗套	细木工板、黑胡桃木贴面	樘	400	1	400	80	480		无苯长春藤油漆	樘	40	1	40	50	90
	无苯长春藤油漆	樘	40	1	40	50	90	窗台	咖啡网纹大理石	块	150	1	150		150
窗台	咖啡网纹大理石	块	150	1	150		150	窗帘杆	柚木单杆	m	20	1.9	38	20	58
窗帘杆	柚木单杆	m	20	1.9	38	20	58	顶、墙涂料	多乐士5合1	m²	10	40	400	360	760
角线	石膏线条	m	6	12	72		72		二度批嵌（碧丽宝）	m²	5	40	200		200
衣柜	细木工板、黑胡桃木贴面	m²	200	5.5	1100	350	1450	小五金	钉、胶水、螺钉				200		200
	无苯长春藤油漆	m²	80	5.5	80	100	180								小计：7163
顶、墙涂料	多乐士5合1	m²	10	35	350	315	665	13. 主卫							
	二度批嵌（碧丽宝）	m²	5	3.5	175		175	门套	细木工板、黑胡桃木贴面	樘	400	1	400	80	480
小五金	钉、胶水、螺钉				200		200		无苯长春藤油漆	樘	40	1	40	50	90

望族苑 复式房实例1

项目名称	材料品牌与规格	单位	单价元	数量	材料费元	人工费元	合计元	项目名称	材料品牌与规格	单位	单价元	数量	材料费元	人工费元	合计元
	铜合页	付	25	1	25		25	热水管	卫水宝6分管	m	16.2	26	421	150	571
	门吸	个	18	1	18		18		弯头堵头					150	150
洁具三件套	TOTO 浴缸	个	1900	1	1900	100	2000		敲墙					100	100
	铜下水	个	150	1	150		150	熊猫电线	1.5 m² 单芯线 100 m /卷	卷	48.9	4	195		195
	TOTO 坐便器	个	2300	1	2300	100	2400		2.5 m² 单芯线 100 m /卷	卷	73.8	4	295	700	295
	法兰	个	50	1	50		50		有线电视线	m		280	100	280		280
TOTO 台盆	个		320	1	320	20	340		八芯网络线	m		248	100	248		248
	下水	付	50	1	50		50		四芯电话线	m		76	100	76		76
	龙头（水嘴）	名实牌	个	500	2	500		500	TCL 插座、开关					1500		1500
台盆架	双面板韩国门板	m	400	2	800	180	980							小计:	4637
台面	雪花白大理石	m²	180	1	180		180							合计:	133515
	磨边	m	62	2.5	62		62								
	开眼	个	30	1	30		30								
镜子	防水镜	块	200	1	200		200								
面砖	罗马现代（25×33）	m²	60	18	1080	450	1530								
腰线	（25×33）	片	5	25	125		125								
	砂、水泥、801胶	m²	15	18	270		270								
地砖	罗马现代（30×30）	m²	55	2.5	137	50	187								
吊顶	武峰PVC	m²	40	4	160	80	240								
	PVC	m	5	9	45		45								
浴霸	奥普200E	个	548	1	548	50	598								
小五金	钉、胶水				200		200								
						小计:	10750								
14. 其他															
冷水管	卫水宝6分管	m	13.3	28	372	150	522								

说明：
凡是未列入本预算中的灯具、锁具、热水器、灶具、窗帘杆、防盗门窗、电器、家具等都由户主自购。

直接费：133515元　（人工费：23789元，材料费：109726元）

设计费2%　免

管理费5%：　6675元

税金：3.41%　4780元

总价：144970元

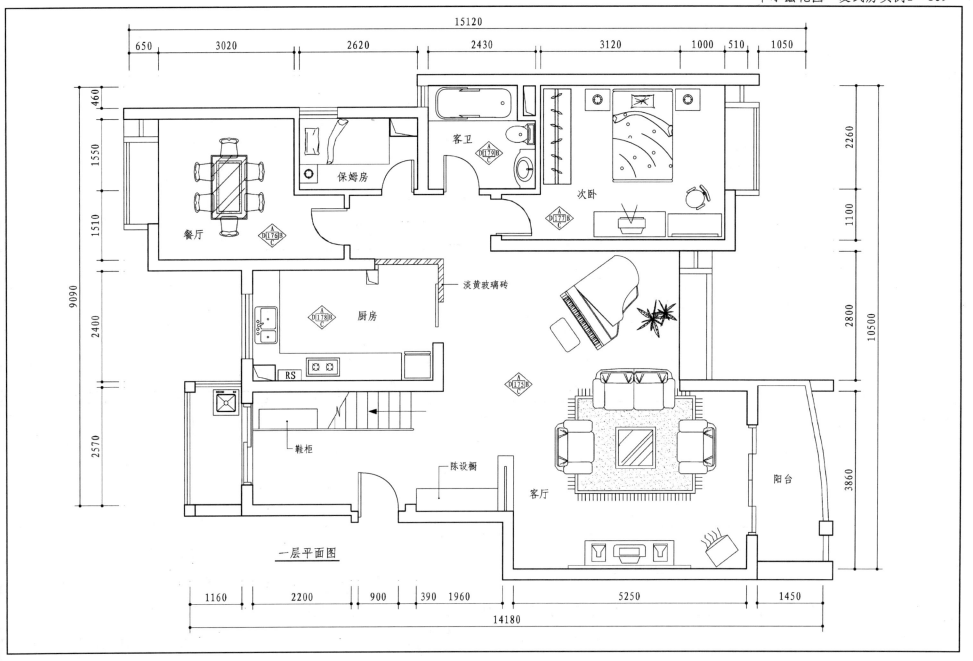

170 华尔兹花园 复式房实例2

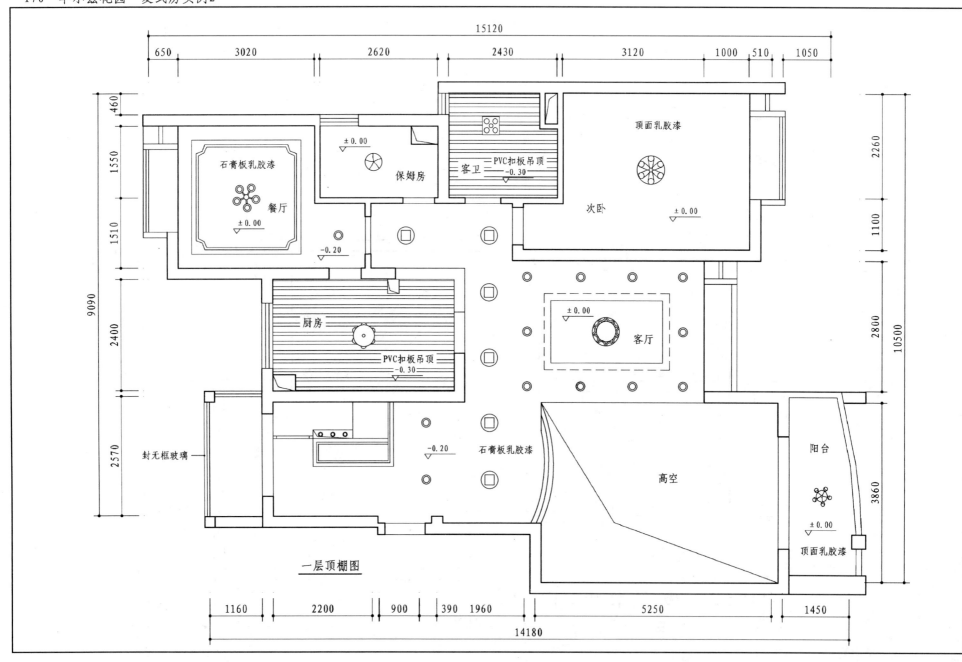

一层顶棚图

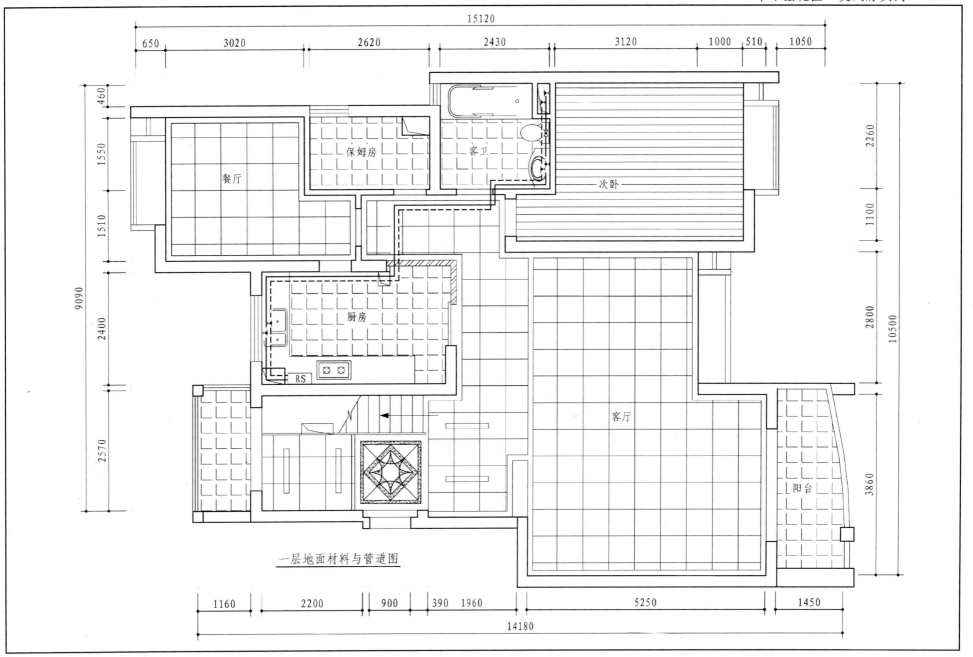

一层地面材料与管道图

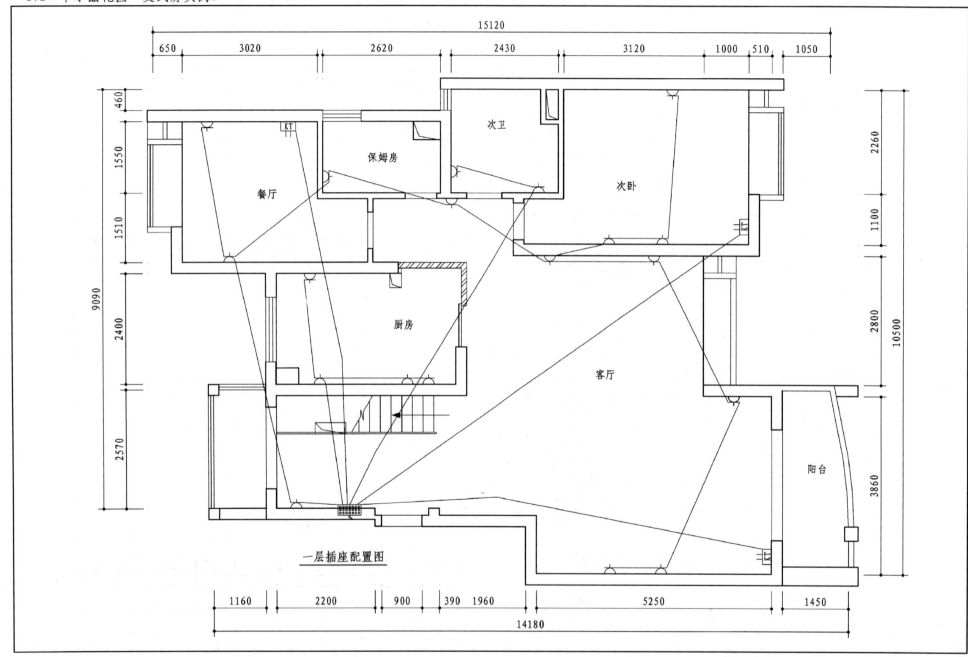

一层插座配置图

172 华尔兹花园 复式房实例2

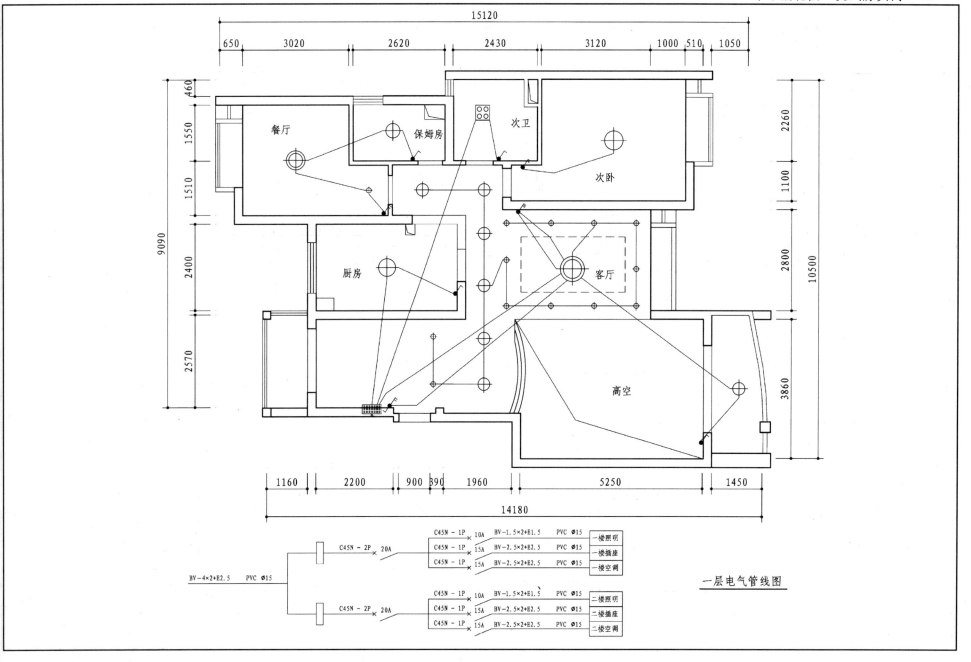

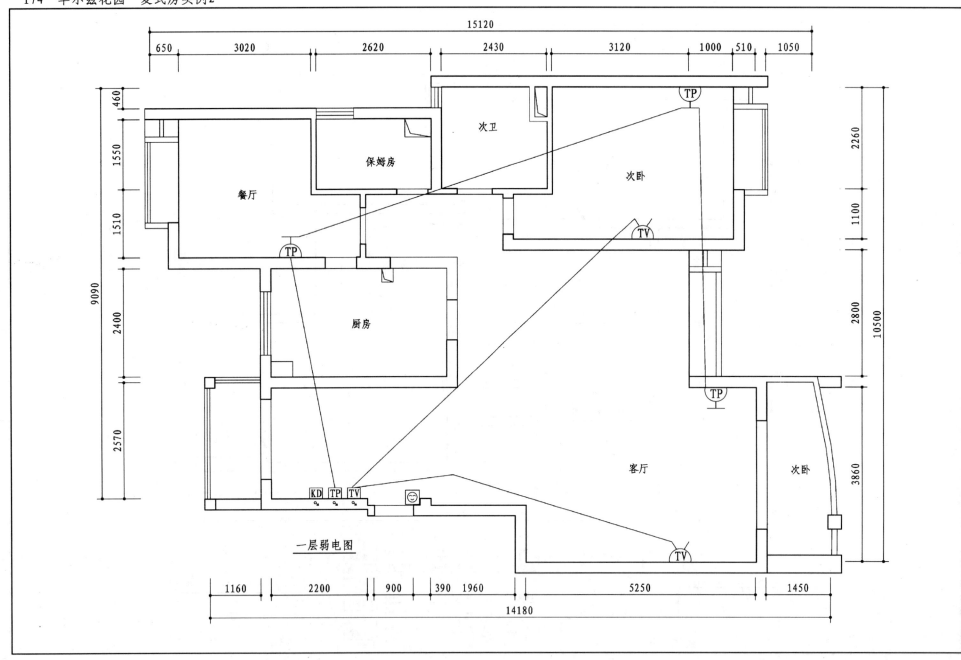

一层弱电图

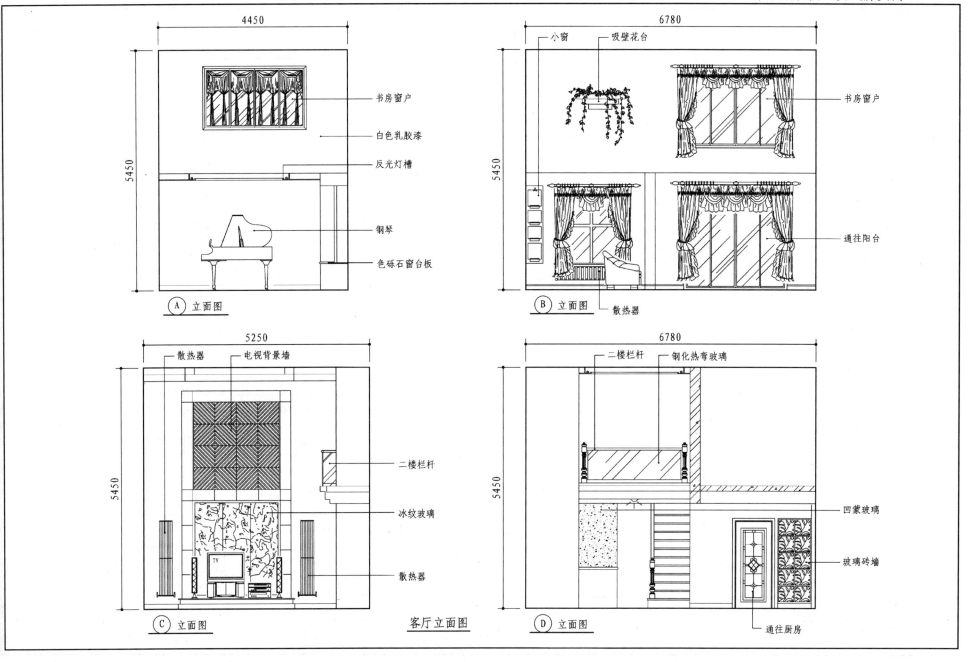

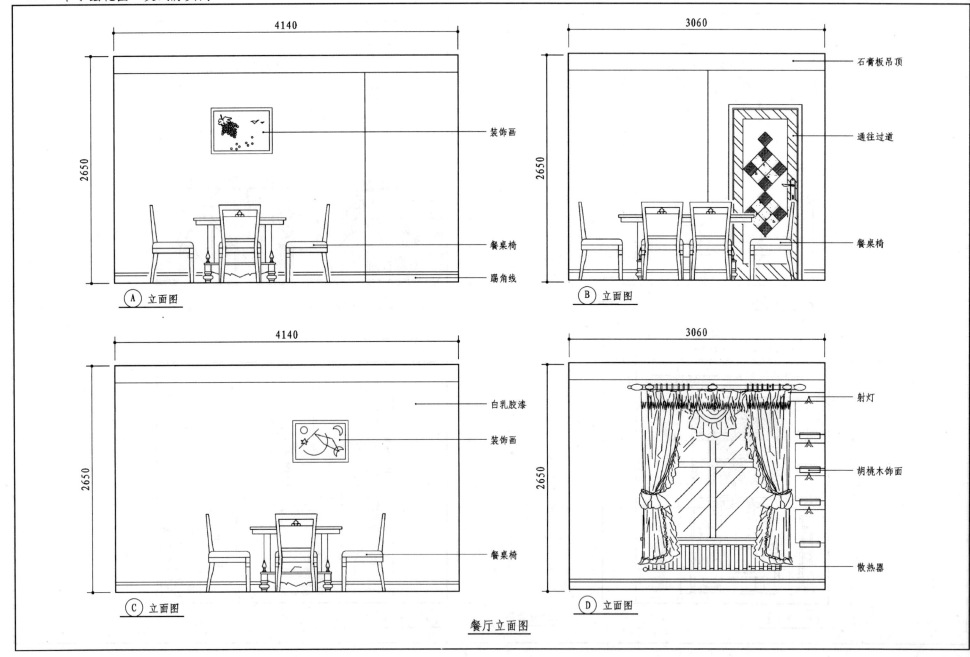

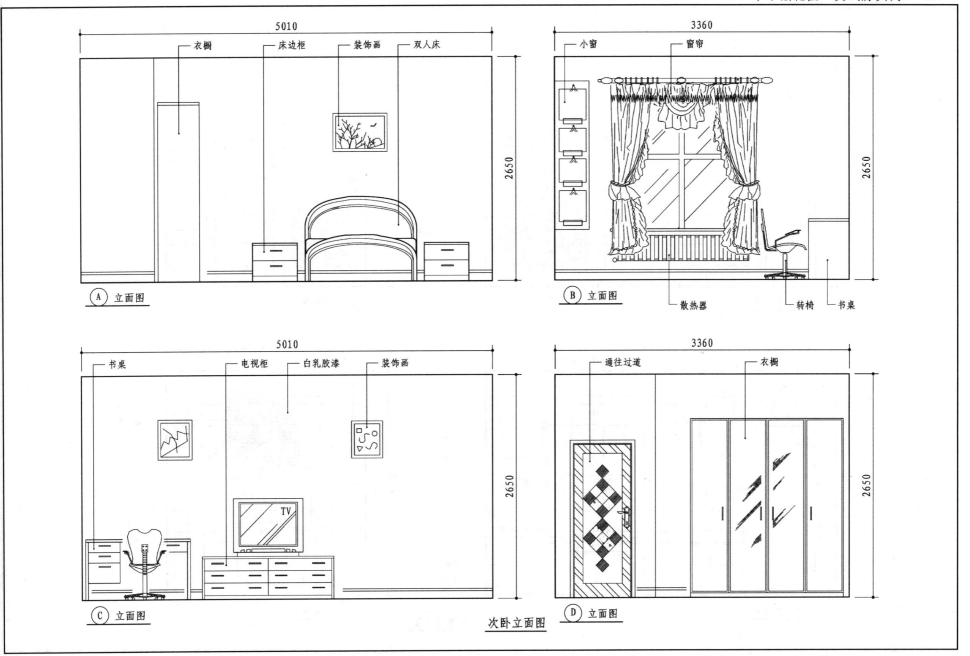

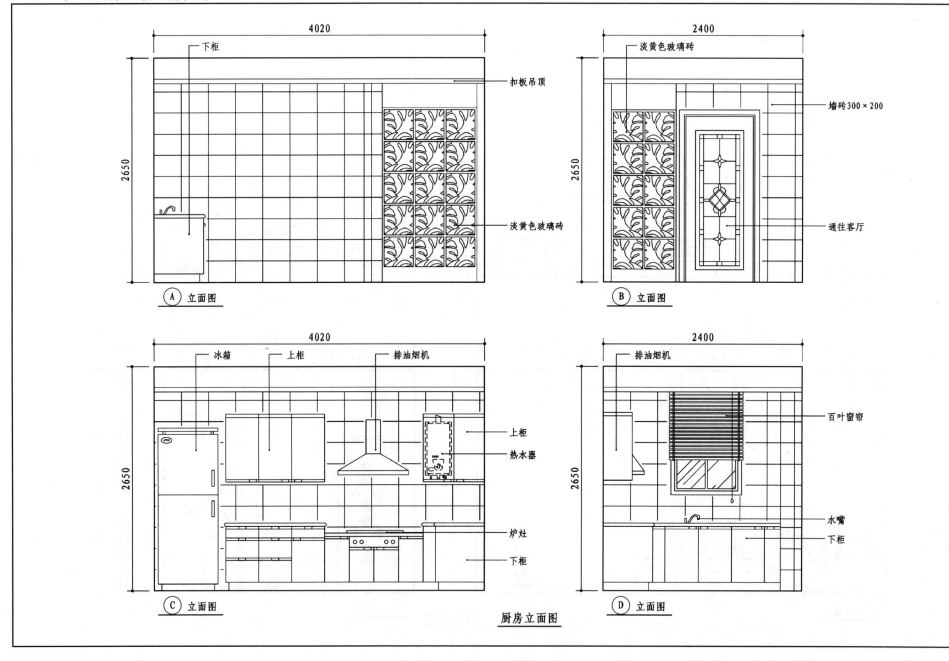
厨房立面图

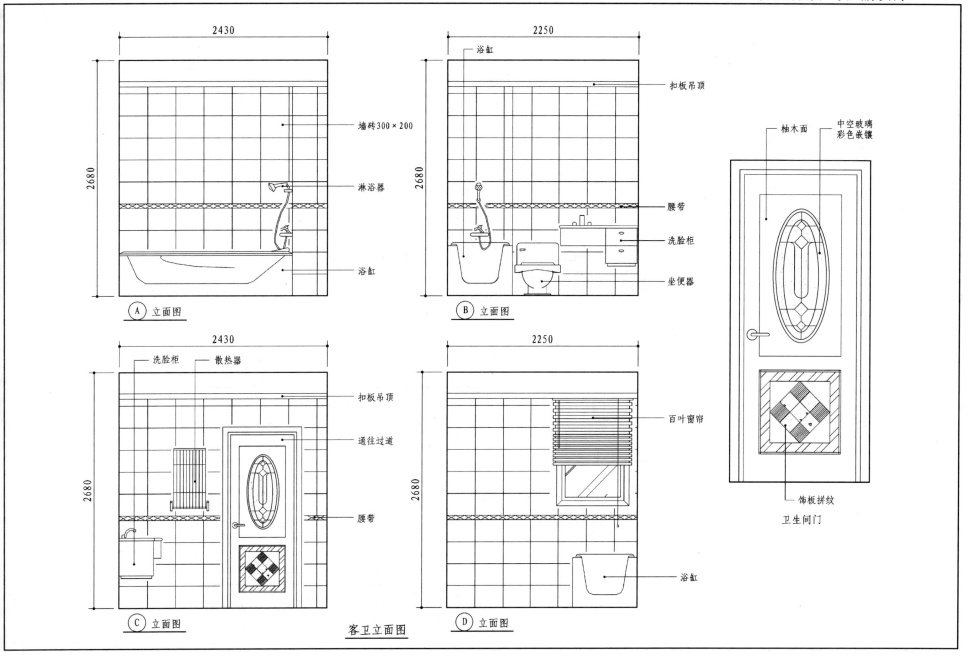

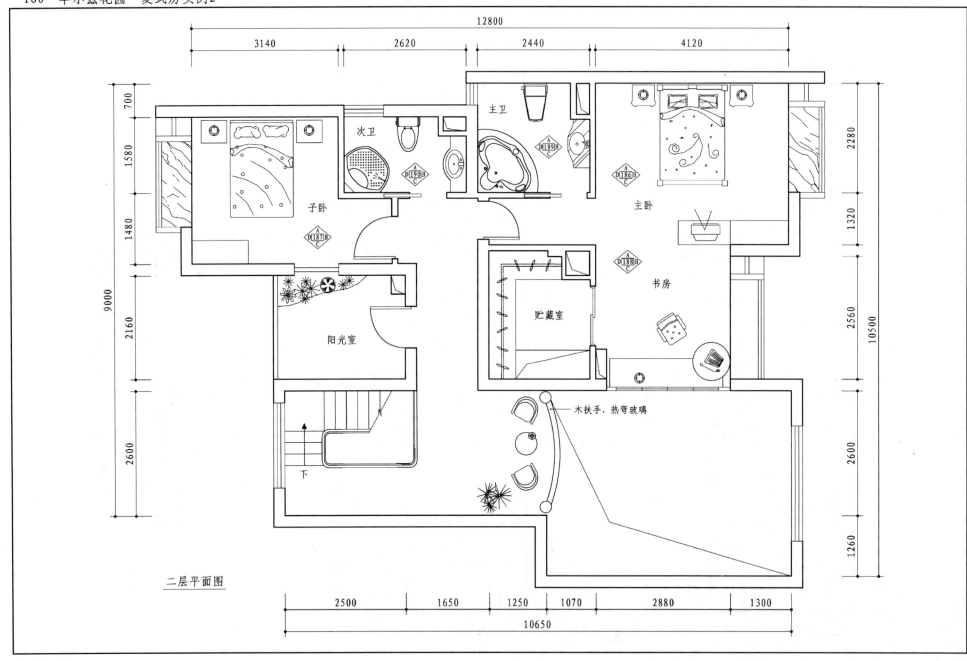

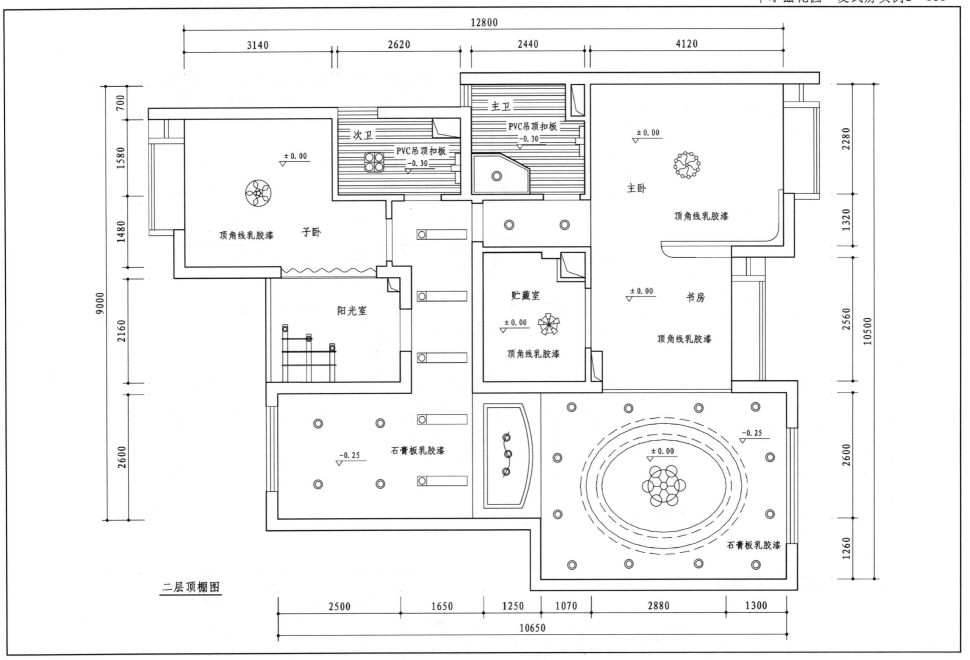

二层顶棚图

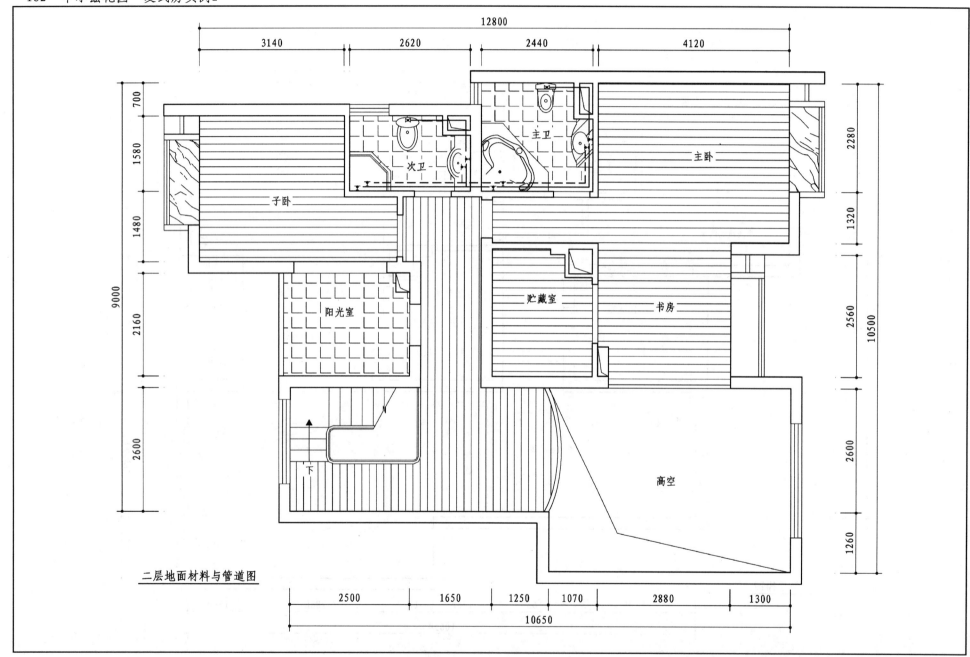

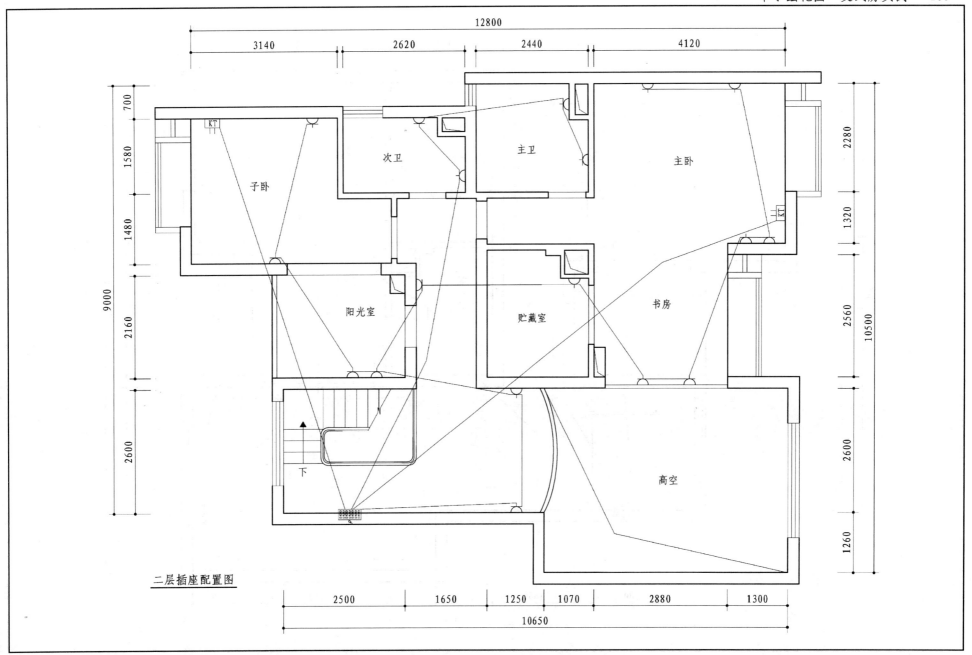

二层插座配置图

184　华尔兹花园　复式房实例2

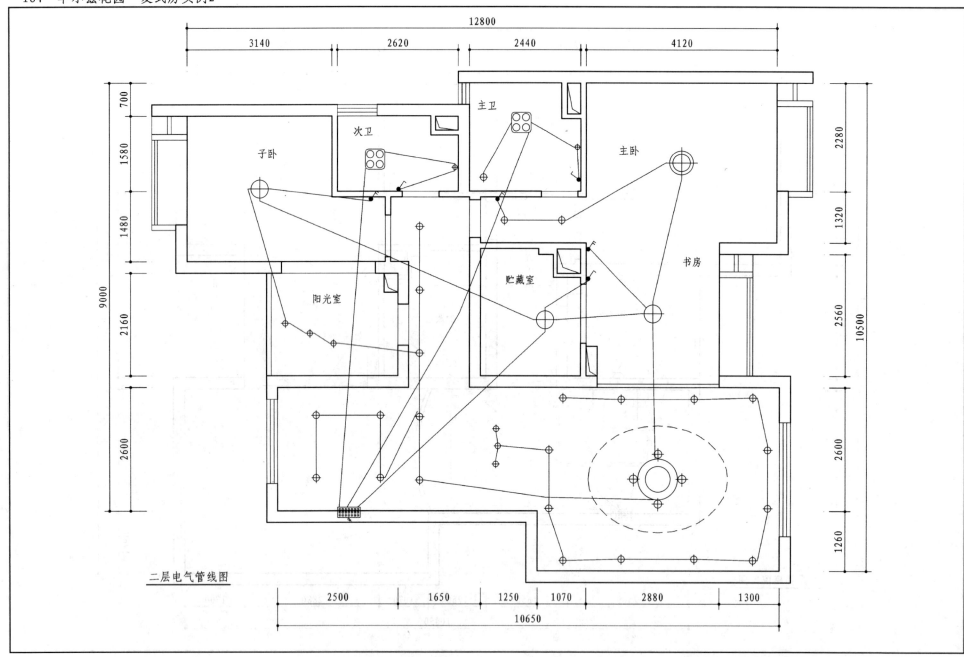

二层电气管线图

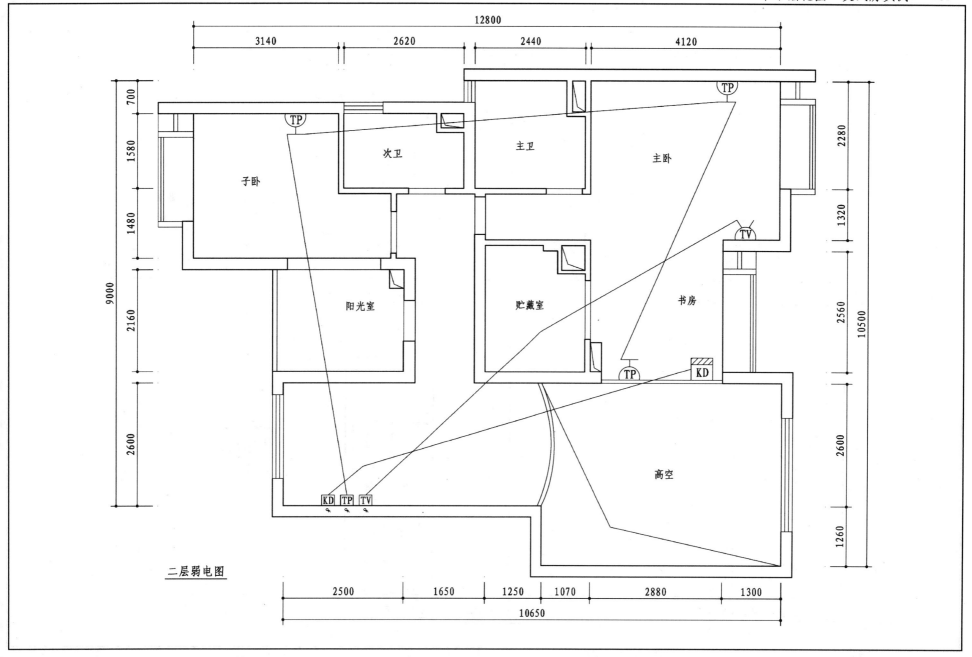

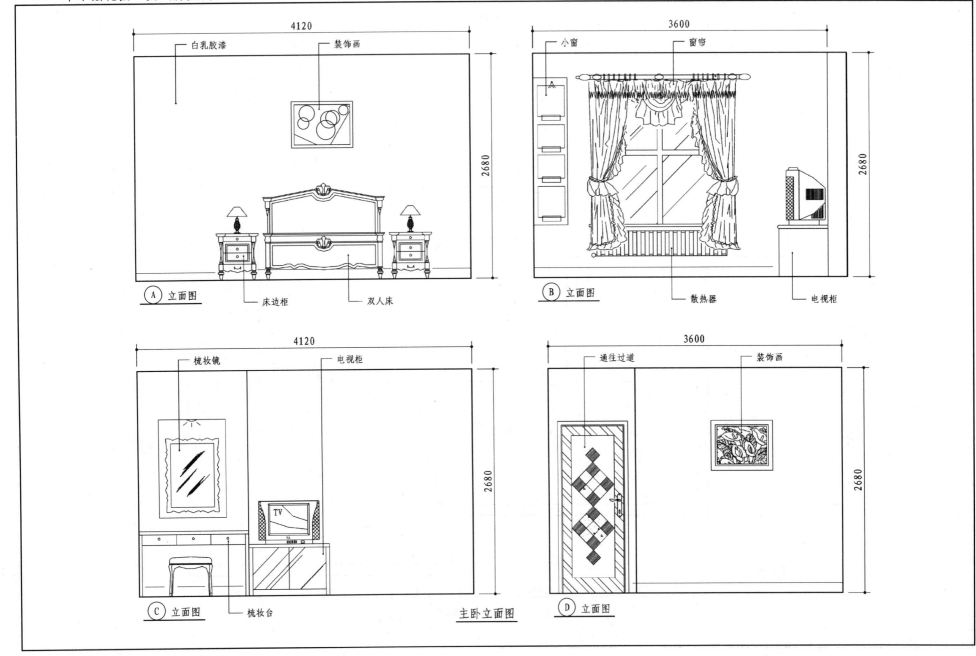

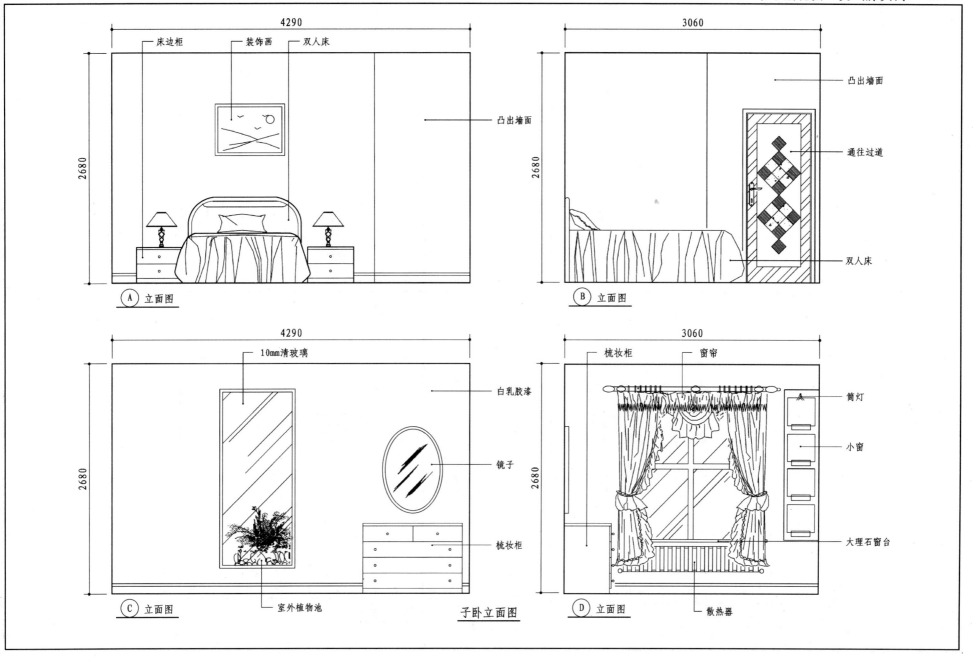

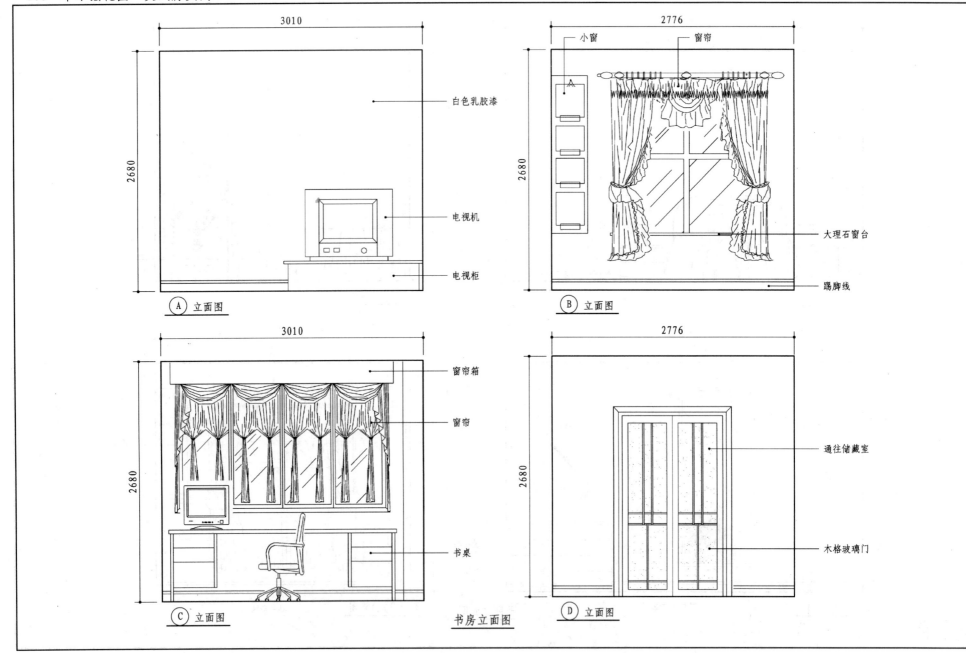

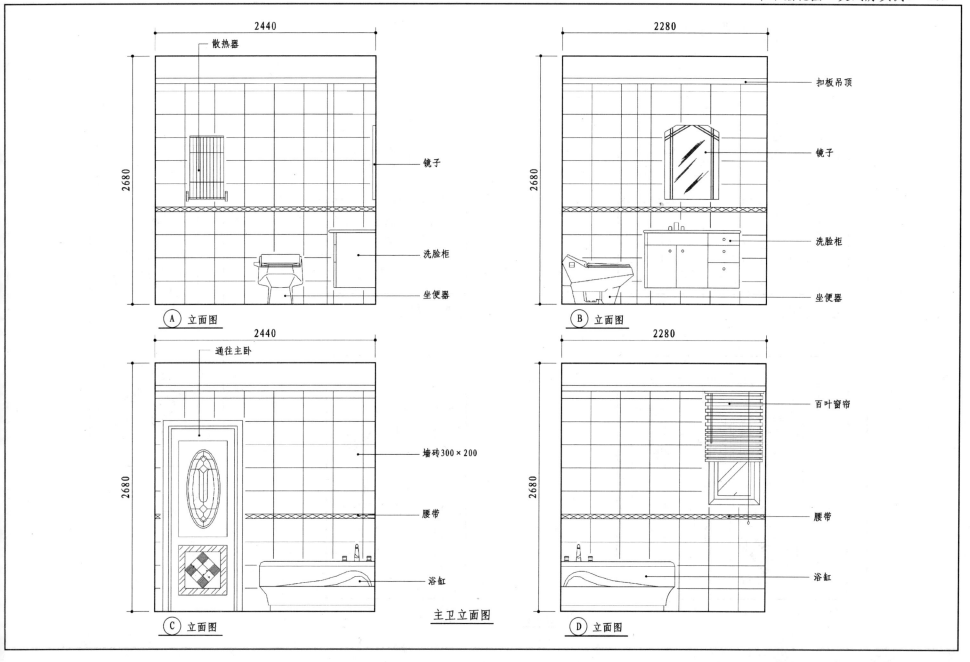

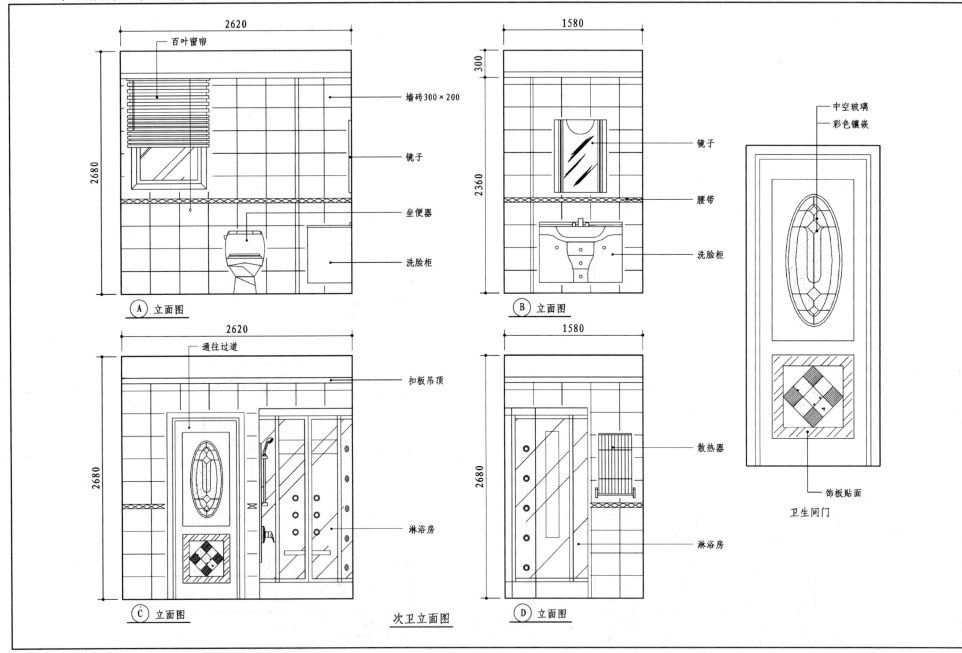

住宅装饰估价表

项目名称	材料品牌与规格	单位	单价元	数量	材料费元	人工费元	合计元	项目名称	材料品牌与规格	单位	单价元	数量	材料费元	人工费元	合计元
一层								木门	柚木工艺门	扇	400	1	400	50	450
1. 客厅								窗套	12cm柚木夹板收口	樘	220	1	220	80	300
进门门套	12cm柚木夹板平板收口	樘	220	1	220	80	300	大理石	汉白玉双边	m²	200	1.5	300	80	380
阳台门套	15cm柚木夹板平板收口	樘	300	1	300	100	400	油漆材料	长春藤油漆	樘	55	3	165	165	330
地搁栅	落叶松 30×50	m²	15	39	585	702	1287	地搁栅	落叶松 30×50	m²	15	14	210	140	350
地板	巴劳 900×90×18	m²	140	39	5460	702	6162	地板	巴劳 900×90×18	m²	140	14	1960	252	2212
磨地板		m²	4	39	156		156	磨地板		m²	4	14	56		56
地板油漆	长春藤油漆	m²	18	39	702	702	1404	墙面	二次批平石膏粉胶水	m²	6	50	300	150	450
吊顶	白松石膏板	m²	50	14	700	140	840	涂料	立邦美得丽	m²	8	50	400	100	500
墙面	二次批平石膏粉胶水	m²	6	130	780	390	1170	顶角线	豪华石膏线	m	6	16	96		96
涂料	立邦美得丽	m²	8	130	1040	260	1300	踢脚线	柚木贴面	m	20	16	320	64	384
电线	上海熊猫	m	1.5	100	150	100	250	电线	上海熊猫	m	1.5	50	75	50	125
电视电话线	上海熊猫	m	1	80	80	80	160	电视电话线	上海熊猫	m	1	40	40	40	80
开关插座	松本电器	个	12	10	120	100	220	开关插座	松本电器	个	12	5	60	50	110
顶角线	豪华石膏线	m	6	20	120		120	五金辅料	地板钉、圆钉等				220		220
踢脚线	柚木贴面	m	20	20	400	80	480	地板油漆	长春藤亚光漆	m²	18	14	252	252	504
电视背景	柚木夹板与玻璃	个	1900	1	1900	300	2200							小计:	6847
鞋柜	柚木面鞋柜	个	780	1	780	210	990	3. 客卫							
玄关柜	柚木面玻璃	个	640	1	640	180	820	门套	12cm柚木夹板收口	樘	220	1	220	80	300
五金辅料	圆钉、地板钉等				380		380	木门	柚木工艺门	扇	400	1	400	50	450
						小计:	18639	油漆材料	长春藤亚光漆	樘	55	2	110	110	220
2. 次卧								吊顶	白松石膏板	m²	15	5	75	50	125
门套	12cm柚木夹板平板收口	樘	220	1	220	80	300	扣板	PVC扣板	m²	30	5	150	50	200

192　华尔兹花园　复式房实例 2

项目名称	材料品牌与规格	单位	单价 元	数量	材料费 元	人工费 元	合计 元	项目名称	材料品牌与规格	单位	单价 元	数量	材料费 元	人工费 元	合计 元
墙面砖	现代面砖 200×300	m²	60	20	1200	300	1500	地板油漆	长春藤亚光漆	m²	18	6	108	108	216
地砖	现代地砖 300×300	m²	60	5	300	150	450	墙面	二次批平石膏粉胶水	m²	6	20	120	60	180
砂、水泥	中粗砂、水泥（32.5级）	m²	15	25	375		375	涂料	立邦美得丽	m²	8	20	160	40	200
水管	上海三净铜管	m	25	20	500	200	700	顶角线	豪华石膏线	m	6	12	72		72
配件	6分铜配件				250		250	踢脚线	柚木贴面	m	20	12	240	48	288
浴缸	科勒 1500×750	个	2500	1	2500	150	2650	电线	上海熊猫	m	1.5	30	45	30	75
坐便器	科勒	个	950	1	950	50	1000	开关插座	松本电器	个	12	3	36	30	66
台盆	科勒	个	540	1	540	50	590	五金辅料	地板钉、圆钉等				150		150
封管道	85砖、砂、水泥	根	70	1	70	50	120							小计:	3929
毛巾架	不锈钢双挂	个	80	1	80	20	100	**5. 餐厅**							
草子架	不锈钢	个	40	1	40	20	60	门套	12cm柚木夹板收口	樘	220	1	220	80	300
电线	上海熊猫	m	1.5	40	60	40	100	木门	柚木工艺门	扇	400	1	400	50	450
防水镜	5mm防水镜	块	100	1	100	20	120	窗套	12cm柚木夹板收口	樘	220	1	220	80	300
五金辅料	五金杂件				150		150	大理石	汉白玉双边	m²	200	1.5	300	80	380
浴霸	奥普	个	350	1	350	50	400	油漆材料	长春藤油漆	樘	55	3	165	165	330
						小计:	9860	吊顶灯圈	木龙骨石膏板	m	40	15	600	150	750
4. 保姆房								地搁栅	落叶松 30×50	m²	15	9	135	90	225
门套	12cm柚木夹板平板收口	樘	220	1	220	80	300	地板	巴劳 900×90×18	m²	140	9	1260	162	1422
木门	柚木工艺门	扇	400	1	400	50	450	磨地板		m²	4	9	36		36
窗套	12cm柚木夹板收口	樘	220	1	220	80	300	地板油漆	长春藤地板漆	m²	18	9	162	162	324
大理石	汉白玉双边	m²	200	0.5	100	80	180	墙面	二次批平石膏粉	m²	6	40	240	120	360
油漆材料	长春藤亚光漆	樘	55	3	165	165	330	涂料	立邦美得丽	m²	8	40	320	80	400
地搁栅	落叶松 30×50	m²	15	6	90	60	150	踢脚线	12cm柚木贴面	m	20	15	300	60	360
地板	巴劳 900×90×18	m²	140	6	840	108	948	电线	上海熊猫	m	1.5	50	75	50	125
磨地板		m²	4	6	24		24	开关插座	松本电器	个	12	5	60	50	110

项目名称	材料品牌与规格	单位	单价元	数量	材料费元	人工费元	合计元	项目名称	材料品牌与规格	单位	单价元	数量	材料费元	人工费元	合计元
五金辅料	地板钉、圆钉等				210		210	窗套	12cm柚木夹板收口	樘	220	1	220	80	300
						小计:	6082	大理石	汉白玉双边	m²	200	1.5	300	80	380
6. 厨房								顶角线	豪华石膏线	m	6	30	180		180
门套	12cm柚木夹板收口	樘	220	1	220	80	300	踢脚线	柚木贴面	m	20	30	600	120	720
移门	柚木工艺门	扇	400	1	400	50	450	墙面	二次批平石膏粉	m²	6	80	480	240	720
玻璃砖	18×18 玻璃砖	块	20	100	2000	300	2300	涂料	立邦美得丽	m²	8	80	640	160	800
吊顶	木龙骨	m²	15	8	120	80	200	地搁栅	落叶松 30×50	m²	15	24	360	240	600
扣板	PVC扣板	m²	30	8	240	80	320	地板	巴劳 900×90×18	m²	140	24	3360	432	3792
墙面砖	现代面砖 200×300	m²	60	25	1500	375	1875	磨地板		m²	4	24	96		96
地砖	现代地砖 300×300	m²	60	8	480	120	600	地板油漆	长春藤亚光漆	m²	18	24	432	432	864
砂、水泥	中粗砂、水泥（32.5级）	m²	15	33	495		495	电线	上海熊猫	m	1.5	60	90	60	150
水管	上海三净铜管	m	25	20	500	200	700	电视电话线	上海熊猫	m	1	40	40	40	80
配件	6分铜配件				250		250	开关插座	松本电器	个	12	8	96	80	176
淋浴器	上海林内	台	1600	1	1600	150	1750	梳妆台	柚木面家具	个	600	1	600	200	800
排油烟机	帅康	台	780	1	780	50	830	电视机柜	柚木面家具	个	600	1	600	200	800
水槽	不锈钢双斗	个	400	1	400	30	430	五金辅料	地板钉、圆钉等				250		250
电线	上海熊猫	m	1.5	40	60	40	100							小计:	11458
开关插座	松本电器	个	12	4	48	40	88	8. 主卫							
厨具	LG防火板台面中国黑	m	800	6	4800	500	5300	门套	12cm柚木夹板收口	樘	220	1	220	80	300
五金辅料	地板钉、圆钉等				270		270	木门	柚木工艺门	扇	400	1	400	50	450
					小计:		16258	油漆材料	长春藤亚光漆	樘	55	2	110	110	220
二层								吊顶	木龙骨	m²	15	5	75	50	125
7. 主卧书房								扣板	PVC扣板	m²	30	5	150	50	200
门套	12cm柚木夹板收口	樘	220	1	220	80	300	墙面砖	现代面砖 200×300	m²	60	20	1200	300	1500
木门	柚木工艺门	扇	400	1	400	50	450	地砖	现代地砖 300×300	m²	60	5	300	75	375

华尔兹花园 复式房实例2

项目名称	材料品牌与规格	单位	单价元	数量	材料费元	人工费元	合计元	项目名称	材料品牌与规格	单位	单价元	数量	材料费元	人工费元	合计元
水管	上海三净铜管	m	25	20	500	200	700	地板	巴劳 900×90×18	m²	140	8	1120	144	1264
配件	6分铜配件				250		250	磨地板		m²	4	8	32		32
浴缸	按摩浴缸	个	5200	1	5200	200	5400	地板油漆	长春藤亚光漆	m²	18	8	144	144	288
坐便器	科勒	个	950	1	950	50	1000	电线	上海熊猫	m	1.5	20	30	20	50
台盆	科勒	个	480	1	480	50	530	开关插座	松本电器	个	12	3	36	30	66
大理石	汉白玉双边	m²	200	1	200	80	280	更衣柜	柚木面家具	m	600	5	3000	400	3400
电线	上海熊猫	m	1.5	50	75	50	125	五金辅料	五金杂件				150		150
开关插座	松本电器	个	12	4	48	40	88							小计:	7630
浴霸	奥普	个	350	1	350	50	400	**10. 次卫**							
五金辅料	五金杂件				150		150	门套	12cm柚木夹板收口	樘	220	1	220	80	300
毛巾架	不锈钢双挂	个	80	1	80	20	100	木门	柚木工艺门	扇	400	1	400	50	450
草子架	不锈钢	个	40	1	40	20	60	移门槽	义明铝合金	m	30	2	60	20	80
防水镜	5mm防水镜	块	100	1	100	20	120	吊轮	ABS吊轮	付	25	2	50	20	70
砂、水泥	中粗砂、水泥（32.5级）	m²	15	25	375		375	吊顶	木龙骨	m²	15	5	75	50	125
						小计:	12748	扣板	PVC扣板	m²	30	5	150	50	200
9. 储藏室								墙面砖	现代面砖 200×300	m²	60	20	1200	300	1500
门套	12cm柚木夹板平板收口	樘	220	1	220	80	300	地砖	现代地砖 300×300	m²	60	5	300	75	375
移门	柚木工艺门	扇	400	2	800	100	900	水管	上海三净铜管	m²	25	20	500	200	700
移门槽	义明铝合金	m	30	4	120	40	160	配件	6分铜配件				250		250
吊轮	ABS吊轮	付	25	4	100	40	140	淋浴房	上海绿叶	m²	400	4	1600		1600
顶角线	豪华石膏线	m	6	10	60		60	坐便器	科勒	个	950	1	950	50	1000
踢脚线	12cm柚木贴面	m	20	10	200	40	240	台盆	科勒	个	480	1	480	50	530
墙面	二次批平	m²	6	20	120	60	180	大理石	汉白玉双边	m²	200	1.5	300	80	380
涂料	立邦美得丽	m²	8	20	160	40	200	电线	上海熊猫	m	1.5	50	75	50	125
地搁栅	落叶松 30×50	m²	15		120	80	200	开关插座	松本电器	个	12	4	48	40	88

华尔兹花园 复式房实例2

项目名称	材料品牌与规格	单位	单价元	数量	材料费元	人工费元	合计元	项目名称	材料品牌与规格	单位	单价元	数量	材料费元	人工费元	合计元
浴霸	奥普	个	350	1	350	50	400	12.过道、其他							
毛巾架	不锈钢双挂	个	80	1	80	20	100	吊顶	木龙骨石膏板	m²	40	60	400	100	500
草纸架	不锈钢	个	40	1	40	20	60	顶角线	豪华石膏线	m	6	25	150		150
防水镜	5mm防水镜	块	100	1	100	20	120	踢脚线	柚木贴面	m	20	25	500	100	600
砂、水泥	中粗砂、水泥（32.5级）	m²	15	25	375		375	墙面	二次批平	m²	6	40	240	120	360
五金辅料	五金杂件				150		150	涂料	立邦美得丽	m²	8	40	320	80	400
						小计：	8978	栏杆	车木玻璃	m²	200	4	800	150	950
11.子卧								楼梯	黄柳安车木板	个	2600	1	2600	350	2950
门套	12cm柚木夹板收口	樘	220	1	220	80	300	露台	现代工艺砖 300×300	m²	60	5	300	75	375
木门	柚木工艺门	扇	400	1	400	50	450	阳台	现代工艺砖 300×300	m²	60	5	300	75	375
窗套	12cm柚木夹板收口	樘	200	1	220	80	300	砂、水泥	中粗、砂、水泥（32.5级）	m²	15	10	150		150
大理石	汉白玉双边	m²	200	1.5	300	80	380							小计：	6810
顶角线	豪华石膏线	m	6	20	120		120							合计：	114729
踢脚线	12cm柚木贴面	m	20	20	400	80	480								
墙面	二次批平	m²	6	35	210	105	315								
涂料	立邦美得丽	m²	8	35	280	70	350								
地搁栅	落叶松 30×50	m²	15	10	150	100	250								
地板	巴劳 900×90×18	m²	140	10	1400	180	1580								
磨地板		m²	4	10	40		40								
地板油漆	长春藤亚光漆	m²	18	10	180	180	360								
电线	上海熊猫	m	1.5	50	75	50	125								
电视电话线	上海熊猫	m	1	40	40	40	80								
开关插座	松本电器	个	12	5	60	50	110								
五金辅料	地板钉,圆钉等				250		250								
						小计：	5490								

说明：
　　凡是未列入本预算中的水龙头（水嘴）、灯具、锁具、窗帘子卧外墙玻璃等都由户主自购。

直接费：114729元（人工费：20159元，材料费：94570元）
设计费：2%　　免
管理费：5%　　5736元
税金：3.41%　　4107元
总价：124572元

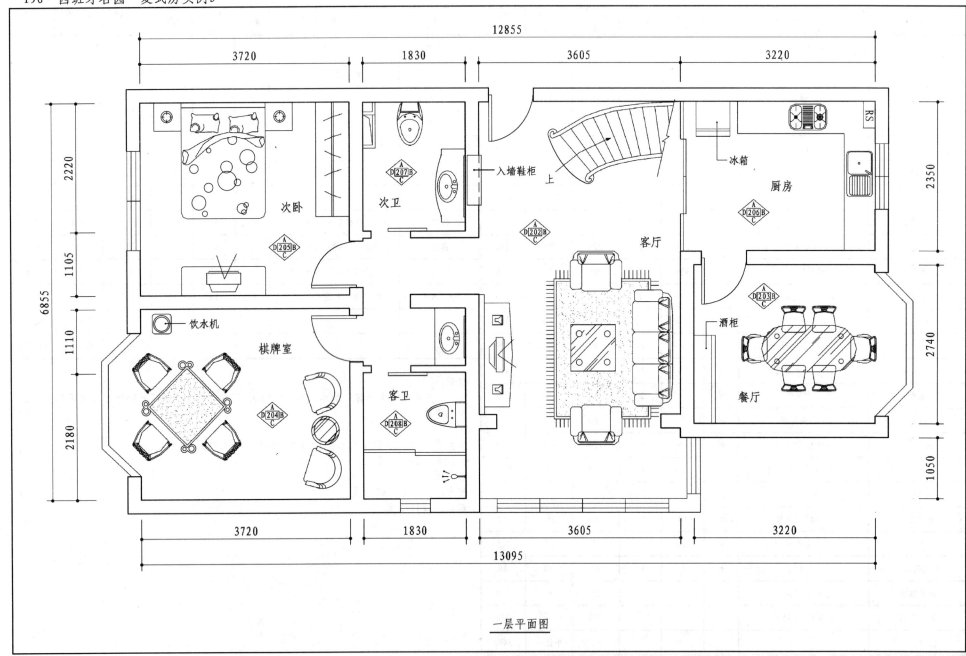

一层平面图

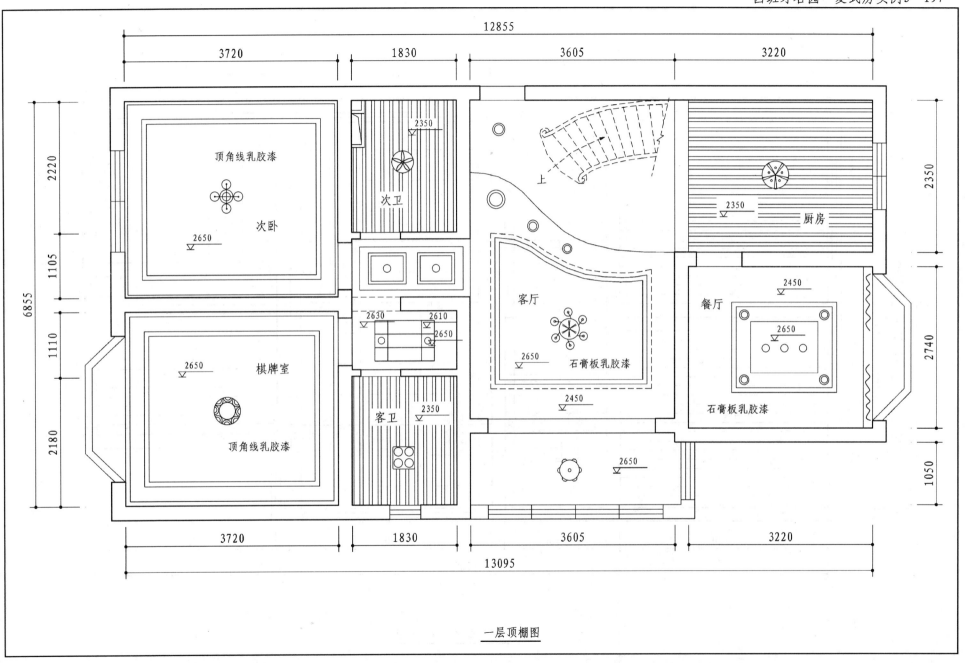

一层顶棚图

198　西班牙名园　复式房实例3

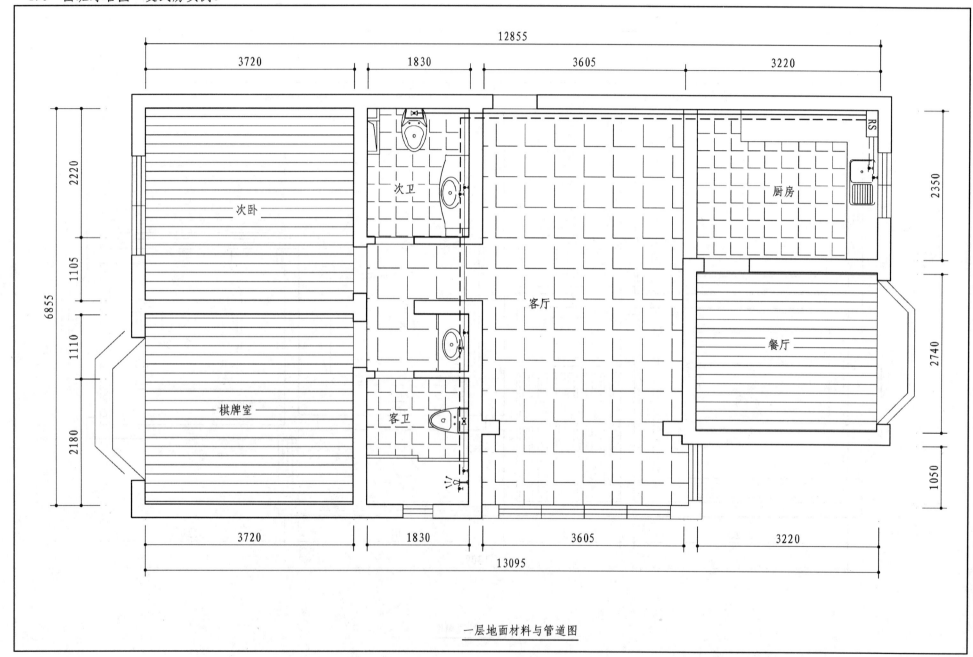

一层地面材料与管道图

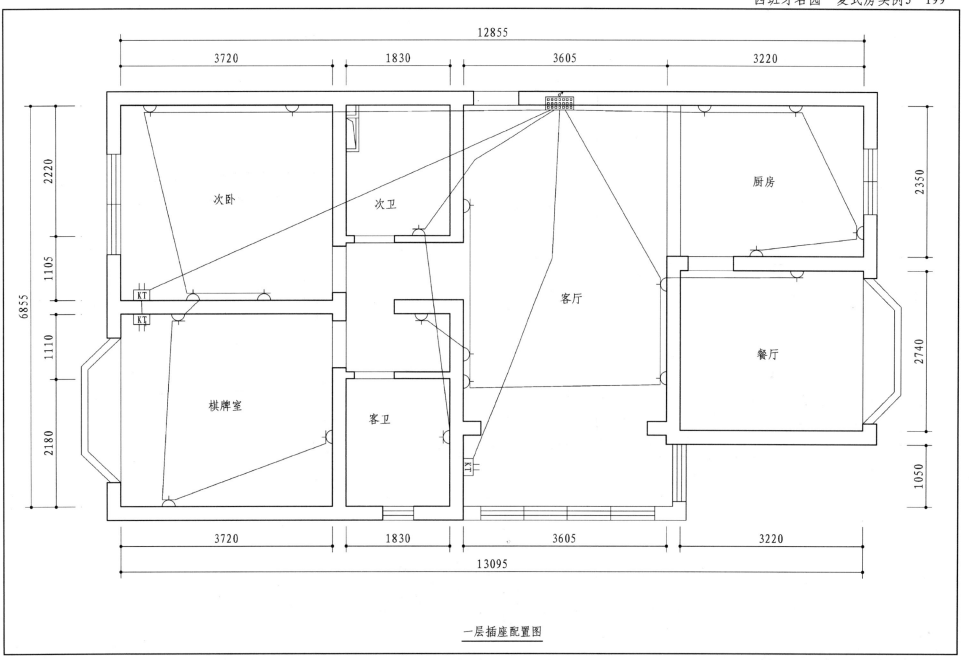

一层插座配置图

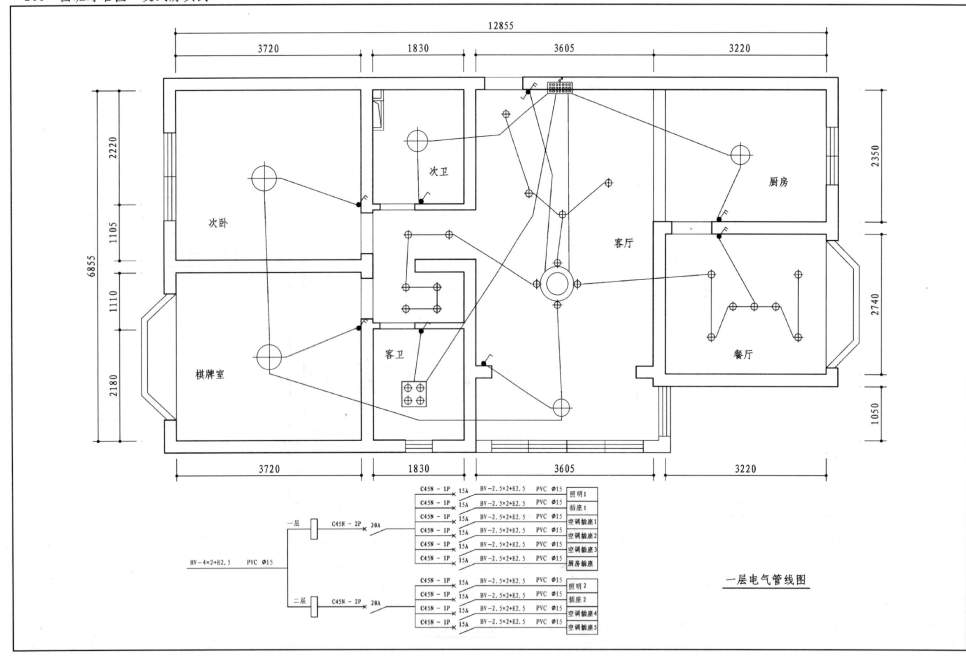

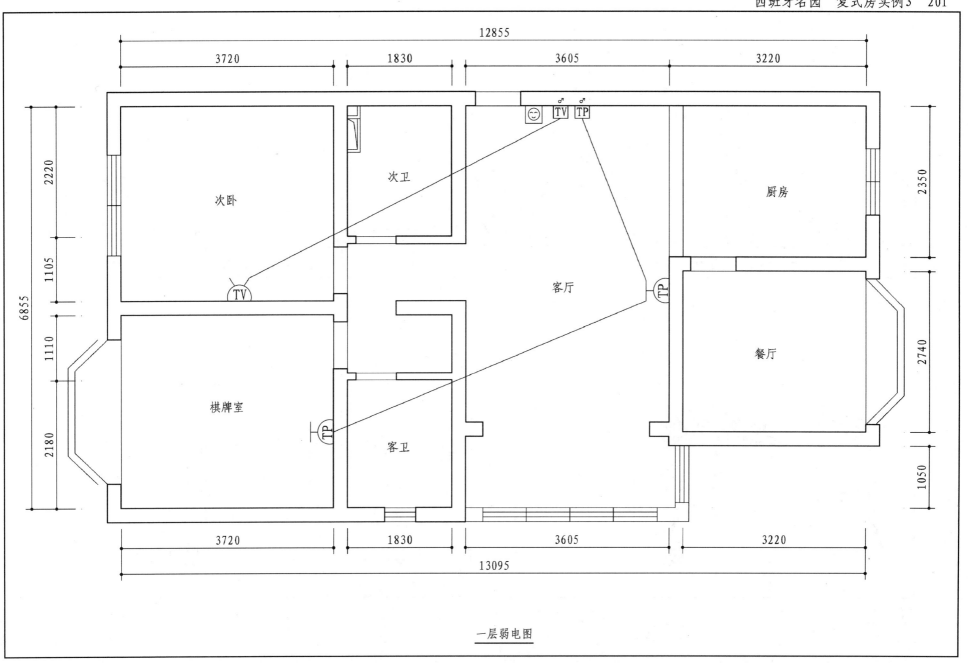

一层弱电图

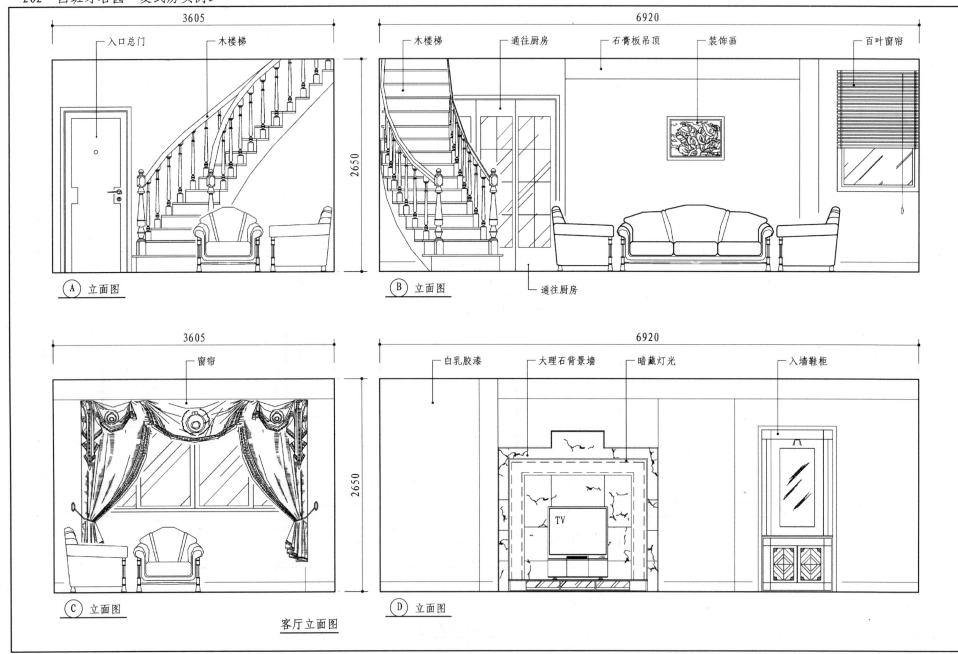

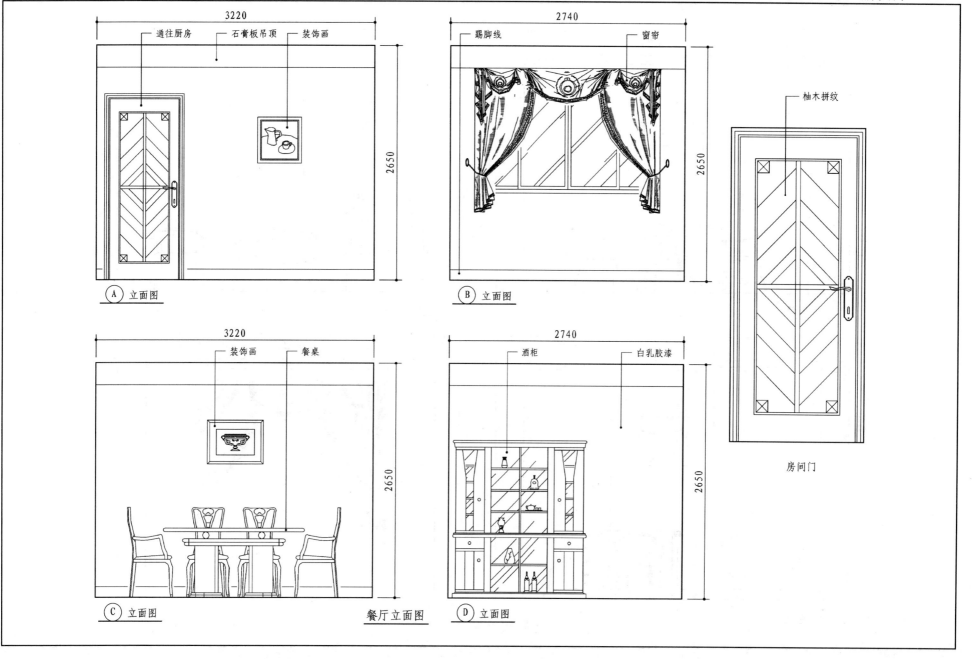

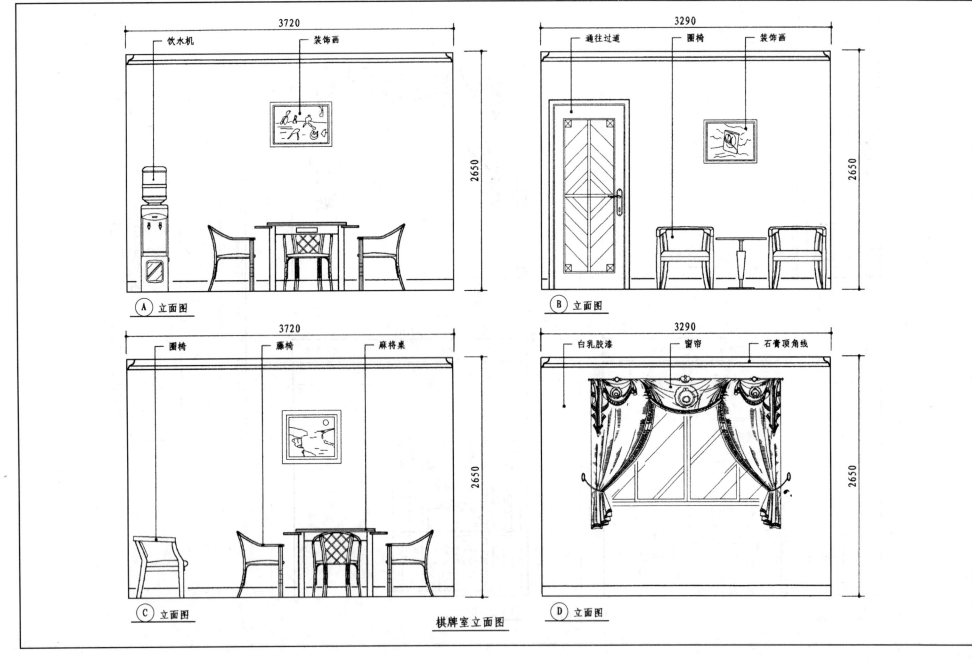

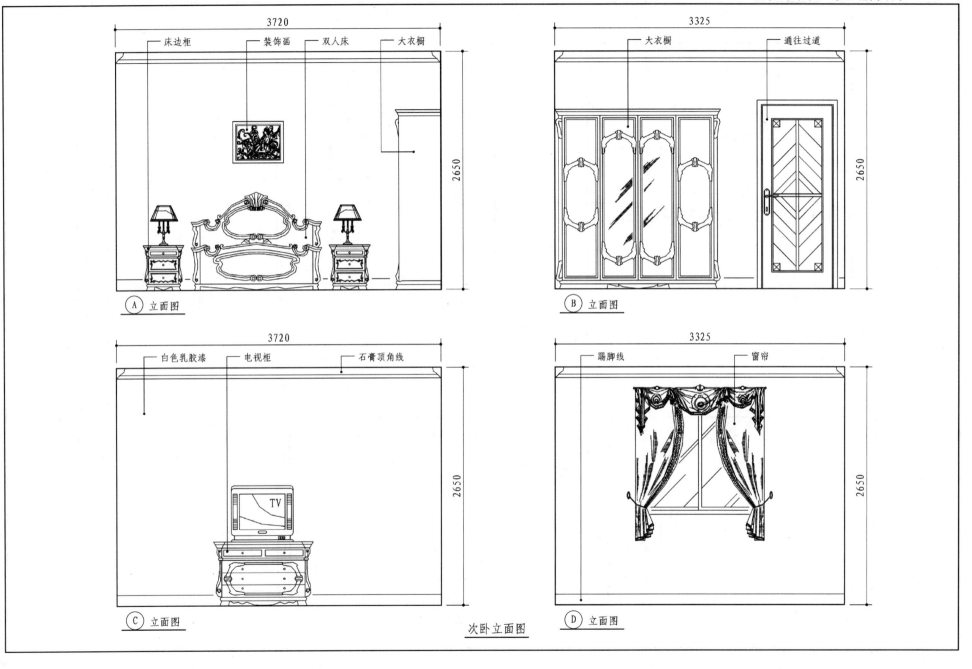

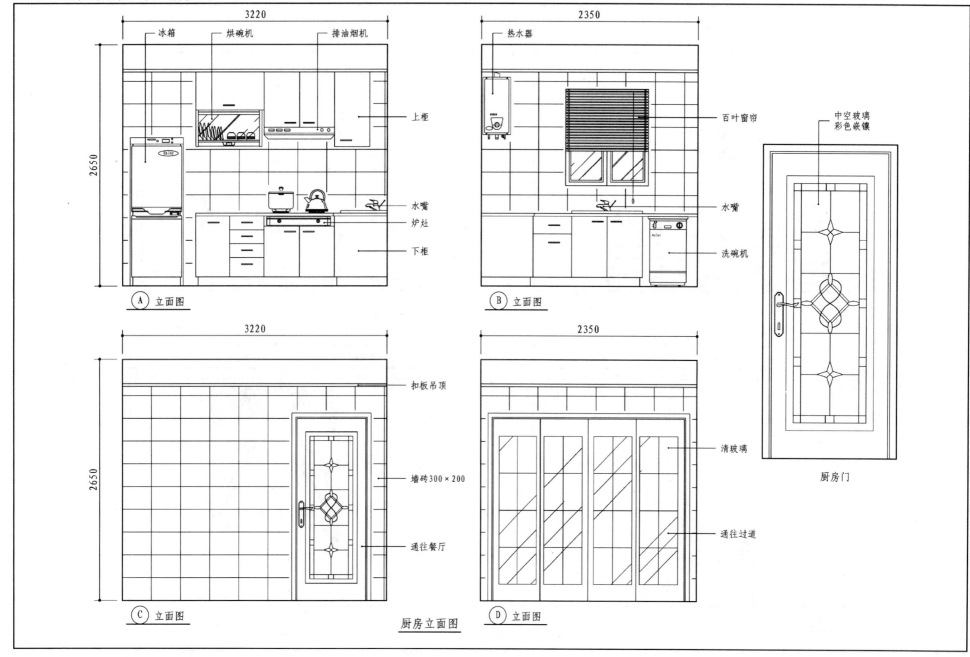

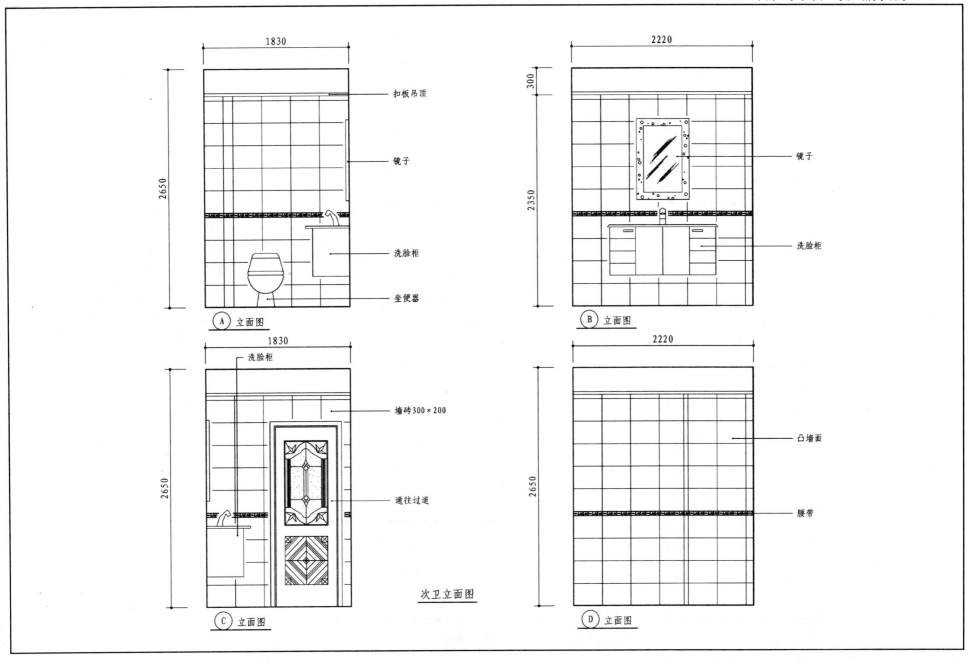

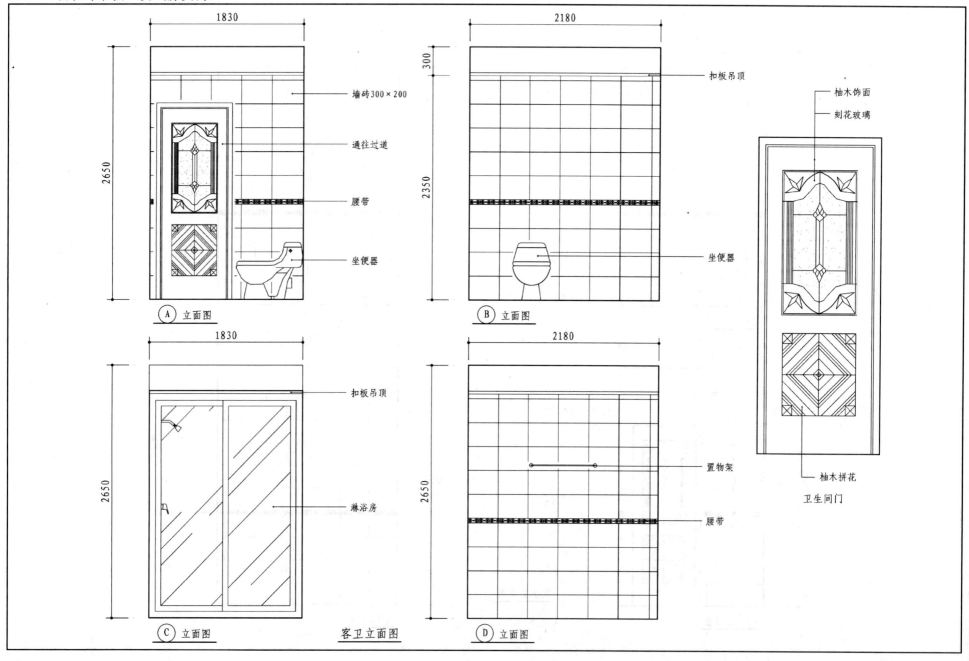

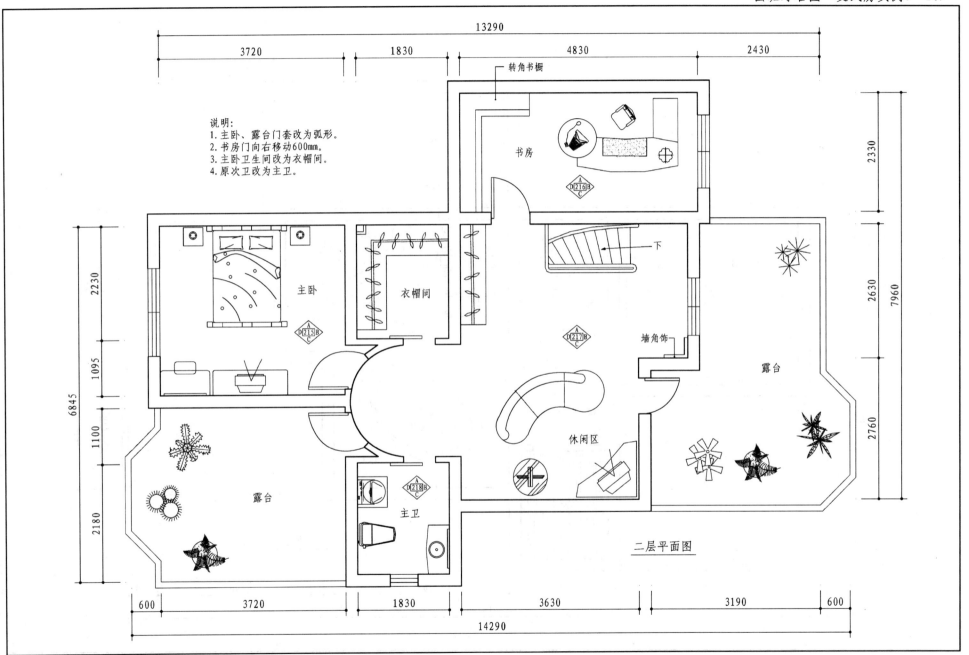

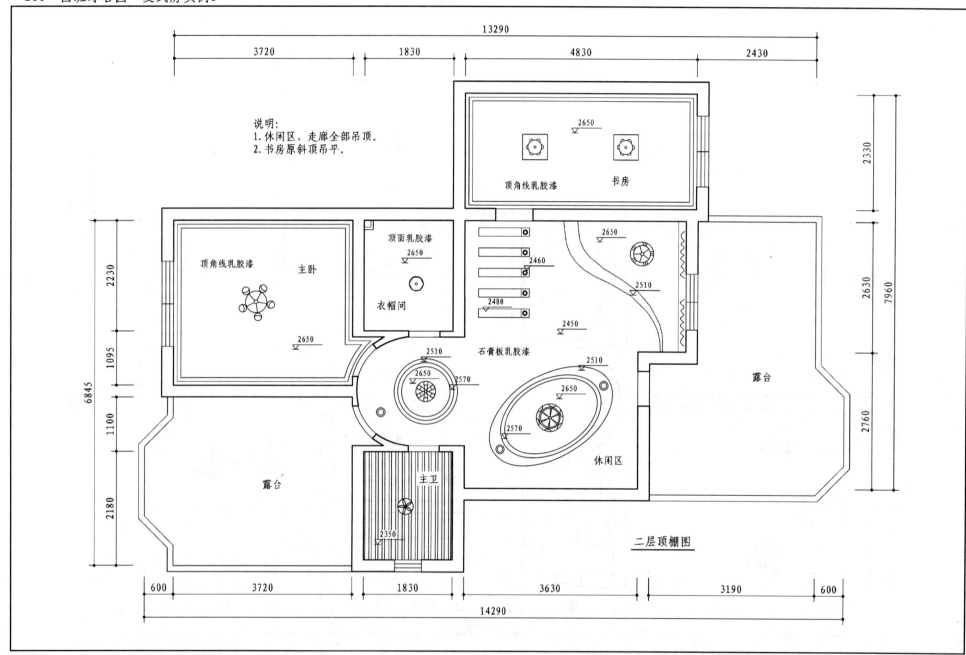

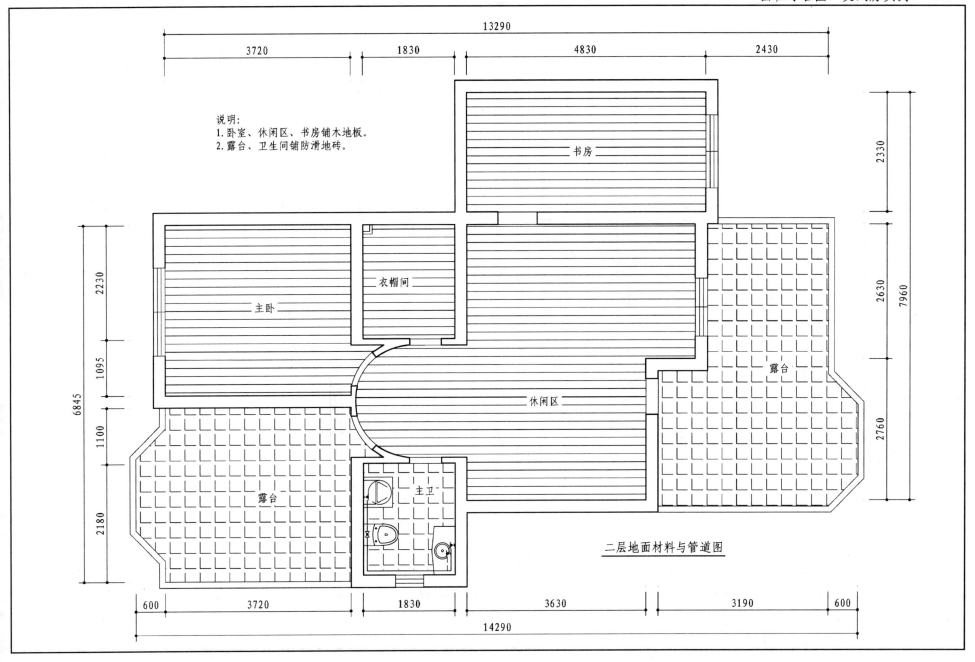

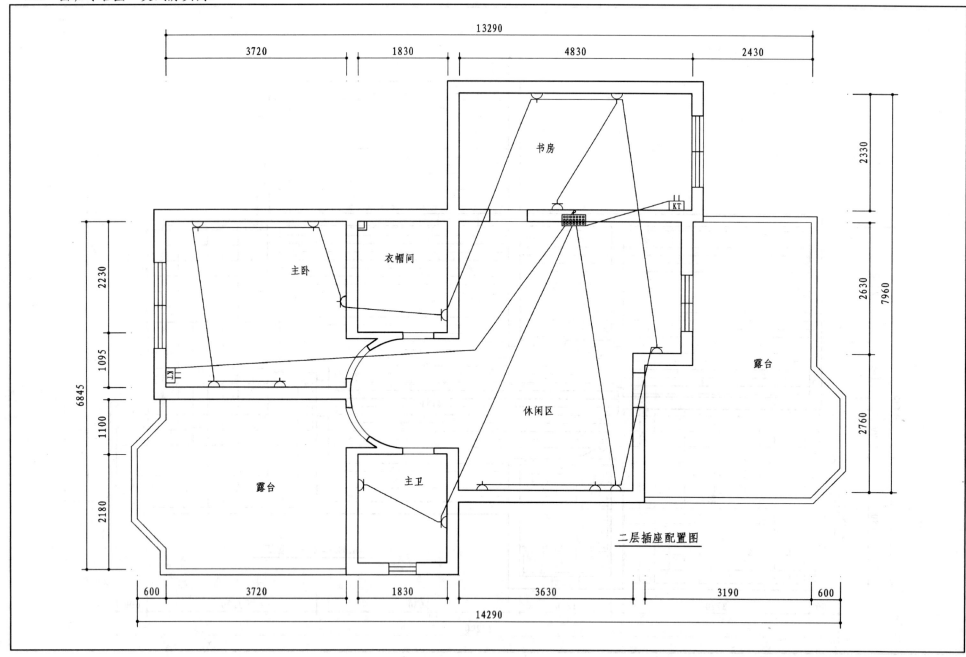

二层插座配置图

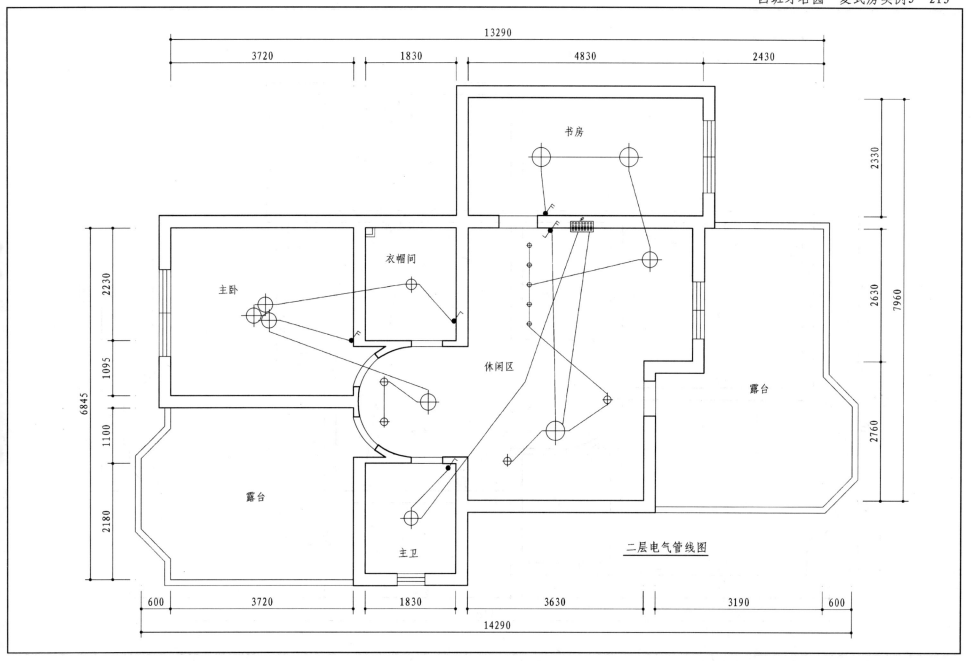

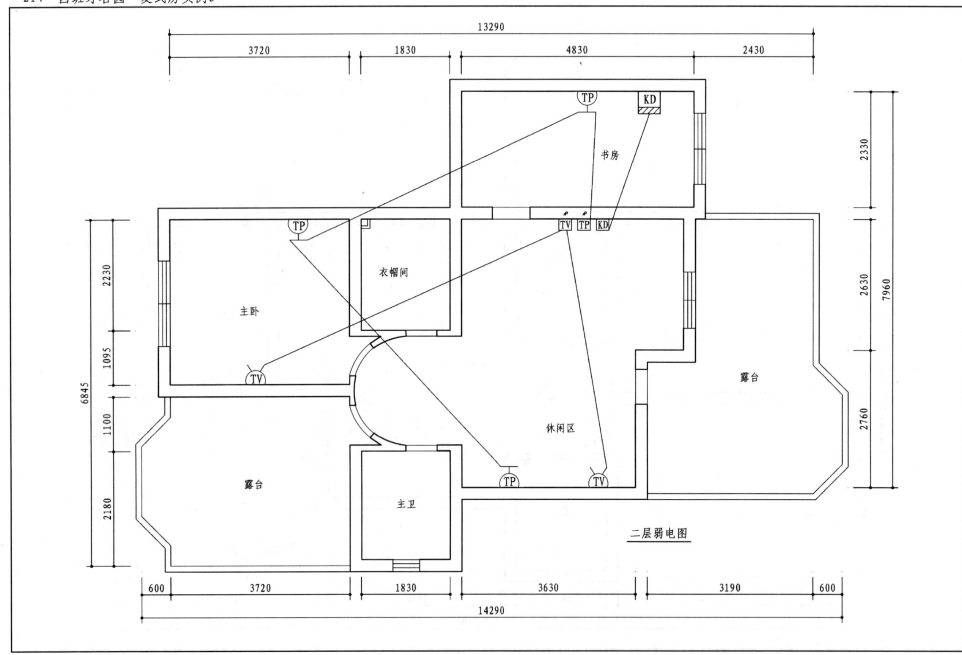

二层弱电图

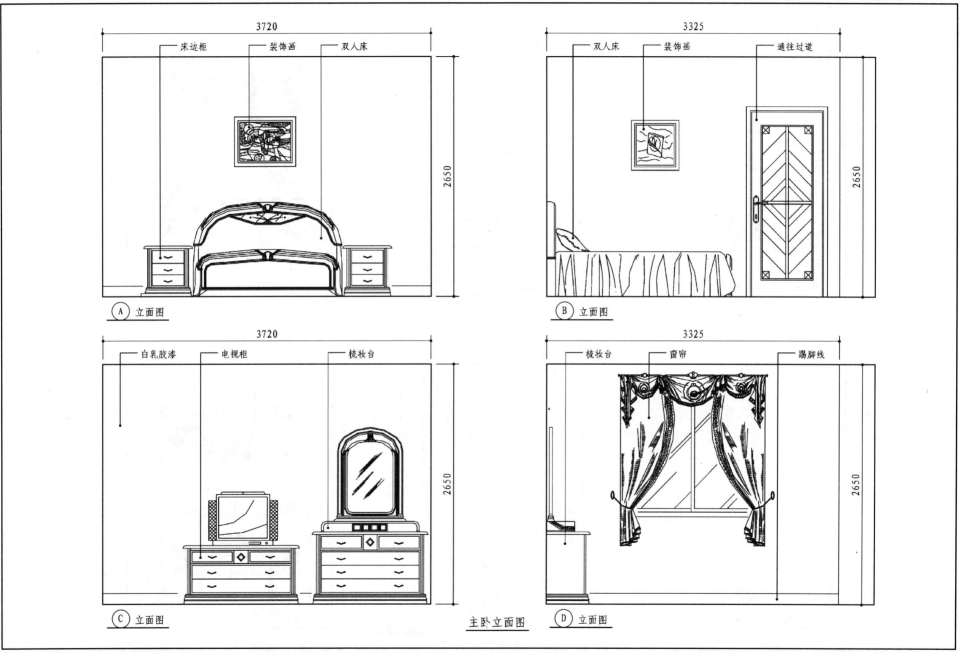

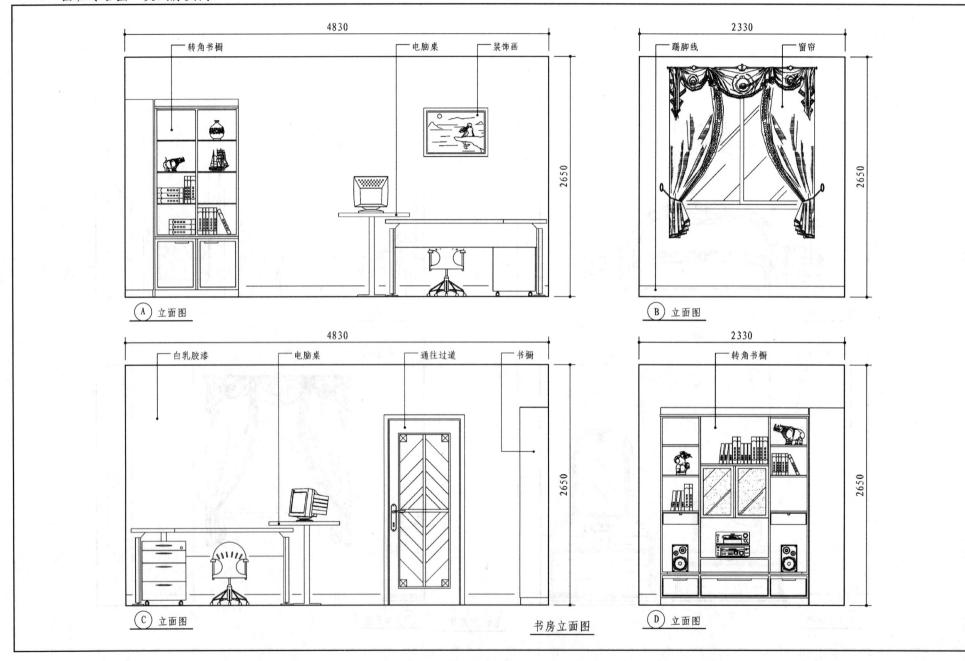

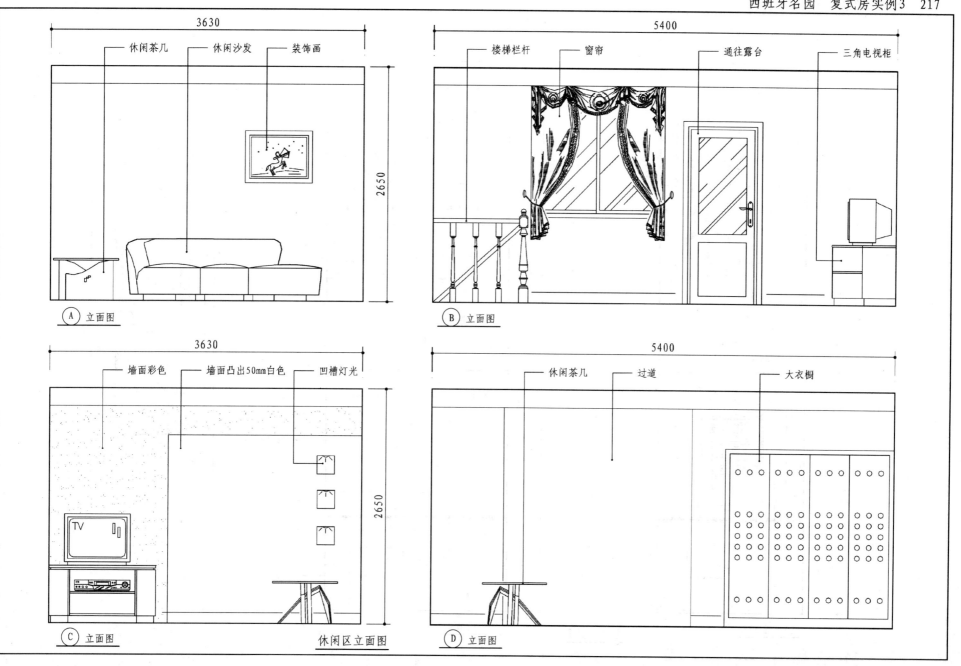

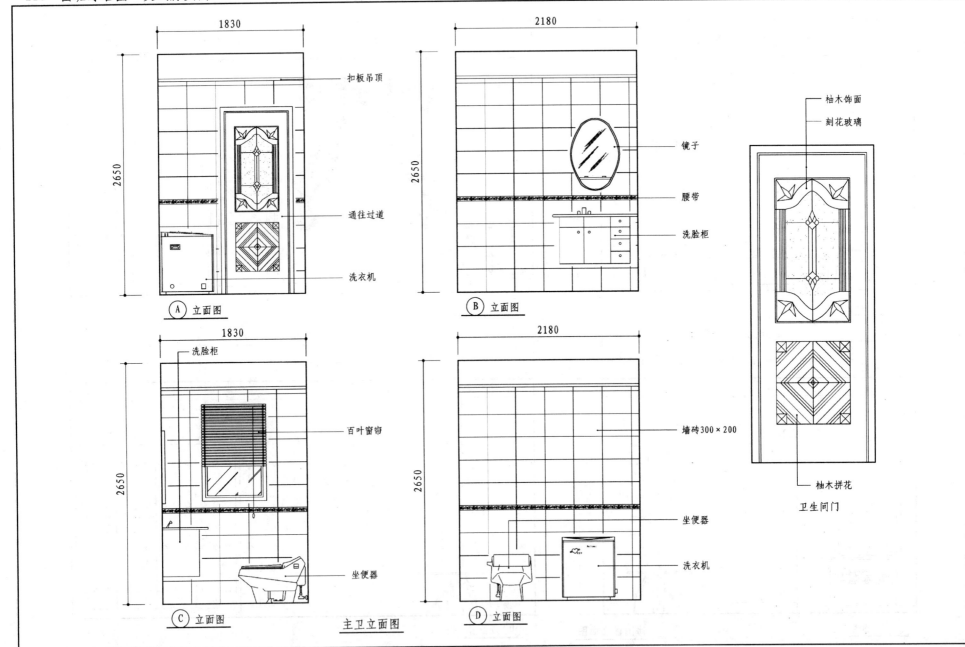

住宅装饰估价表

项目名称	材料品牌与规格	单位	单价元	数量	材料费元	人工费元	合计元	项目名称	材料品牌与规格	单位	单价元	数量	材料费元	人工费元	合计元
一层								吊顶	木龙骨石膏板	m²	60	7	420	105	525
1. 客厅								踢脚线	12cm柚木贴面	m	20	14	280	56	336
进门门套	12cm柚木夹板平板收口	樘	220	1	220	80	300	电线	上海熊猫	m	1.5	70	105	70	175
过道门套	12cm柚木夹板平板收口	樘	220	1	220	80	300	电视电话线	上海熊猫	m	1	30	30	30	60
油漆材料	长春藤油漆	樘	55	2	110	110	220	墙面	二次批平石膏粉胶水	m²	6	30	180	90	270
砂、水泥	中粗砂、水泥（32.5级）	m²	15	21	315	210	525	涂料	德国鳄鱼牌	m²	8	30	240	60	300
斯米克地砖	500×500	m²	130	21	2730	378	3108	开关插座	松本电器	个	12	5	60	60	120
吊顶木龙骨	白木石膏板	m	60	20	1200	300	1500	五金辅料	地板钉、圆钉等杂件				250		250
踢脚线	12cm柚木夹板贴面	m	20	30	600	120	720							小计:	5073
墙面	二次批平石膏粉胶水	m²	6	70	420	210	630	3. 厨房							
涂料	德国鳄鱼牌	m²	8	70	560	140	700	门套	12cm柚木夹板平板收口	樘	220	1	220	80	300
电线	上海熊猫	m	1.5	100	150	100	250	移门	柚木工艺门	扇	400	2	800	100	900
电视电话线	上海熊猫	m	1	50	50	50	100	移门槽	台湾义明槽	m	30	4	120	20	140
开关插座	松本电器	个	12	8	96	80	176	吊轮	ABS吊轮	付	25	4	100	20	120
五金辅料	地板钉、圆钉等杂件				387		387	油漆材料	长春藤油漆	樘	55	3	165	165	330
						小计:	8916	墙砖	现代面砖200×300	m²	60	20	1200	300	1500
2. 餐厅								地砖	现代地砖300×300	m²	60	9	540	135	675
门套	12cm柚木夹板平板收口	樘	220	1	220	80	300	水槽	不锈钢双斗	个	380	1	380	30	410
木门	柚木工艺门	扇	400	1	400	50	450	排油烟机	甲方自购					50	50
窗套	12cm柚木夹板平板收口	樘	300	1	300	100	400	淋浴器	甲方自购					150	150
油漆材料	长春藤油漆	樘	55	3	165	165	330	水管	上海三净铜管	m	25	20	500	200	700
砂、水泥	中粗砂、水泥（32.5级）	m²	15	9	135	90	225	配件	6分铜配件				250		250
斯米克地砖	500×500	m²	130	9	1170	162	1332	吊顶木龙骨	落叶松30×50	m²	15	9	135	90	225

220　西班牙名园　复式房实例3

项目名称	材料品牌与规格	单位	单价元	数量	材料费元	人工费元	合计元	项目名称	材料品牌与规格	单位	单价元	数量	材料费元	人工费元	合计元
PVC扣板	上海武峰	m²	30	9	270	90	360	**5. 棋牌室**							
电线	上海熊猫	m	1.5	30	45	30	75	门套	12cm柚木夹板平板收口	樘	220	1	220	80	300
开关插座	松本电器	个	12	4	48	40	88	木门	柚木工艺门	扇	400	1	400	50	450
五金辅料	五金杂件				190		190	窗套	12cm柚木夹板平板收口	樘	220	1	220	80	300
砂、水泥	中粗砂、水泥（32.5级）	m²	15	30	450		450	油漆材料	长春藤油漆	樘	55	3	165	165	330
厨具	架三聚青氨板LG防火板大理石中国黑不含配件	m	700	5.5	3850	600	4450	地搁栅	落叶松30×50	m²	15	11	165	110	275
						小计：	11363	地板	巴劳 900×90×18	m²	130	11	1430	198	1628
4. 次卧								磨地板		m²	4	11	44		44
门套	12cm柚木夹板平板收口	樘	220	1	220	80	300	地板油漆	钻石地板漆	m²	20	11	220	198	418
木门	柚木工艺门	扇	400	1	400	50	450	顶角线	110豪华石膏线	m	6	15	90		90
窗套	12cm柚木夹板平板收口	樘	220	1	220	80	300	踢脚线	12cm柚木贴面	m	20	15	300	60	360
油漆材料	长春藤油漆	樘	55	3	165	165	330	墙面	二次批平石膏粉胶水	m²	6	40	240	120	360
顶角线	12cm石膏线条	m	6	15	90		90	涂料	德国鳄鱼牌	m	8	40	320	80	400
踢脚线	12cm柚木贴面	m	20	15	300	60	360	电线	上海熊猫	m	1.5	50	60	50	110
墙面	二次批平石膏粉胶水	m²	6	40	240	120	360	电视电话线	上海熊猫	m	1	40	40	40	80
涂料	德国鳄鱼牌	m	8	40	320	80	400	开关插座	松本电器	个	12	5	60	50	110
地搁栅	落叶松30×50	m²	15	11	165	110	275	五金辅料	圆钉、地板钉等杂件				280		280
地板	巴劳 900×90×18	m²	130	11	1430	198	1628							小计：	5535
磨地板		m²	4	11	44		44	**6. 次卫**							
地板油漆	长春藤钻石漆	m²	20	11	220	198	418	门套	12cm柚木夹板收口	樘	220	1	220	80	300
电线	上海熊猫	m	1.5	50	60	50	110	木门	柚木工艺门	扇	400	1	400	50	450
电视电话线	上海熊猫	m	1	40	40	40	80	移门槽	台湾义明	m	30	2	60	20	80
开关插座	松本电器	个	12	5	60	50	110	吊轮	ABS吊轮	付	25	2	50	20	70
五金辅料	圆钉、地板钉等杂件				280		280	油漆材料	长春藤油漆	樘	55	2	110	110	220
						小计：	5535	墙面砖	现代 200×300	m²	60	18	1080	270	1350

项目名称	材料品牌与规格	单位	单价 元	数量	材料费 元	人工费 元	合计 元	项目名称	材料品牌与规格	单位	单价 元	数量	材料费 元	人工费 元	合计 元
地砖	现代 300×300	m²	60	4	240	60	300	PVC 扣板	上海武峰加角线	m²	30	4	120	40	160
吊顶木龙骨	落叶松 30×50	m²	15	4	60	40	100	砂、水泥	中粗砂、水泥（32.5级）	m²	15	22	330		330
PVC 扣板	上海武峰	m²	30	4	120	40	160	电线	上海熊猫	m	1.5	40	60	40	100
砂、水泥	中粗砂、水泥（32.5级）	m²	15	22	330		330	开关插座	松本电器	个	12	4	48	40	88
电线	上海熊猫	m	1.5	40	60	40	100	坐便器	TOTO 坐便器	个	970	1	970	50	1020
开关插座	松本电器	个	12	4	48	40	88	台盆	TOTO 台盆	个	480	1	480	50	530
坐便器	TOTO784型	个	970	1	970	50	1020	大理石	雪花白双边	m²	200	1	200	50	250
台盆	TOTO851型	个	480	1	480	50	530	淋浴房	上海绿叶	m²	300	4	1200		1200
大理石	雪花白双边	m²	200	1.5	300	50	350	毛巾架	不锈钢双架	个	80	1	80	20	100
毛巾架	不锈钢双架	个	80	1	80	20	100	草纸架	不锈钢	个	40	1	40	20	60
草纸架	不锈钢	个	40	1	40	20	60	防水镜	5mm 防水镜	块	100	1	100		120
防水镜	5mm 防水镜	块	100	1	100	20	120	水管	上海三净铜管	m	25	20	500	200	700
水管	上海三净铜管	m	25	20	500	200	700	配件	6分铜配件				250		250
配件	6分铜配件				250		250	五金辅料	三角阀等杂件				150		150
五金辅料	三角阀等杂件弯头				150		150							小计:	7928
						小计:	6828	二层							
7. 客卫								**8. 休闲区**							
门套	12cm 柚木夹板收口	樘	220	1	220	80	300	地搁栅	落叶松 30×50	m²	15	21	315	210	525
木门	柚木工艺门	扇	400	1	400	50	450	地板	巴劳 900×90×18	m²	130	21	2730	378	3108
移门槽	台湾义明	m	30	2	60	20	80	磨地板		m²	4	21	84		84
吊轮	ABS 吊轮	付	25	2	50	20	70	地板油漆	钻石地板漆	m²	20	21	420	378	798
油漆材料	长春藤油漆	樘	55	2	110	110	220	吊顶	木龙骨石膏板	m²	60	21	1260	315	1575
墙面砖	现代 200×300	m²	60	18	1080	270	1350	墙面	二次批平石膏粉胶水	m²	6	70	420	210	630
地砖	现代 300×300	m²	60	4	240	60	300	涂料	德国鳄鱼牌	m²	8	70	560	140	700
吊顶木龙骨	落叶松 30×50	m²	15	4	60	40	100	电线	上海熊猫	m	1.5	50	75	50	125

西班牙名园 复式房实例 3

项目名称	材料品牌与规格	单位	单价 元	数量	材料费 元	人工费 元	合计 元	项目名称	材料品牌与规格	单位	单价 元	数量	材料费 元	人工费 元	合计 元
电视电话线	上海熊猫	m	1	40	40	40	80	**10. 主卧**							
开关插座	松本电器	个	12	8	96	80	176	门套	12cm柚木夹板平板收口	樘	220	1	220	80	300
踢脚线	12cm柚木贴面	m	20	30	600	120	720	木门	柚木工艺门	扇	400	1	400	50	450
过道门套	12cm柚木夹板收口	樘	220	1	220	80	300	窗套	12cm柚木夹板平板收口	樘	220	1	220	80	300
油漆材料	长春藤油漆	樘	55	1	55	55	110	油漆材料	长春藤油漆	樘	55	3	165	165	330
五金辅料	五金杂件、圆钉				387		387	地搁栅	落叶松 30×50	m²	15	11	165	110	275
						小计:	9318	地板	巴劳 900×90×18	m²	130	11	1430	198	1628
9. 书房								磨地板		m²	4	11	44		44
门套	12cm柚木夹板平板收口	樘	220	1	220	80	300	地板油漆	钻石地板漆	m²	20	11	220	198	418
木门	柚木工艺门	扇	400	1	400	50	450	顶角线	110豪华石膏线	m	6	16	96		96
窗套	12cm柚木夹板平板收口	樘	220	1	220	80	300	踢脚线	12cm柚木贴面	m	20	16	320	56	376
油漆材料	长春藤油漆	樘	55	3	165	165	330	墙面	二次批平石膏粉胶水	m²	6	35	210	105	315
地搁栅	落叶松 30×50	m²	15	10	150	100	250	涂料	德国鳄鱼牌	m²	8	35	280	70	350
地板	巴劳 900×90×18	m²	130	10	1300	180	1480	电线	上海熊猫	m	1.5	40	60	40	100
磨地板		m²	4	10	40		40	电视电话线	上海熊猫	m	1	40	40	40	80
地板油漆	钻石地板漆	m²	20	10	200	180	380	开关插座	松本电器	个	12	4	48	40	88
顶角线	110豪华石膏线	m	6	15	90		90	五金辅料	圆钉、地板钉等杂件				250		250
踢脚线	12cm柚木贴面	m	20	15	300	60	360							小计:	5400
墙面	二次批平石膏粉胶水	m²	6	35	210	105	315	**11. 主卫**							
涂料	德国鳄鱼牌	m²	8	35	280	70	350	门套	12cm柚木夹板收口	樘	220	1	220	80	300
电线	上海熊猫	m	1.5	40	60	40	100	木门	柚木工艺门	扇	400	1	400	50	450
电视电话线	上海熊猫	m	1	40	40	40	80	移门槽	台湾义明	m	30	2	60	20	80
开关插座	松本电器	个	12	4	48	40	88	吊轮	ABS吊轮	付	25	2	50	20	70
五金辅料	圆钉、地板钉等杂件				250		250	面砖	现代 200×300	m²	60	18	1080	270	1350
						小计:	5163	地砖	现代 300×300	m²	60	4	240	40	280

项目名称	材料品牌与规格	单位	单价元	数量	材料费元	人工费元	合计元	项目名称	材料品牌与规格	单位	单价元	数量	材料费元	人工费元	合计元
吊顶	木龙骨	m²	15	4	60	40	100	**13.其他**							
PVC扣板	上海武峰加角线	m²	30	4	120	40	160	扶梯	红柳安车木踏步板	套	3200	1	3200	600	3800
水管	上海三净铜管	m	25	20	500	200	700	北阳台	现代工艺砖400×400	m²	40	15	600	270	870
配件	6分铜配件				250		250	南阳台	现代工艺砖400×400	m²	40	11	440	198	638
台盆	TOTO台盆	个	480	1	480	50	530	窗台大理石	雪花白双边	块	180	4	720	100	820
坐便器	TOTO坐便器	个	970	1	970	50	1020	蛇皮袋		只	1	100	100		100
草纸架	不锈钢	个	40	1	40	20	60	砂、水泥	中粗砂、水泥（32.5级）	m²	15	36	540		540
毛巾架	不锈钢双架	个	80	1	80	20	100							小计：	6768
砂、水泥	中粗砂、水泥（32.5级）	m²	15	22	330		330							合计：	87444
防水镜	5mm防水镜	块	100	1	100	20	A								
电线	上海熊猫	m	1.5	40	60	40	100								
开关插座	松本电器	个	12	4	48	40	88								
五金辅料	三角阀软管等				150		150								
						小计：	6238								
12.衣帽间															
门套	12cm柚木夹板平板收口	樘	220	1	220	80	300								
木门	柚木工艺门	扇	400	1	400	50	450								
移门槽	台湾义明	m	30	2	60	20	80								
吊轮	ABS吊轮	付	25	2	50	20	70								
墙面	二次批平处理	m²	6	15	90	45	135								
涂料	德国鳄鱼牌	m²	8	15	120	30	150								
电线	上海熊猫	m	1.5	20	30	20	50								
开关插座	松本电器	个	12	2	24	20	44								
壁柜	细木工板制作	m	500	3.5	1750	350	2100								
						小计：	3379								

说明：

凡是未列入本预算中的水龙头（水嘴）、灯具、锁具、窗帘、电器、玻璃、涂料等都由户主自购。

直接费：87444元（人工费：17279元，材料费：70165元）

设计费：2% 免

管理费：5% 4372元

税金：3.41% 3130元

总价：94946元

224　圣淘沙　别墅实例1

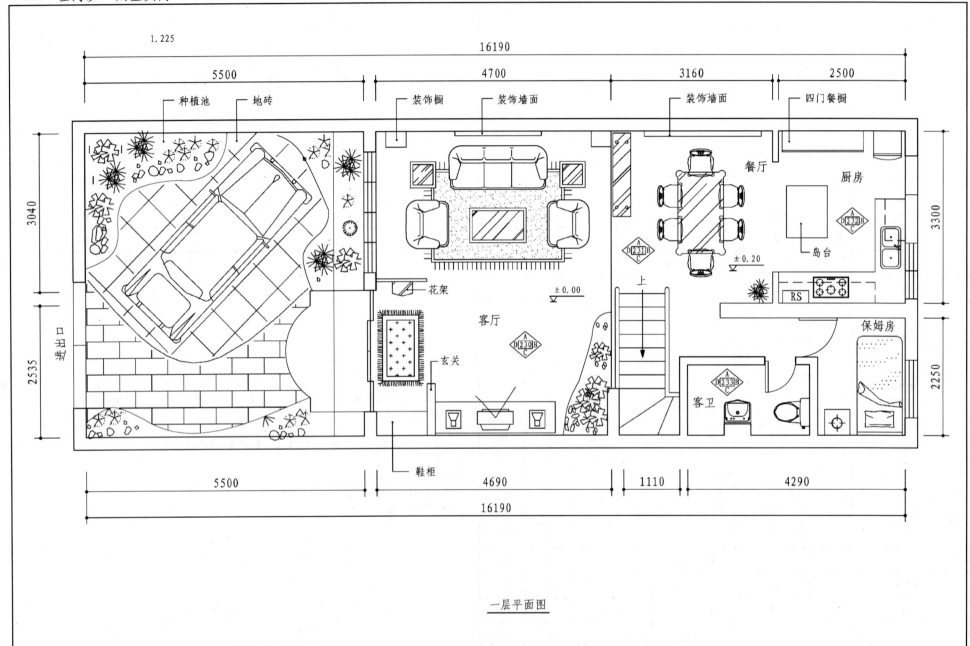

一层平面图

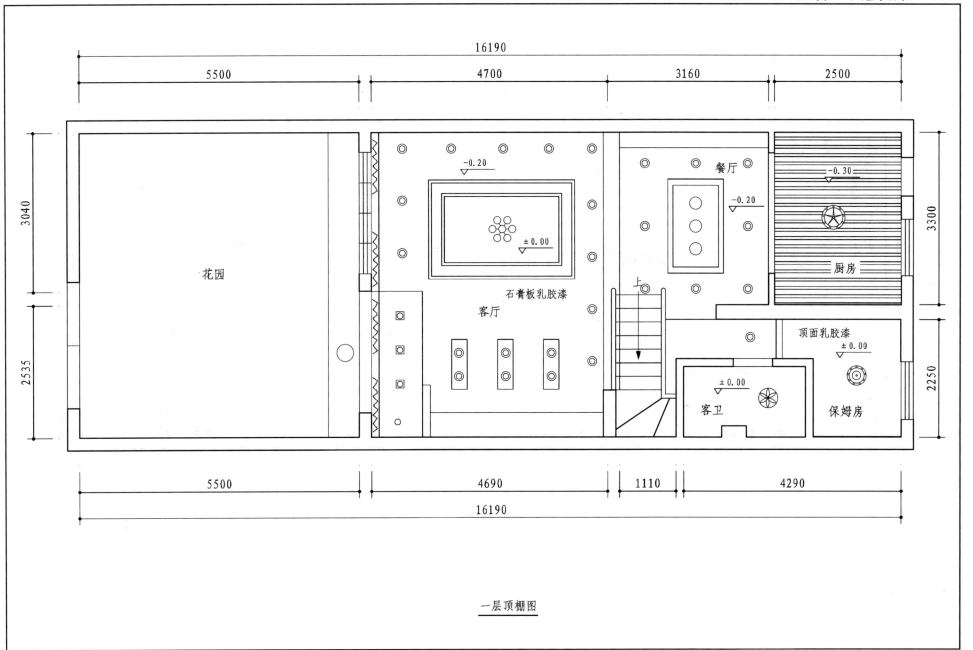

一层顶棚图

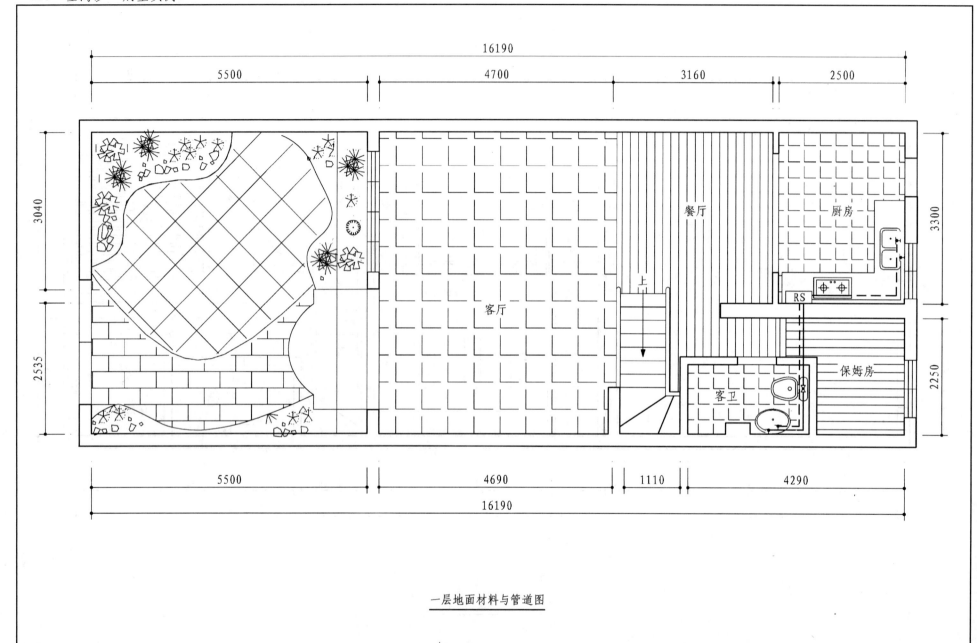

一层地面材料与管道图

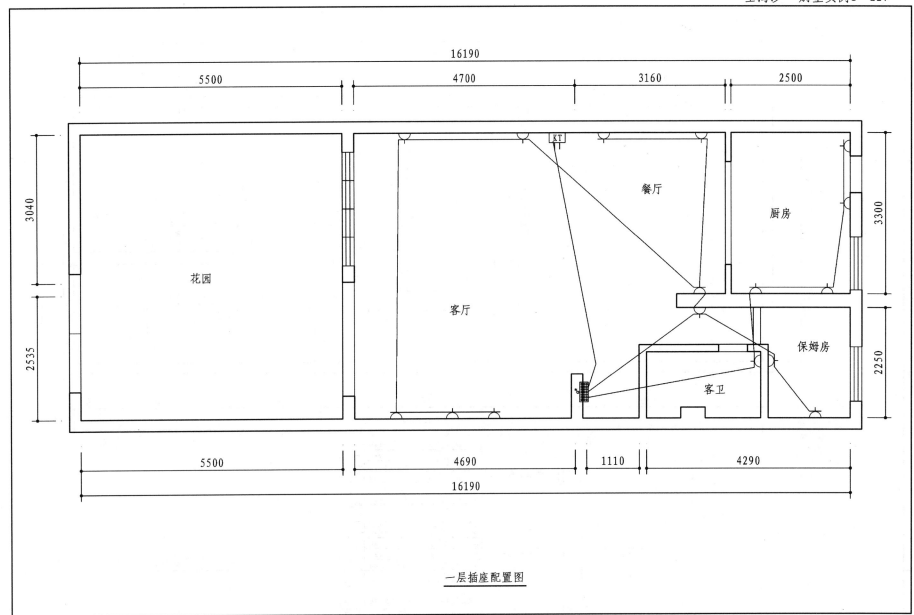

一层插座配置图

228 圣淘沙 别墅实例1

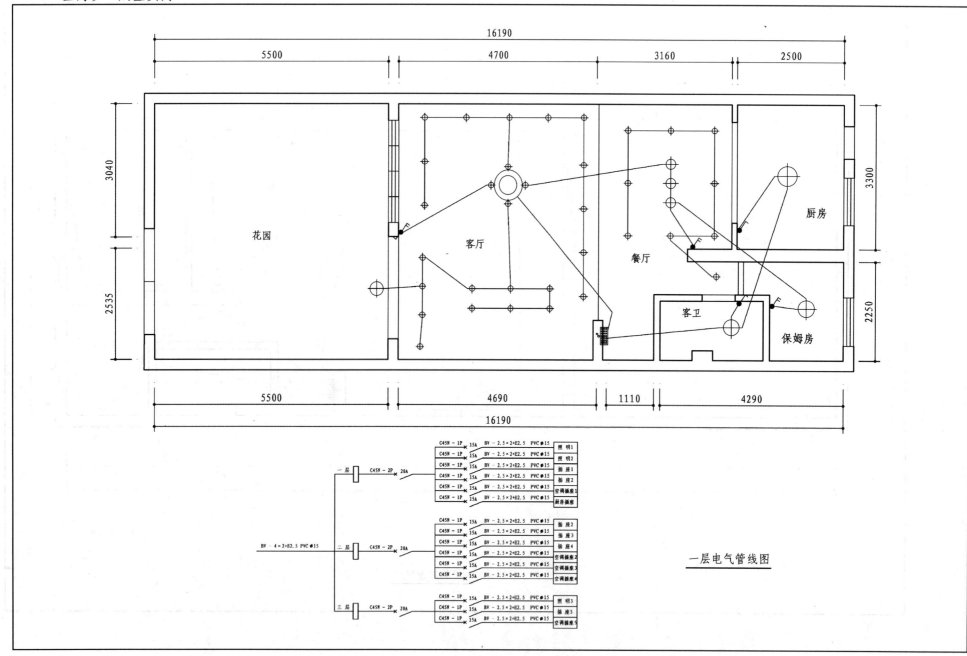

一层电气管线图

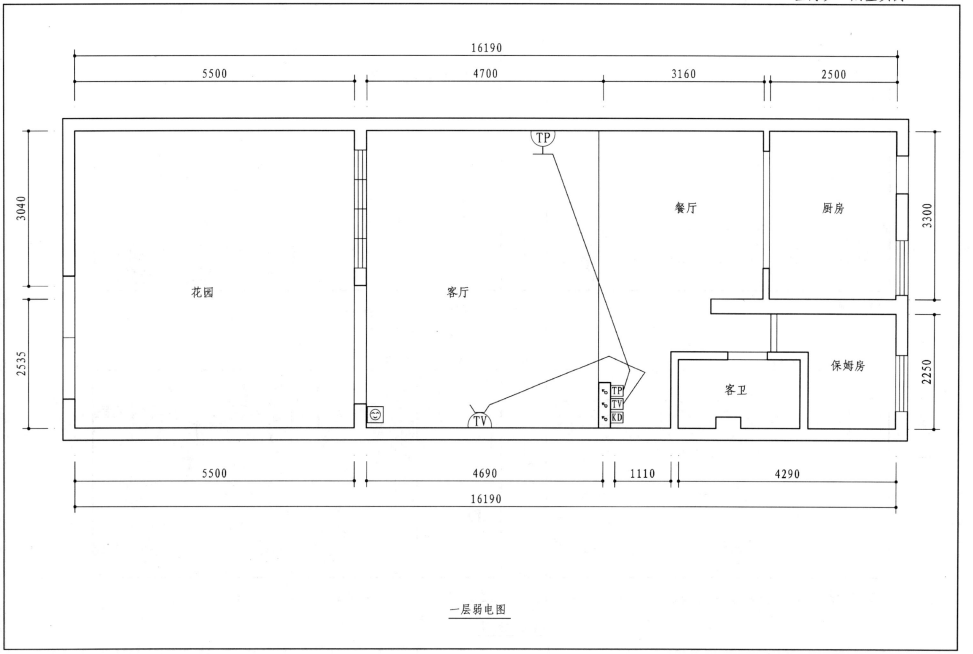

一层弱电图

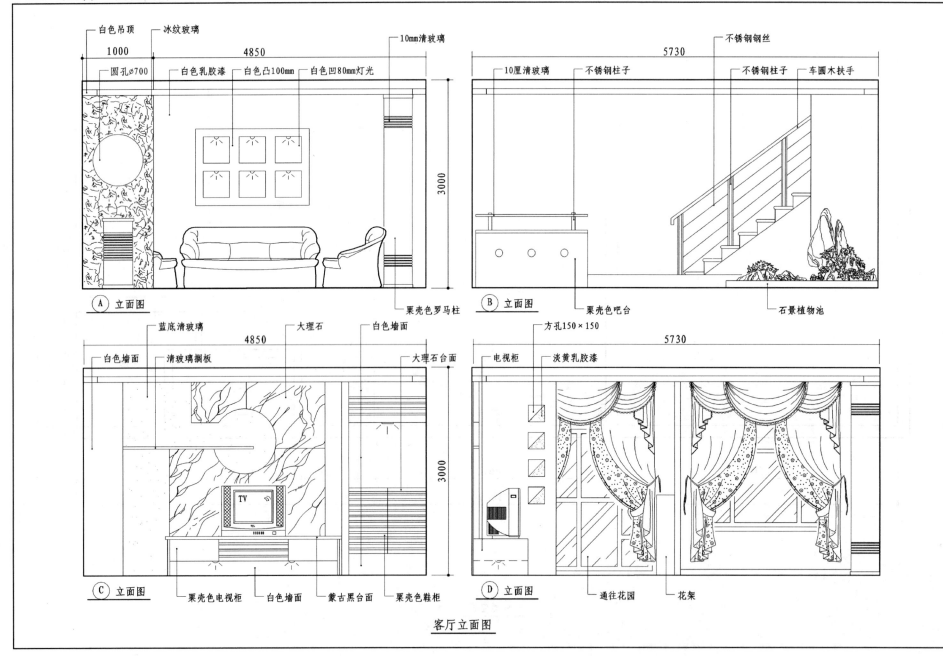

230 圣淘沙 别墅实例1

客厅立面图

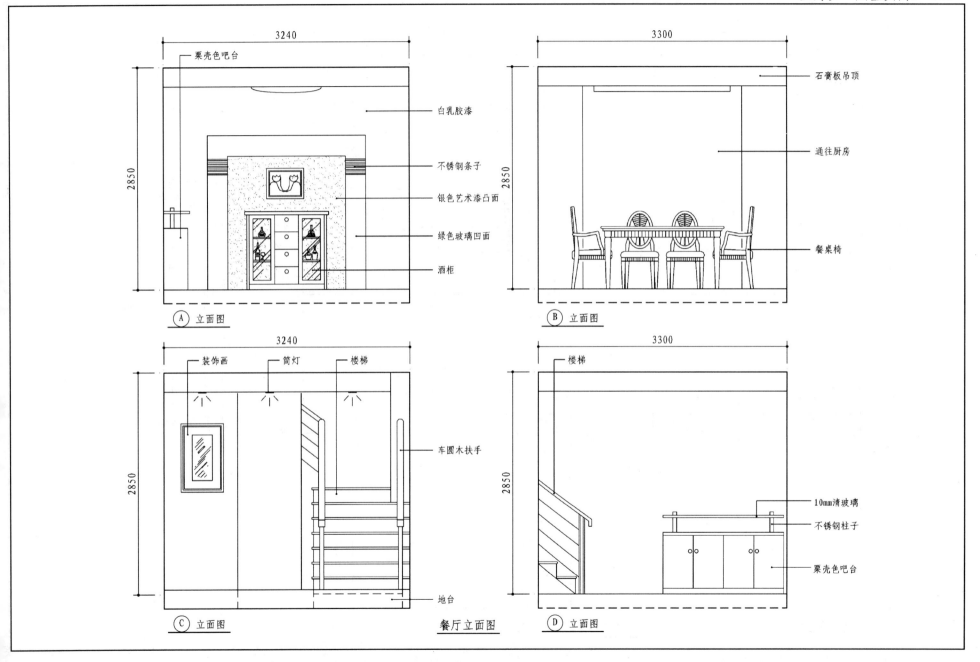

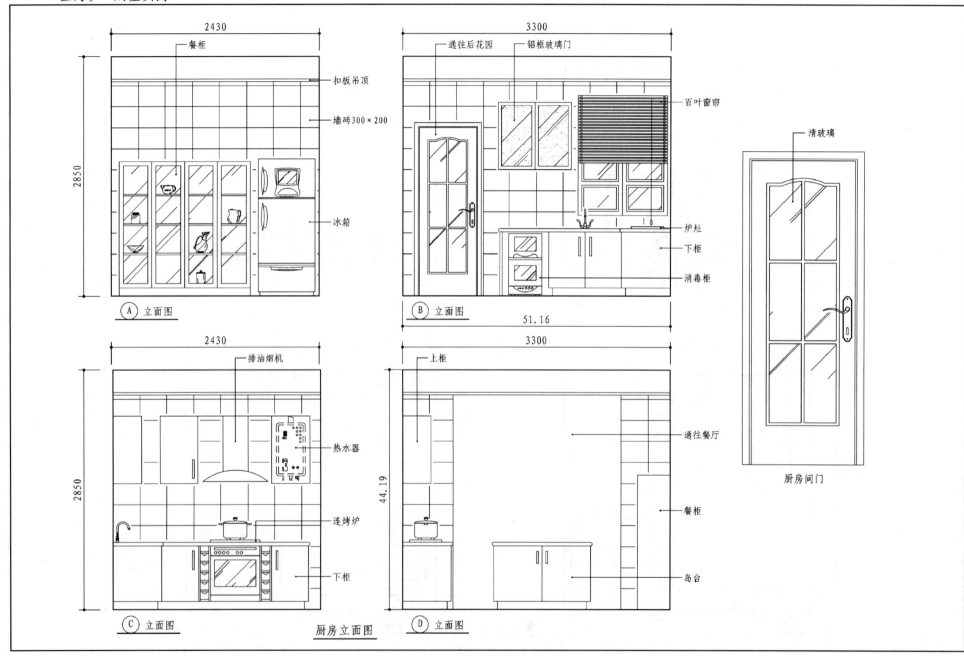

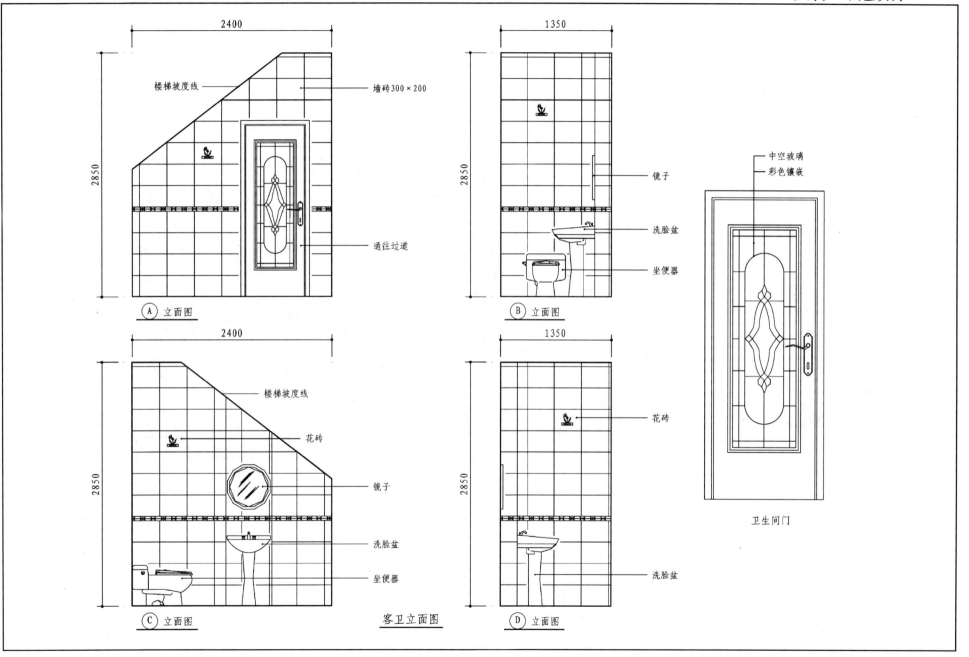

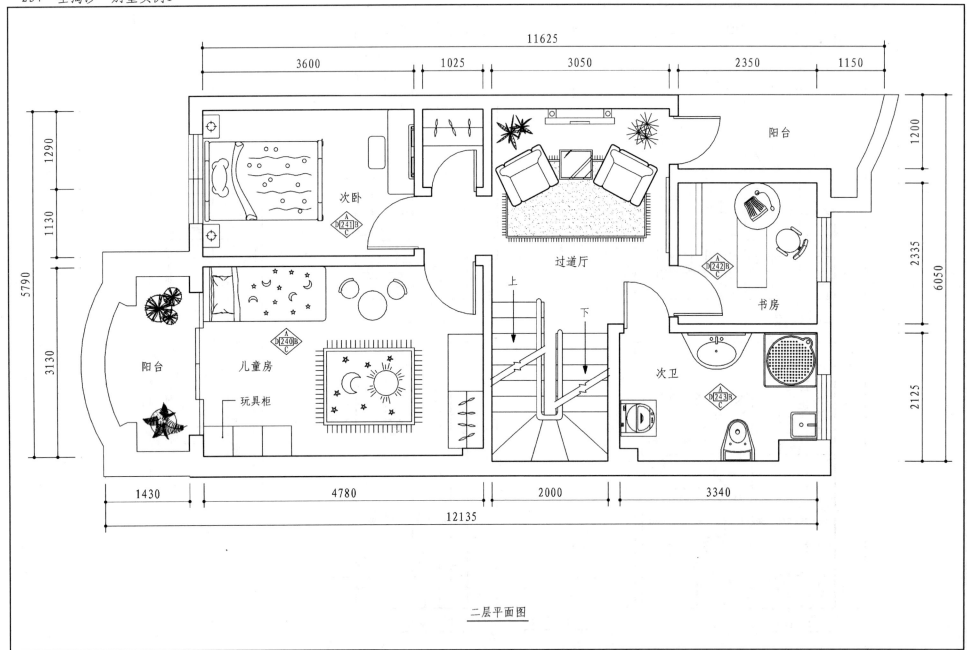

二层平面图

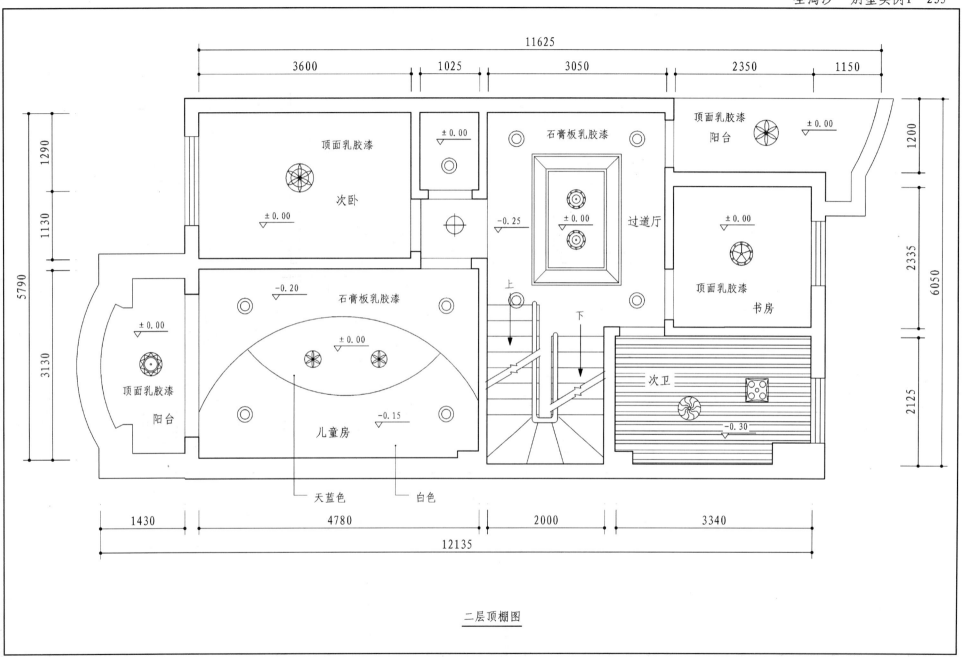

二层顶棚图

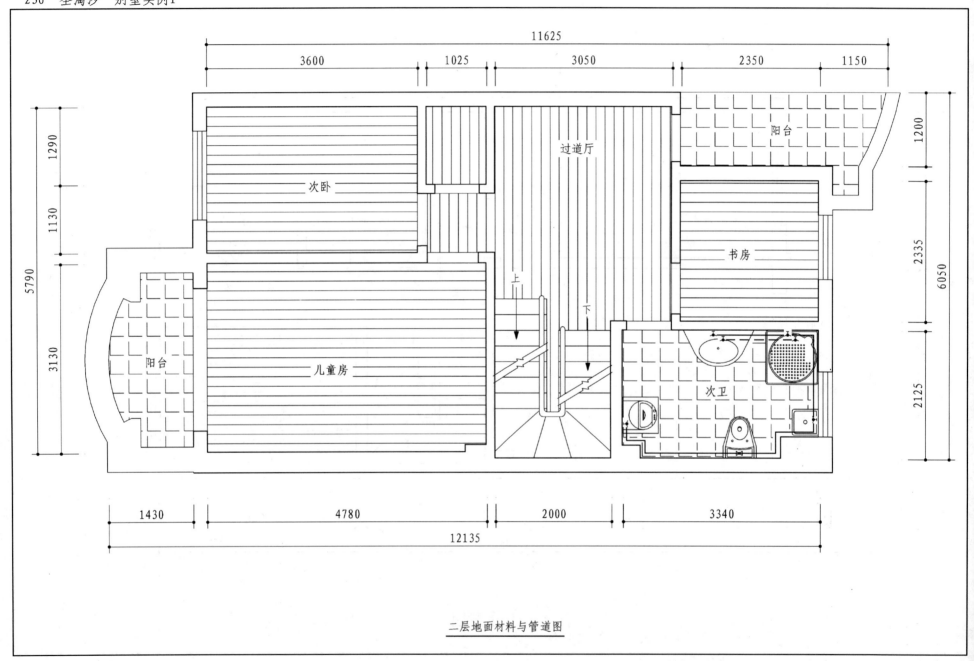

二层地面材料与管道图

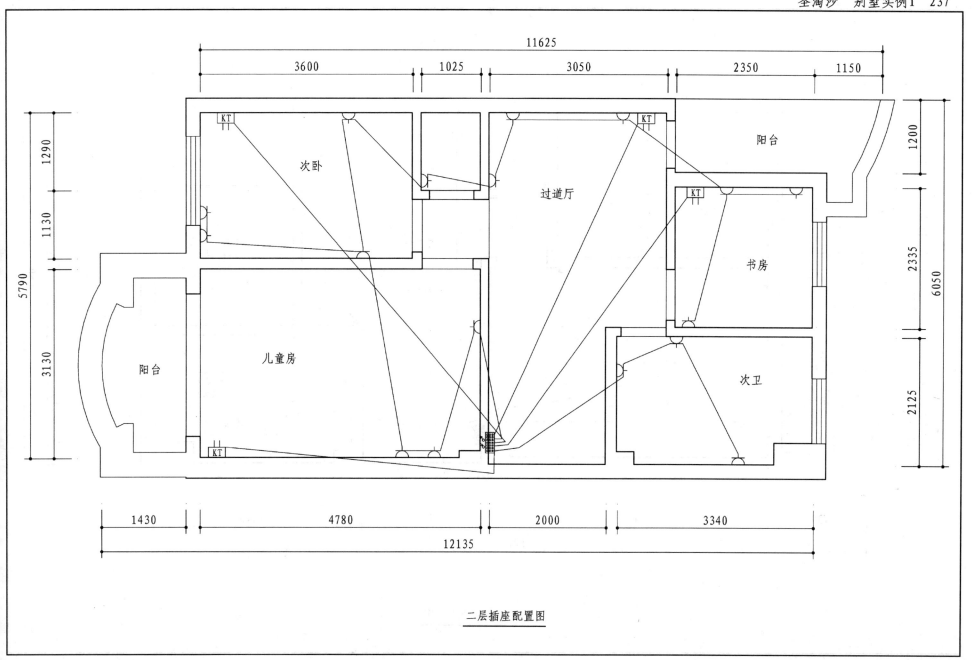

二层插座配置图

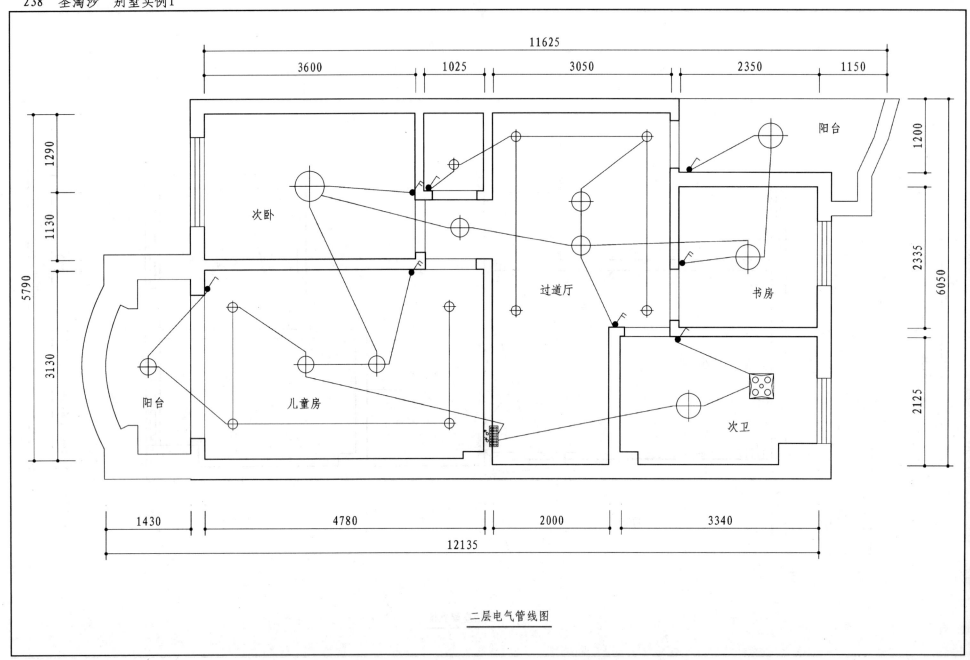

二层电气管线图

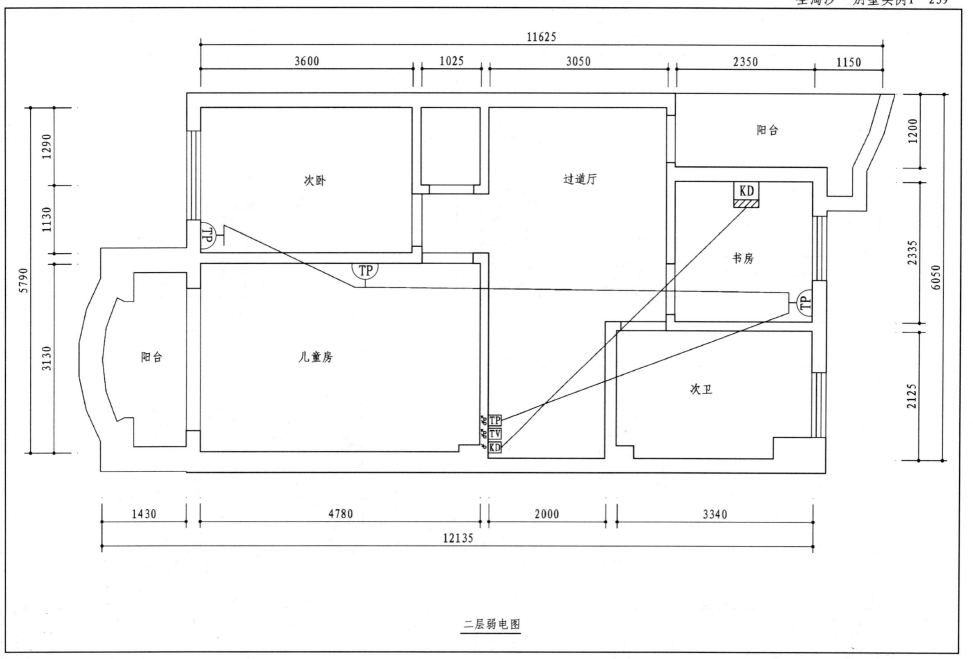

二层弱电图

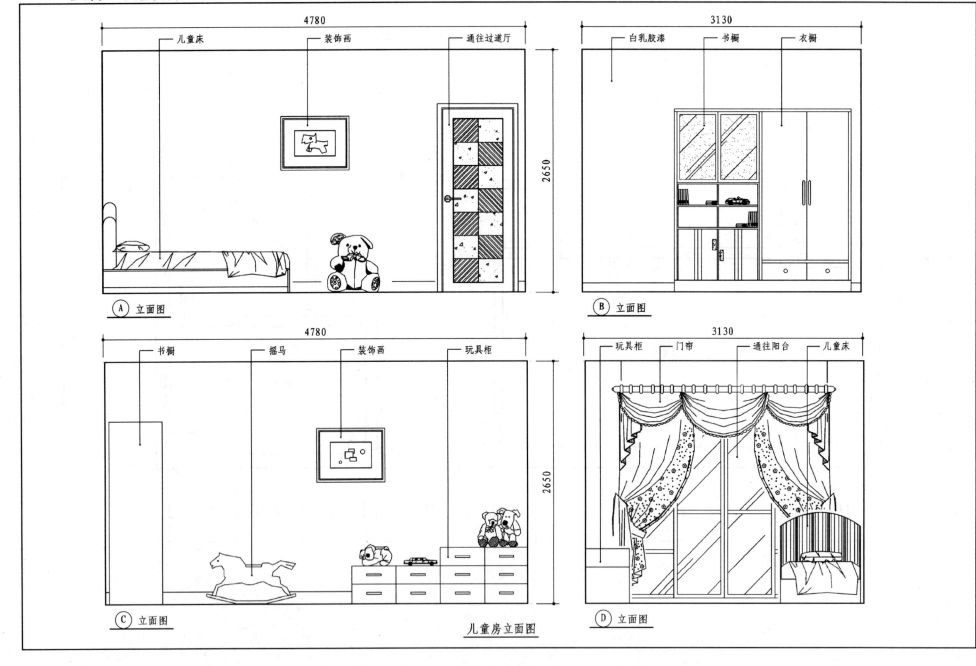

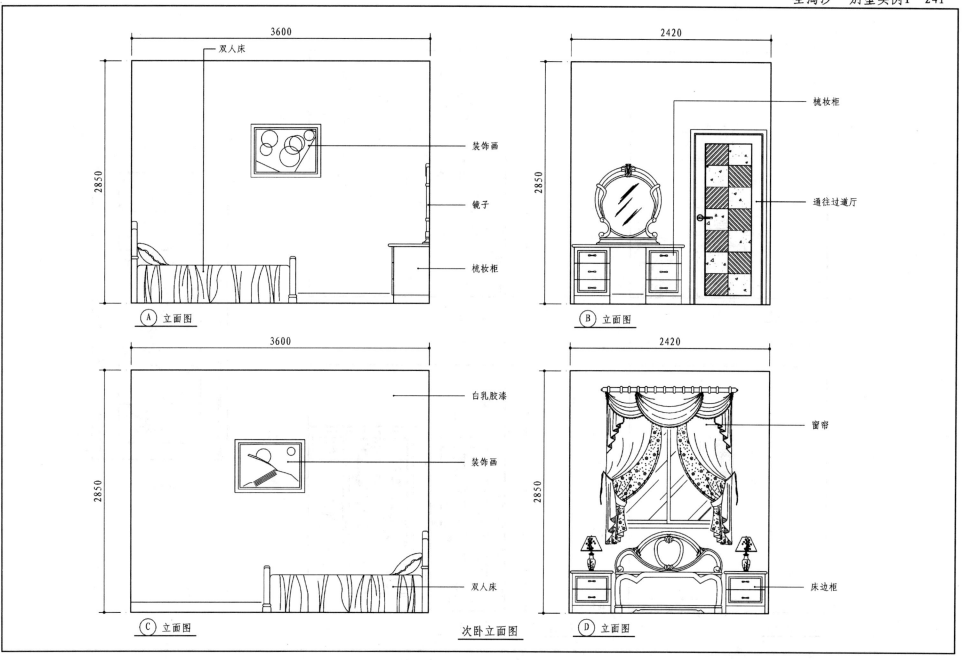

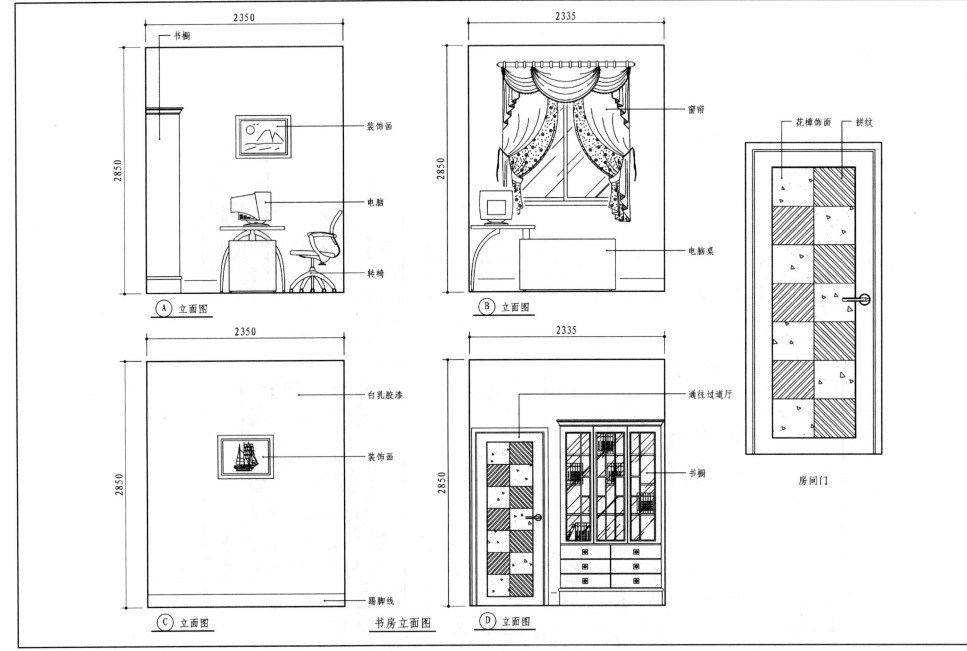

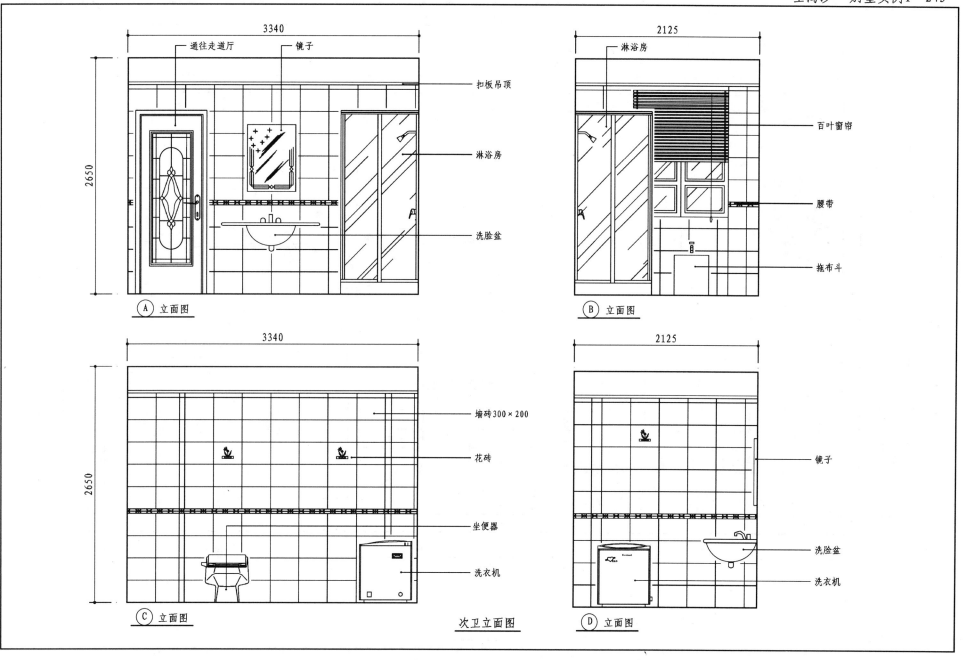

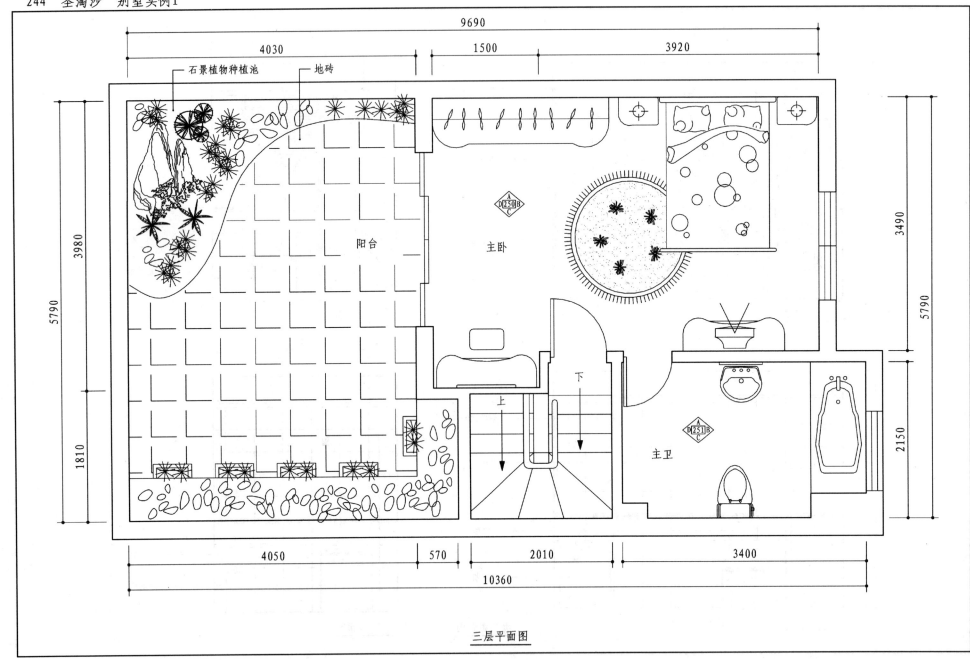

三层平面图

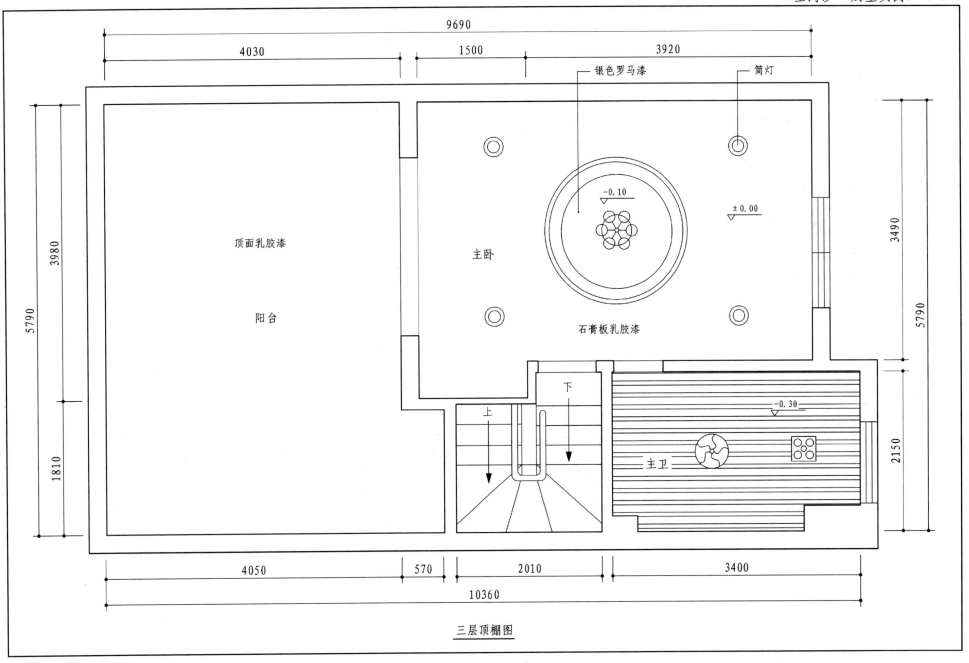

三层顶棚图

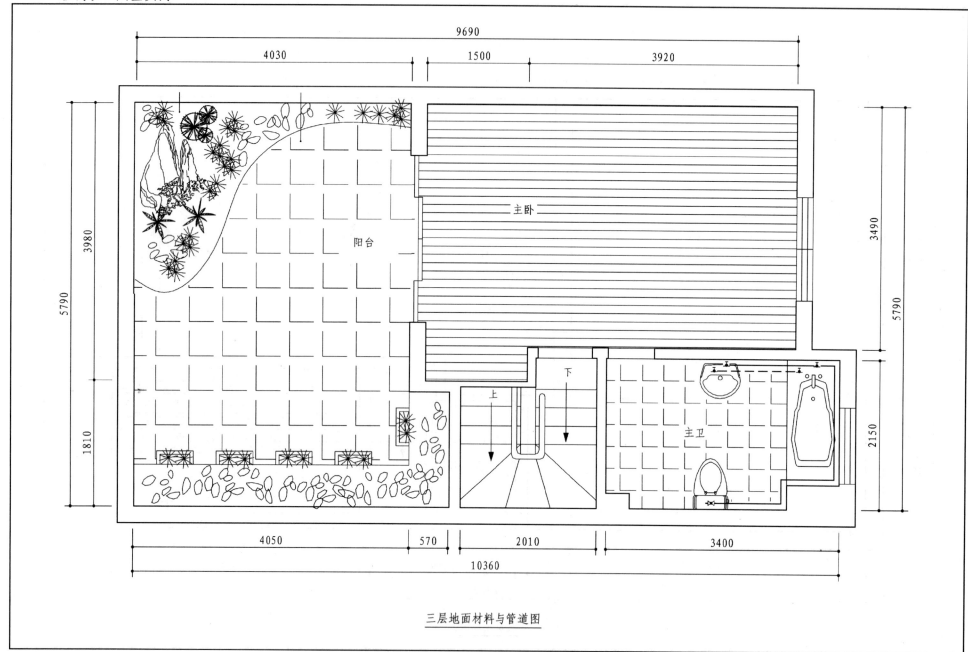

三层地面材料与管道图

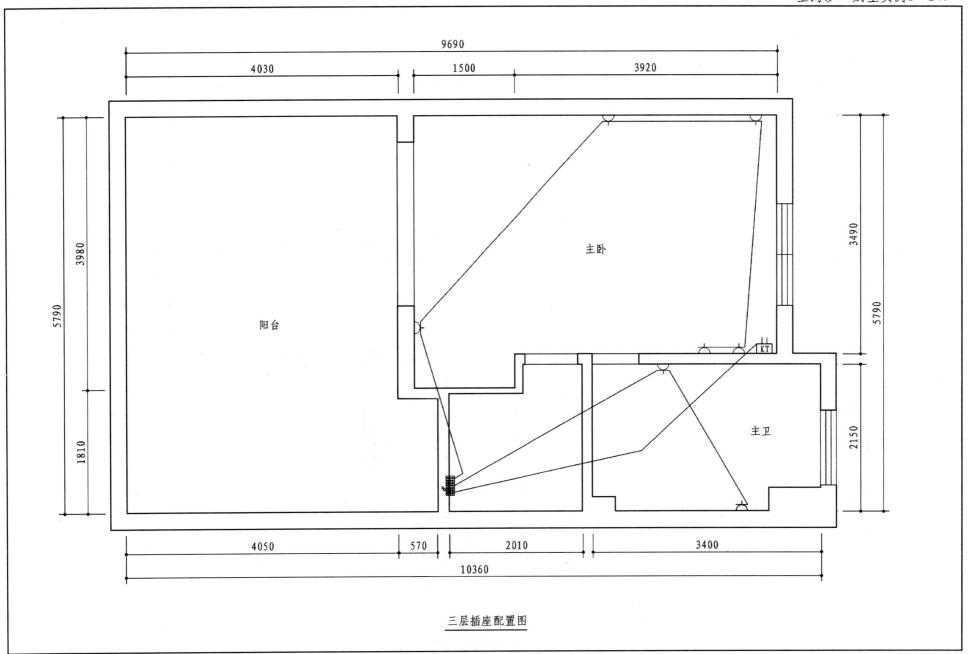

三层插座配置图

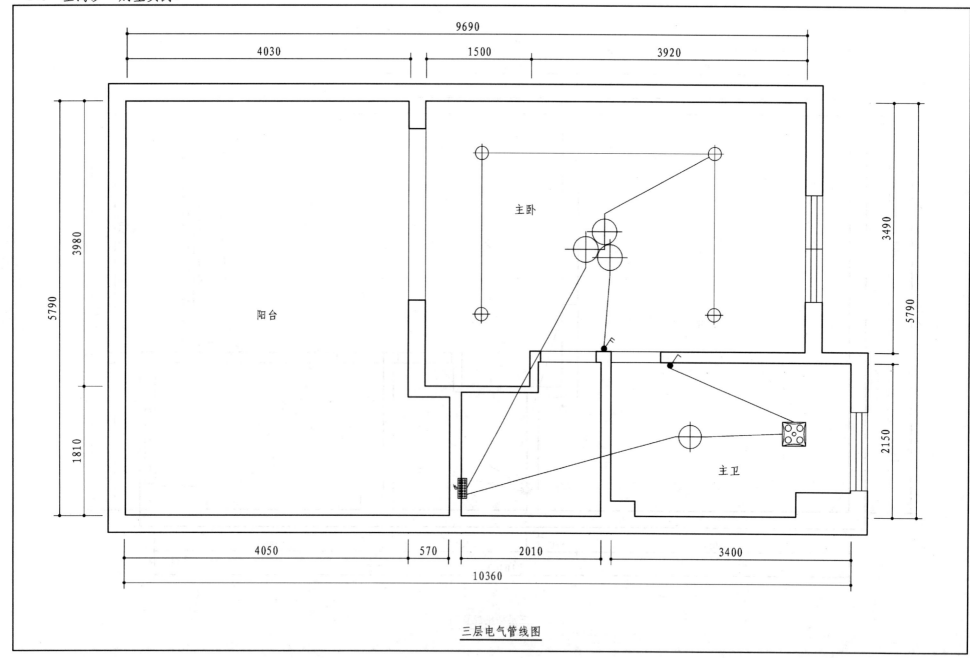

三层电气管线图

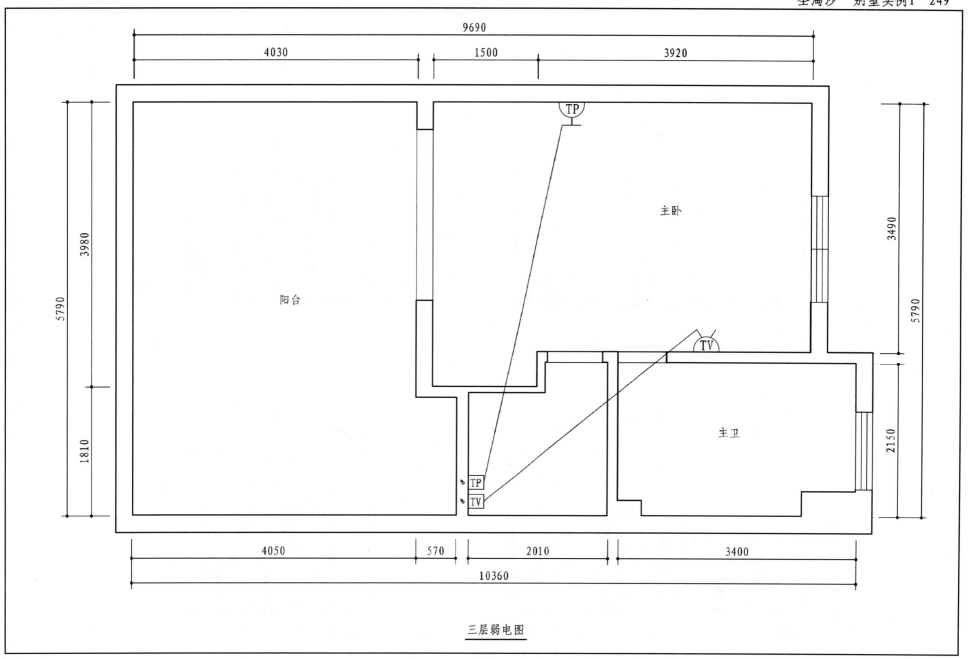

三层弱电图

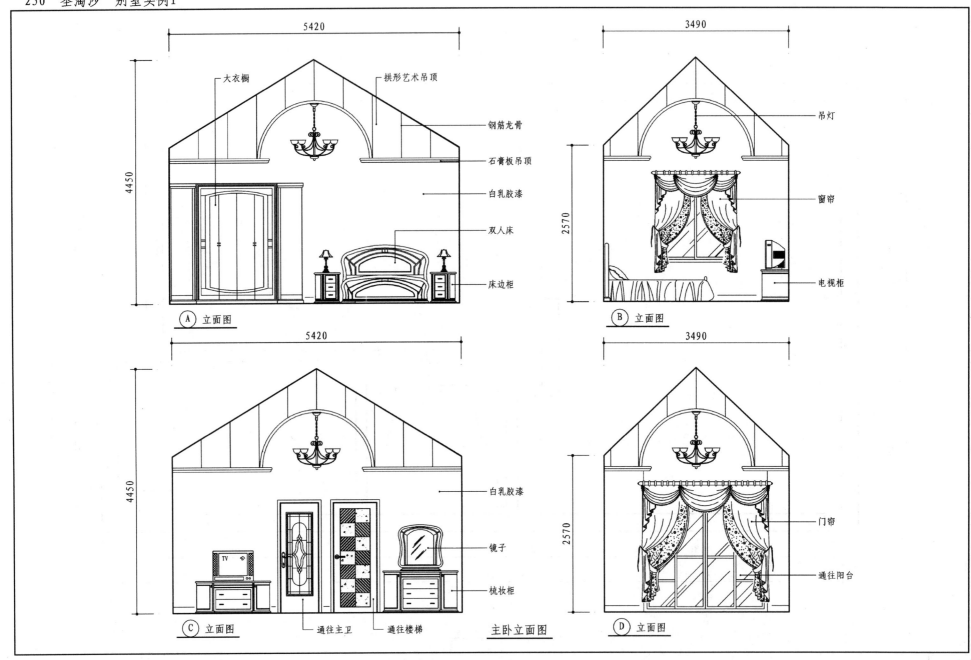

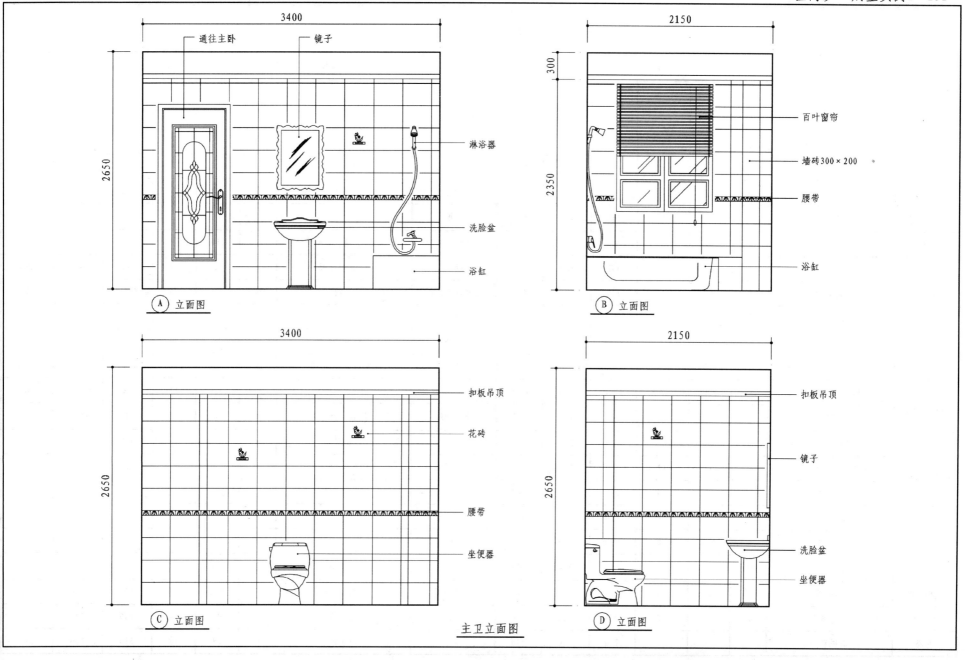

住宅装饰估价表

项目名称	材料品牌与规格	单位	单价元	数量	材料费元	人工费元	合计元	项目名称	材料品牌与规格	单位	单价元	数量	材料费元	人工费元	合计元
一层								五金辅料					848		848
1. 客厅														小计:	17814
进门门套	15cm中纤平板	樘	440	1	440	160	600	2. 餐厅							
窗套	15cm中纤平板	樘	440	1	440	160	600	吊顶木筋	30×40白松	m²	900	0.3	270	150	420
大理石台板	汉白玉	块	400	1	400	50	450	石膏板	石膏板	张	30	5	150	140	290
进口玄关玻璃	磨砂玻璃	块	450	1	450	100	550	酒柜							980
玄关花架	樱桃木制作	个	98	1	98	52	150	酒柜背景	12cm玻璃木材制作	m²	210	3	630	250	880
进口鞋柜	樱桃木制作	个	430	1	430	150	580	踢脚线	12cm中纤板	m	12	12	240	48	288
电视屏风	木筋KT板	个	280	1	280	170	450	墙面批平处理	三遍批平	m²	5	35	175	140	315
电视机柜	樱桃木制作	个	580	1	580	200	780	涂料	立邦美得丽	m²	8	35	280	70	350
电视机背景	大花板大理石	m²	600	3	1800	90	1890	地搁栅	30×50落叶松	m²	20	12	240	240	480
电视机背景	平板玻璃	m²	120	3	360	75	435	地板	枫木地板90×900	m²	120	12	1440	120	1560
沙发罗马柱	玻璃与木材制作	m²	500	2	1000	300	1300	磨地板		m²	4	12	48		48
沙发灯箱背景	夹板制作	m²	150	2.5	375	140	515	地板油漆	钻石地板漆	m²	28	12	240	120	360
吊顶木筋	30×40白松	m²	900	0.5	450	210	660	电器	熊猫双护	m			200	150	350
吊顶	石膏板2440×122	张	30	12	360	150	510	五金辅料					316		316
顶角线	120石膏顶角线	m²	6	20	120		120							小计:	6637
踢脚板	12cm中纤板	m	20	30	600	90	690	3. 厨房							
地砖	冠军钢化砖（米黄）	m	120	30	3600	540	4140	封管道		根	45	1	45	35	80
墙面批平处理	三遍批平	m²	6	96	576	384	960	地漏	不锈钢	个	20	1	20	10	30
立邦涂料	立邦美得丽	m²	6	96	576	240	816	木筋吊顶	白松板	m²	900	0.2	180	110	290
清水685	上海华生	m²	25	10	250	180	430	吊顶	铝塑板	m²	90	10	900	120	1020
电器	熊猫双护				200	140	340	水管	三净塑铜管	m	28	18	530	150	680

项目名称	材料品牌与规格	单位	单价元	数量	材料费元	人工费元	合计元	项目名称	材料品牌与规格	单位	单价元	数量	材料费元	人工费元	合计元
水管配件	三净专用配件				282		282	三角阀	镀镍	个	15	3	45	15	60
地搁栅	30×50落叶松	m²	20	10	200	100	300	水管	三净塑铜管	m	28	15	420	140	560
地板	枫木地板 90×900	m²	120	10	1200	100	1300	更衣室衣柜	夹板制作				1350	450	1800
面砖	亚细亚 20×30	m²	80	20	1600	450	2050	水管配件	三净专用配件				258		258
电器	熊猫双护	m			200	100	300	防水镜		块	120	1	120		120
热水器	林内强排风	台			1600	100	1700	五金辅料					495		495
排油烟机	太平洋	台			780	50	830							小计:	12193
厨房家具	富美乐防火板	m	1200	5	6000	780	6780	二层							
五金辅料					782		782	5. 儿童房							
						小计:	16424	吊顶木筋	30×50白松	m²	900	0.3	270	150	420
4. 客卫								石膏板	石膏板	张	30	6	180	90	270
门套	12cm胡桃木平板	樘	220	3	660	240	900	门套	12cm胡桃木平板	樘	220	1	220	80	300
窗套	12cm胡桃木平板	樘	300	2	600	160	760	窗套	15cm胡桃木平板	樘	440	1	440	160	600
木门	平板工艺门	扇	400	3	1200	120	1320	木门	平板工艺门	扇	400	1	400	40	440
踢脚线	12cm中纤板	m	20	15	300	60	360	墙面批平处理	三遍批平	m²	6	54	324	216	540
墙面批平处理	三遍批平	m²	6	25	150	100	250	涂料	立邦美得丽	m²	8	54	432	108	540
涂料	立邦美得丽	m²	8	25	200	50	250	地搁栅	30×50落叶松	m²	20	17	340	170	510
木筋吊顶	白松板块	m²	900	0.15	135	90	225	地板	枫木地板	m²	120	17	2040	170	2210
吊顶	铝塑扣板	m²	90	5	450	70	520	地板油漆	钻石地板漆	m²	12	17	204	136	340
面砖	亚细亚 20×30	m²	80	20	1600	450	2050	踢脚线	12cm中纤板	m	20	20	400	60	460
地砖	亚细亚 30×30	m²	90	5	450	70	520	磨地板		m²	4	17	68		68
坐便器	TOTO坐便	个	970	1	970	50	1020	电器	熊猫双护	m			200	150	350
台盆	TOTO立盆	个	570	1	570	50	620	五金辅料					352		352
封管道		根	45	1	45	30	75							小计:	7400
地漏	不锈钢	个	20	1	20	10	30	6. 次卧							

254 圣淘沙 别墅实例1

项目名称	材料品牌与规格	单位	单价元	数量	材料费元	人工费元	合计元	项目名称	材料品牌与规格	单位	单价元	数量	材料费元	人工费元	合计元
门套	12cm胡桃木	樘	220	1	220	80	300	地搁栅	30×50落叶松	m²	20	14	280	140	420
窗套	15cm胡桃木制作	樘	440	1	440	160	600	地板	枫木地板	m²	120	14	1680	140	1820
木门	平边工艺门	扇	400	1	400	40	440	磨地板		m²	4	14	56		56
石膏线条	10cm石膏线条	m	6	16	96		96	地板油漆	钻石地板漆	m²	12	14	168	112	280
踢脚线	12cm中纤板	m	20	16	320	48	368	电器	熊猫双护	m			200	150	350
墙面批平处理	三遍批平	m²	6	40	240	160	400	五金辅料					363		363
涂料	立邦美得丽	m²	8	40	320	80	400						小计：		7555
地搁栅	30×50落叶松	m²	20	14	280	140	420	8.壁橱							
地板	枫木地板	m²	120	14	1680	140	1820	敲墙		m²	50	5	250		250
地板油漆	钻石地板漆	m²	12	14	168	112	280	新砌	85砖、砂	m²	60	5	300	120	420
磨地板		m²	4	14	56		56	门套	12cm胡桃木平板	樘	220	1	220	80	300
清水685	上海华生	m²	25	10	250	180	430	窗套	15cm胡桃木平板	樘	300	1	300	120	420
电器	熊猫双护				200	150	350	木门	平板工艺门	扇	400	1	400	40	440
五金辅料					375		375	石膏线条	10cm石膏线条	m	6	12	72		72
					小计：		6335	踢脚线	12cm中纤板	m	20	12	240	36	276
7.过道厅								墙面批平处理	三遍批平	m²	6	25	150	100	250
吊顶木筋	白松板块	m²	900	0.3	270	150	420	涂料	立邦美得丽	m²	8	25	200	50	250
吊顶KT板	石膏板	张	30	4	120	60	180	地搁栅	30×50落叶松	m²	20	8	160	80	240
门套	12cm胡桃木平板	樘	220	1	220	80	300	地板	枫木地板	m²	120	8	960	80	1040
木门	平板工艺门	扇	400	1	400	40	440	磨地板		m²	4	8		32	32
墙面批平处理	三遍批平	m²	6	38	230	152	382	挂衣柜					1910	950	2860
涂料	立邦美得丽	m²	8	38	304	80	384	地板油漆	钻石地板漆	m²	12	8	96	64	160
踢脚板	12cm中纤板	m	20	15	300	60	360	电器	熊猫双护	m			200	150	350
沙发背景	玻璃夹板制作	m²	240	2	480	120	600	五金辅料					227		227
过道屏风	玻璃与木材制作	m²	240	4	960	240	1200							小计：	7587

项目名称	材料品牌与规格	单位	单价元	数量	材料费元	人工费元	合计元	项目名称	材料品牌与规格	单位	单价元	数量	材料费元	人工费元	合计元
9.次卫								窗套	15cm胡桃木平板	樘	300	1	300	120	420
门套	12cm胡桃木平板	樘	220	1	220	80	300	吊顶木筋	白松板块	m²	900	0.5	450	200	650
木门	平板工艺门	扇	400	1	400	40	440	吊顶KT板	石膏板	张	30	7	210	105	315
木筋吊顶	30×40白松	m²	900	0.15	135	75	210	墙面批平处理	三遍批平	m²	6	70	420	280	700
吊顶扣板	铝塑扣板	m²	90	9	810	110	920	涂料	立邦美得丽	m²	8	70	560	140	700
墙面砖	亚细亚20×30	m²	80	25	2000	540	2540	踢脚线	12cm中纤板	m	20	24	480	72	552
地砖	亚细亚30×30	m²	90	9	810	180	990	地搁栅	30×50落叶松	m²	20	22	440	220	660
坐便器	TOTO坐便器	个	970	1	970	50	1020	地板	枫木地板	m²	120	22	2640	220	2860
台盆	TOTO851	个	420	1	420	30	450	磨地板		m²	4	22	88		88
大理石	汉白玉双边	m²	200	1.5	300	70	370	地板油漆	钻石地板漆	m²	12	22	264	176	440
淋浴房	自购							屏风隔断		m²	180	3.5	630	140	770
封管道		根	45	1	45	35	80	电器	熊猫双护	m			200	150	350
地漏	不锈钢	个	20	1	20	10	30	五金辅料					462		462
三角阀	镀镍	个	15	3	45	15	60							小计:	9707
水路	三净塑铜管	m	28	20	560	160	720	11.主卫							
铜接头	三净专用配件				200		200	门套	12cm胡桃木平板	樘	220	1	220	80	300
防水镜		块	120	1	120		120	木门	平板工艺门	扇	400	1	400	40	440
换气扇	上海华生	台			80		80	木筋吊顶	30×40白松	m²	900	1	900	150	1050
电器	熊猫双护	m			200	150	350	吊顶扣板	塑铝扣板	m²	90	0.25	22.5	110	132
五金辅料					444		444	墙面砖	亚细亚20×30	m²	80	9	720	540	1260
						小计:	9324	地砖	亚细亚30×30	m²	90	25	2250	180	2430
三层								封管道		根	45	1	45	35	80
10.主卧								地漏	不锈钢	个	20	1	20	10	30
门套	12cm胡桃木平板	樘	220	1	220	80	300	三角阀	镀镍	个	15	3	45	15	60
木门	平板工艺门	扇	400	1	400	40	440	坐便器	TOTO坐便器	个	970	1	970	50	1020

256　圣淘沙　别墅实例1

项目名称	材料品牌与规格	单位	单价元	数量	材料费元	人工费元	合计元	项目名称	材料品牌与规格	单位	单价元	数量	材料费元	人工费元	合计元
台盆	TOTO851	个	420	1	420	30	450	801胶					240		240
落水		付	120	1	120	20	140							小计:	29085
浴缸	TOTO 铸铁	个	2400	1	2400	120	2520							合计:	142019
换气扇	上海华生	台	80	1	80		80								
防水镜		块	120	1	120		120								
电器	熊猫双护	m			200	160	360								
水路	三净塑铜管	m	28	20	560	160	720								
配件	三净专用配件	m			200		200								
五金辅料					566		566								
						小计:	11958								
12. 阳台															
地砖	亚细亚工艺砖	m²	60	35	2100	875	2975								
砖头	花池	块	0.2	1000	200	120	320								
二地砖	亚细亚工艺砖	m²	60	10	600	250	850								
三地砖	亚细亚工艺砖	m²	60	28	1680	700	2380								
85砖	花池	块	0.2	500	100	60	160								
扶梯	踏步板、扶手杆、弯头、不锈钢柱				9860		9860								
水泥	水泥（32.5级）	包	20	60	1200		1200								
砂	中粗砂	包	3	300	900		900								
蛇皮袋		只	1	100	100		100								
强力胶白胶					1200		1200								
电表箱及配件					600		600								
客厅扶梯花池					2700		2700								
开关插座					1500		1500								
熟胶粉					4100		4100								

说明：
1. 保姆房不装修，未列入估价中。
2. 凡是未列入本预算中的水龙头（水嘴）、玻璃、灯具、锁具、窗帘、等都由户主自购。

直接费：142019元（人工费：22708元，材料费：119311元）
设计费：2%　　免
管理费：5%　　7100元
税金：3.41%　　5084元
总价：154203元

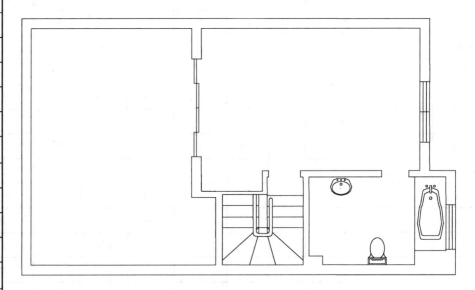

二层原始房型图

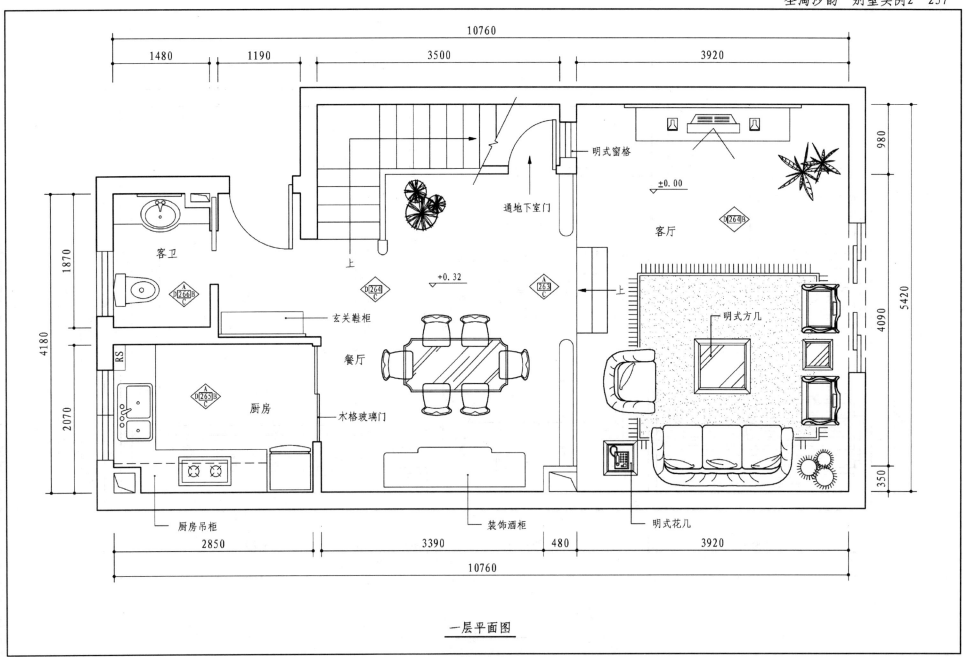

一层平面图

258　圣淘沙韵　别墅实例2

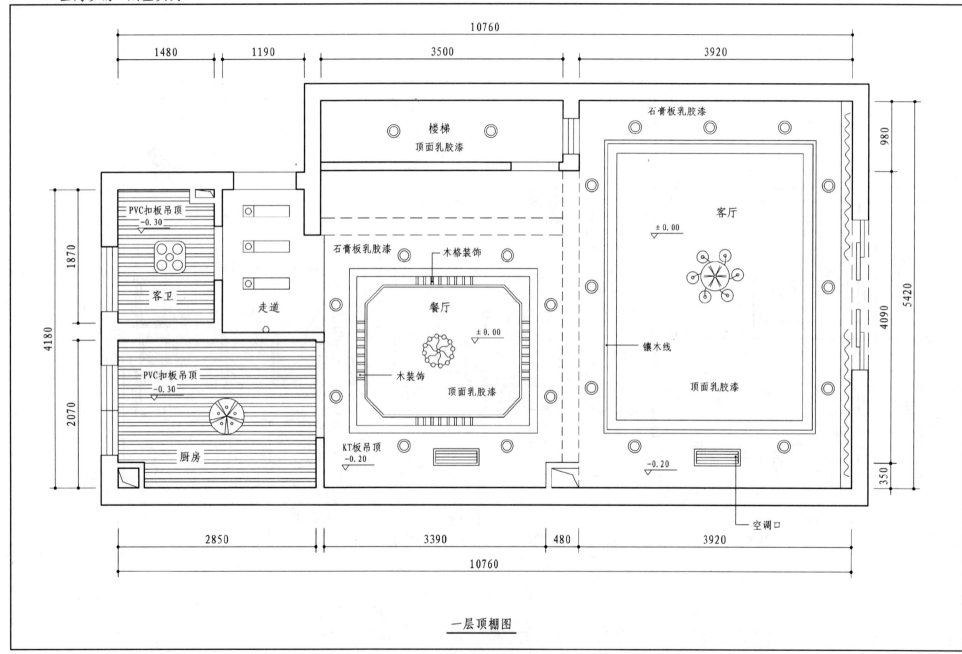

一层顶棚图

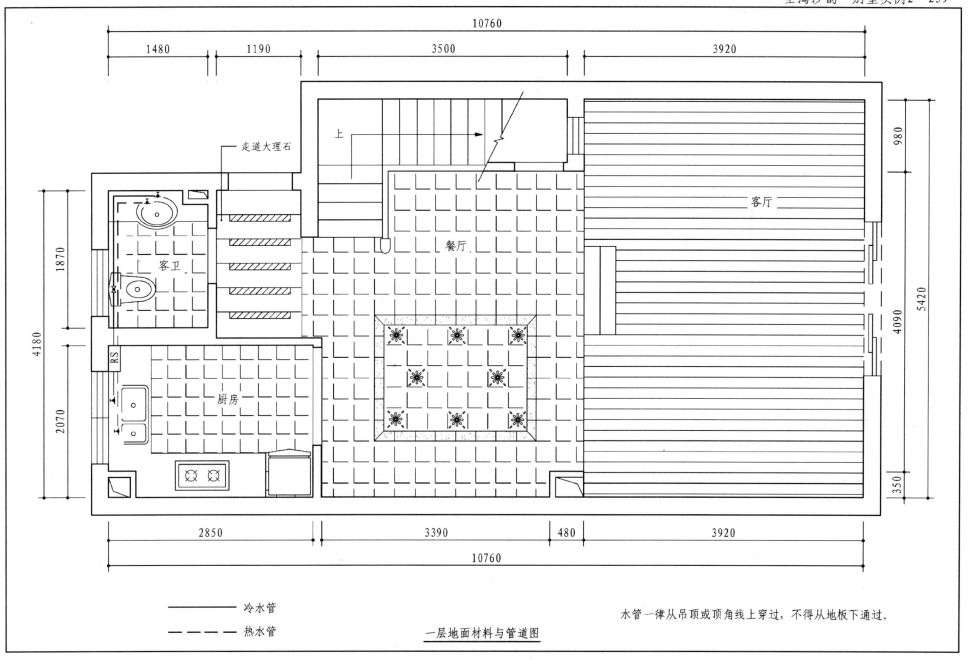

一层地面材料与管道图

260 圣淘沙韵 别墅实例2

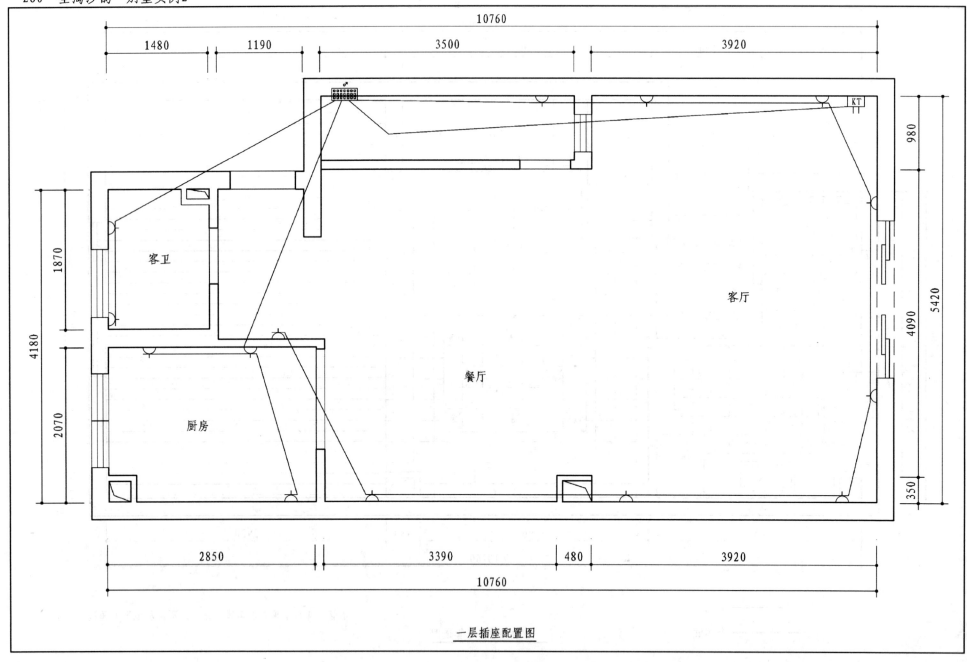

一层插座配置图

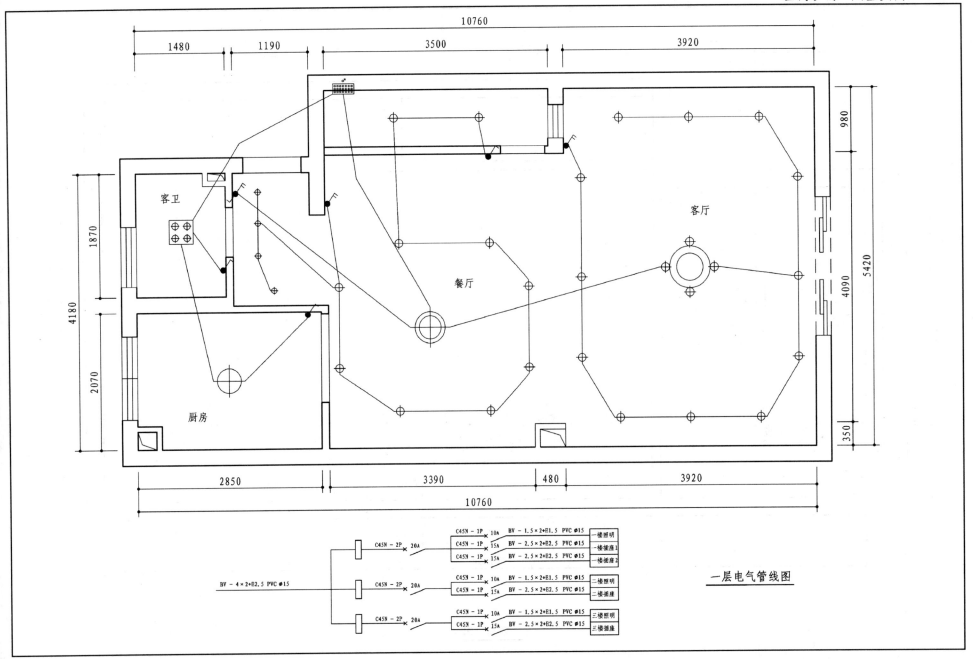

一层电气管线图

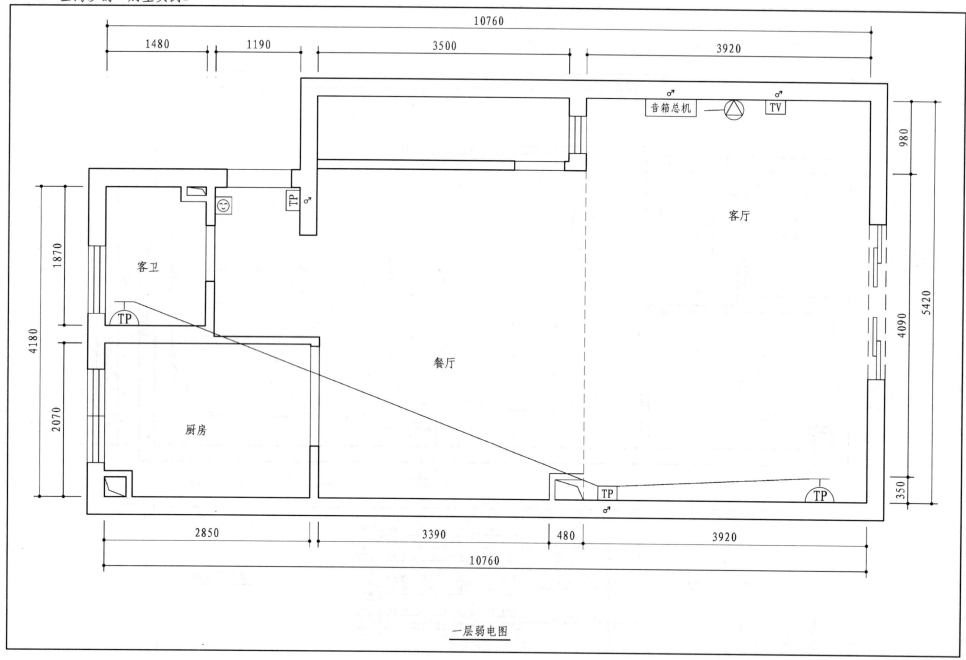

一层弱电图

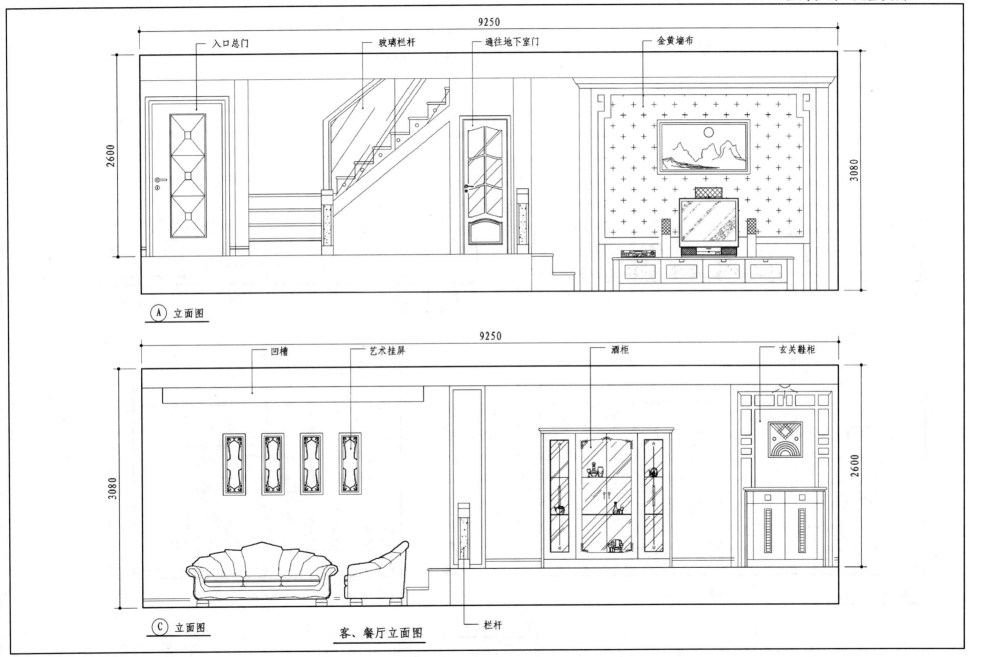

客、餐厅立面图

264　圣淘沙韵　别墅实例2

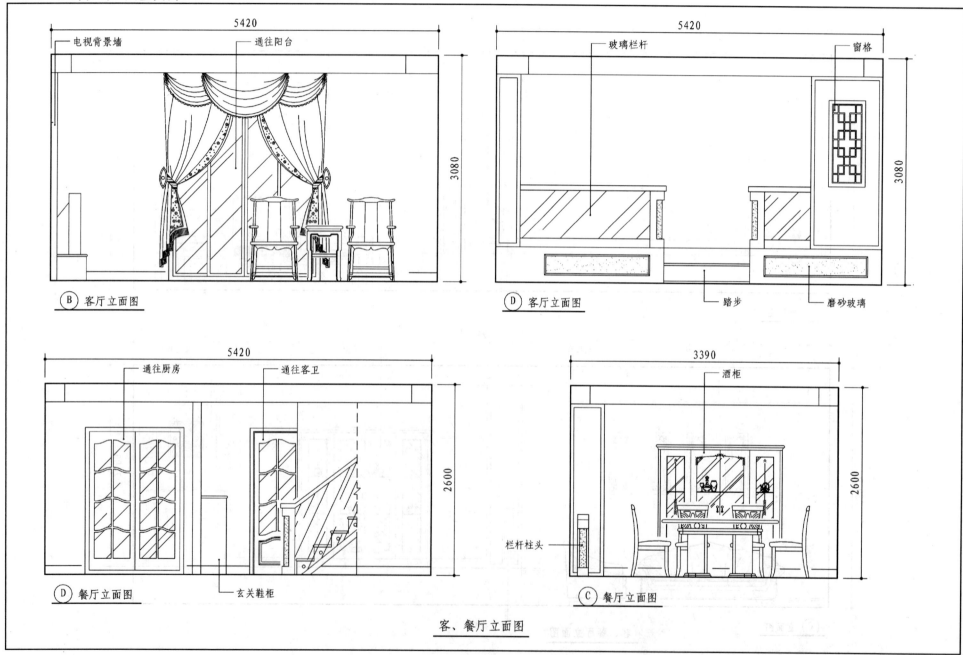

客、餐厅立面图

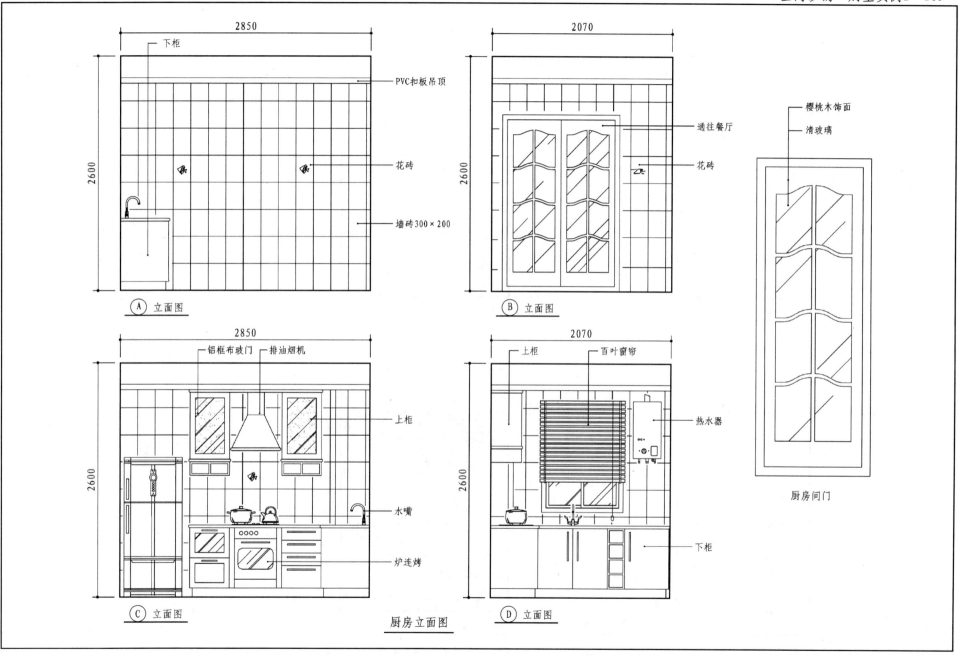

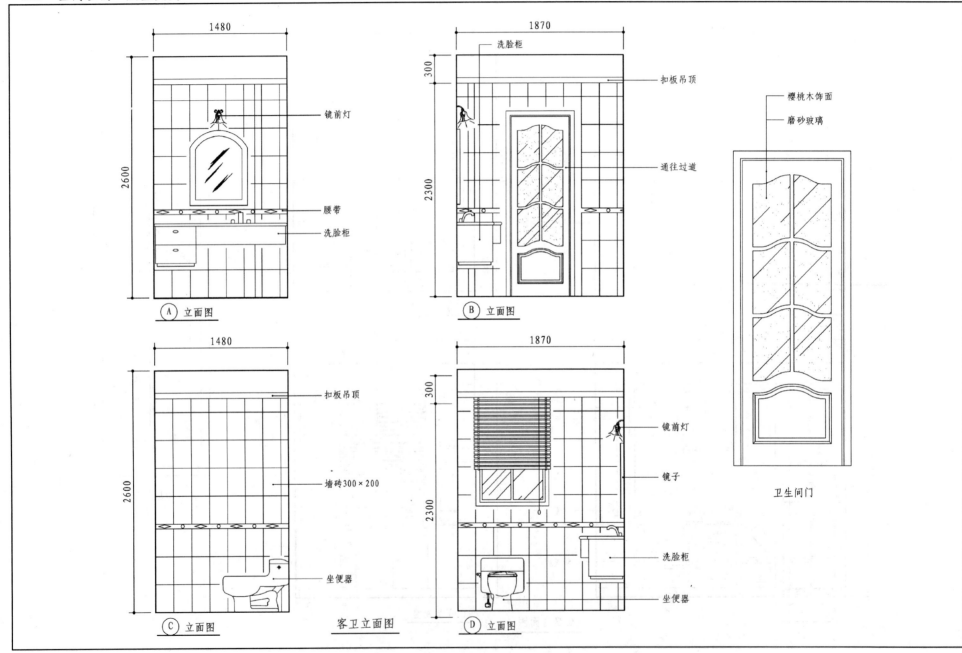

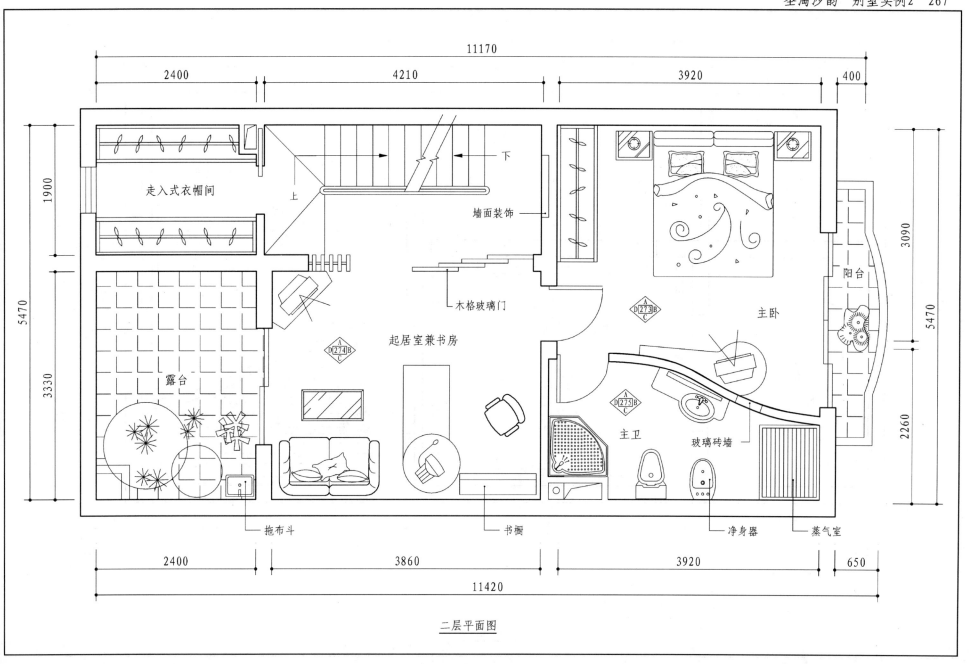

二层平面图

268　圣淘沙韵　别墅实例2

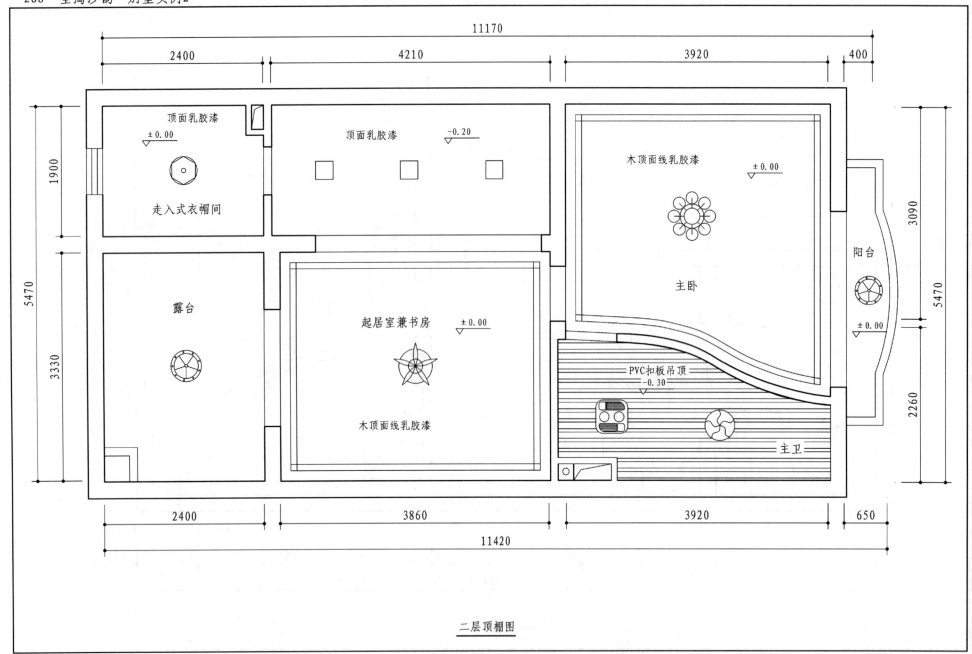

二层顶棚图

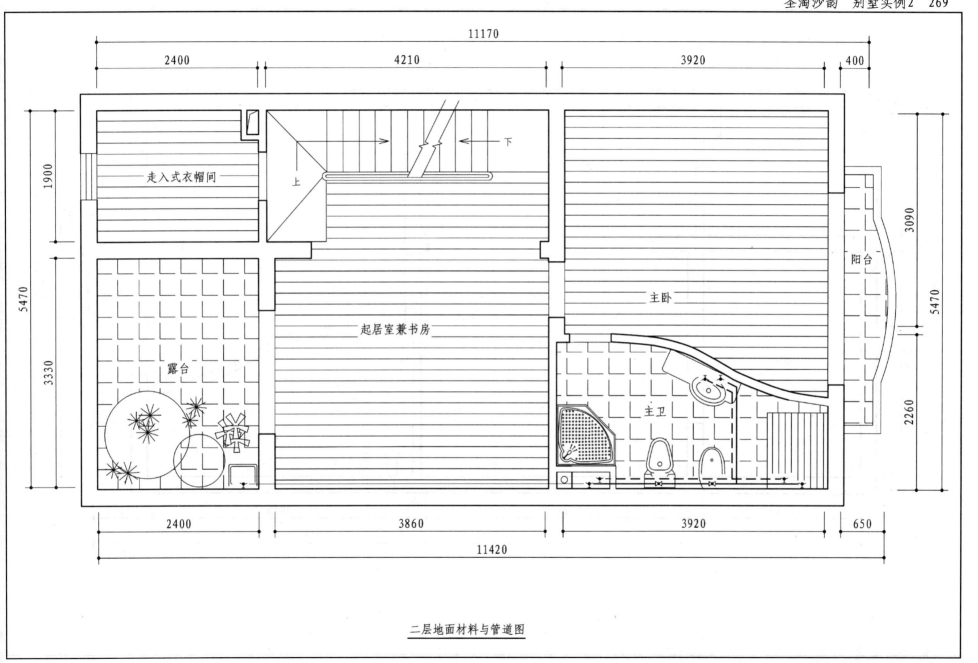

二层地面材料与管道图

270 圣淘沙韵 别墅实例2

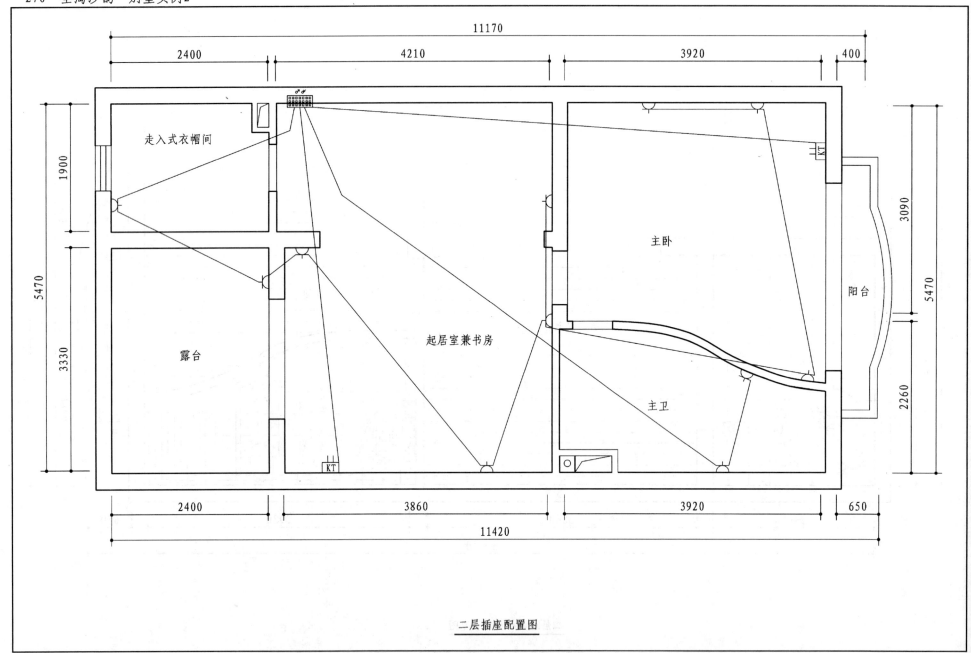

二层插座配置图

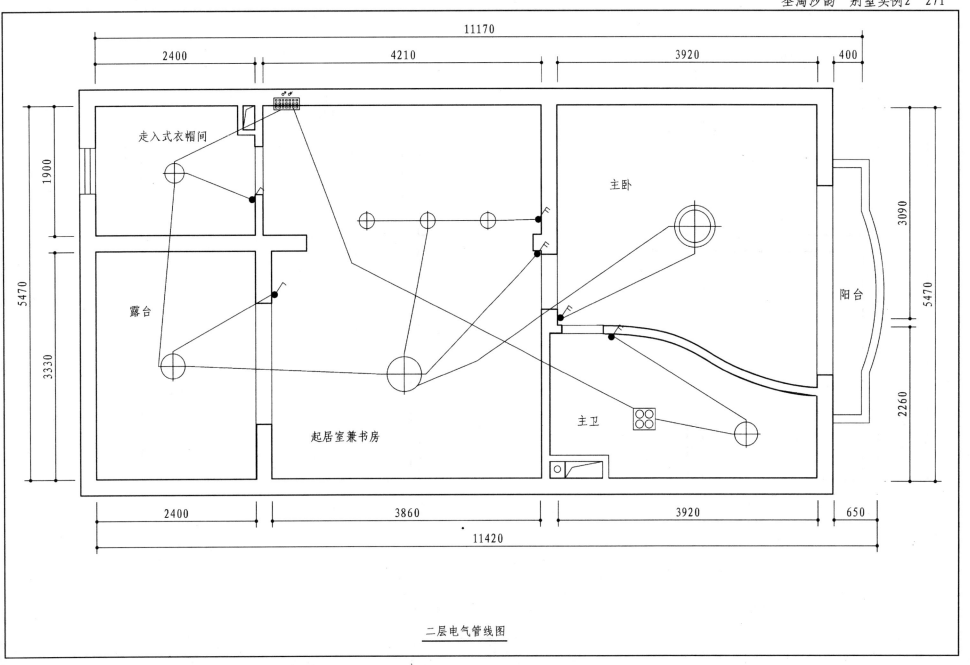

二层电气管线图

272　圣淘沙韵　别墅实例2

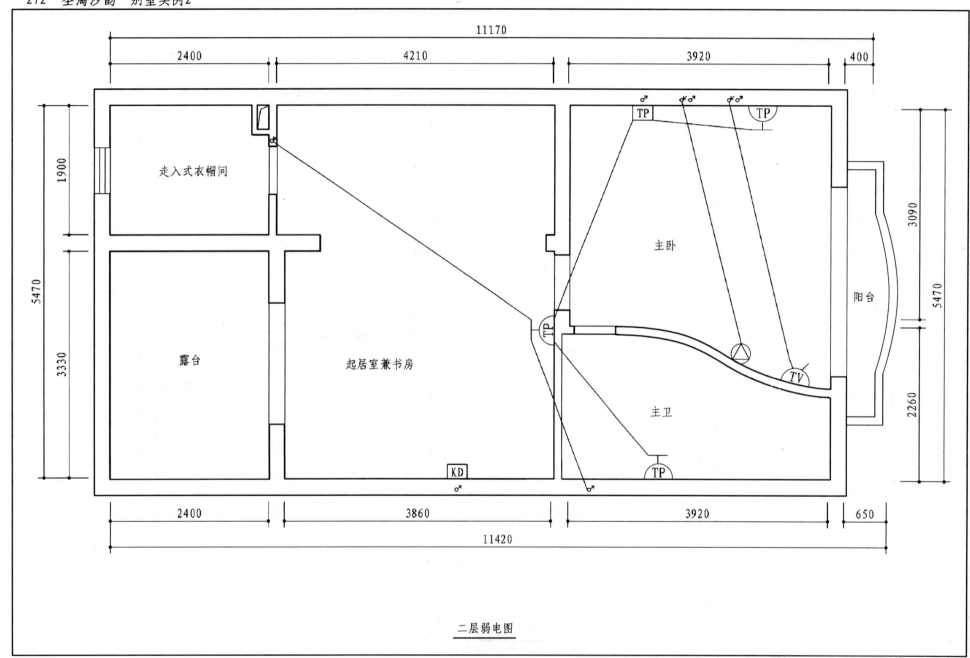

二层弱电图

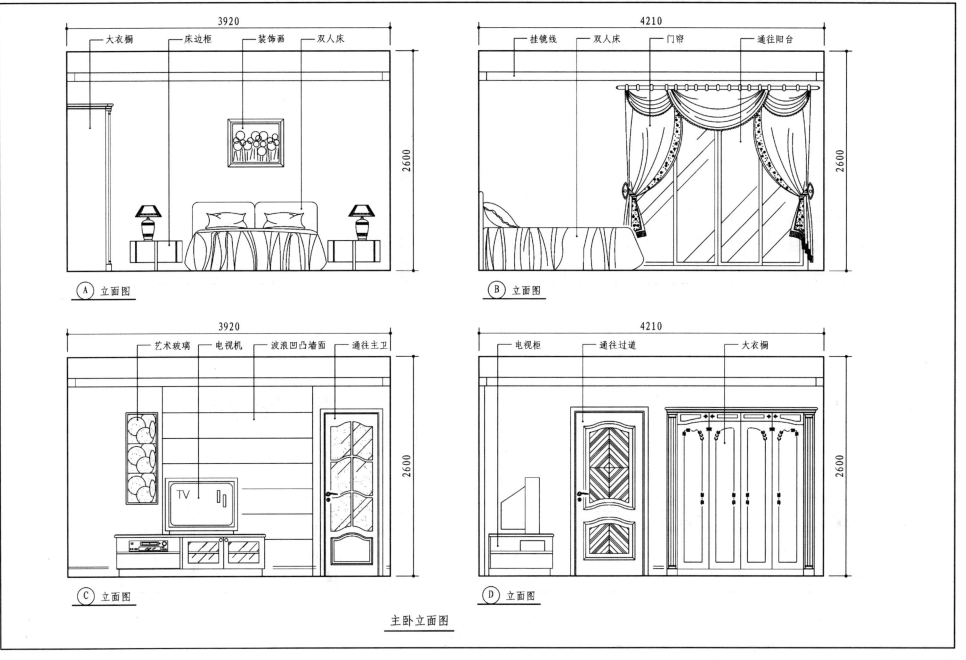
主卧立面图

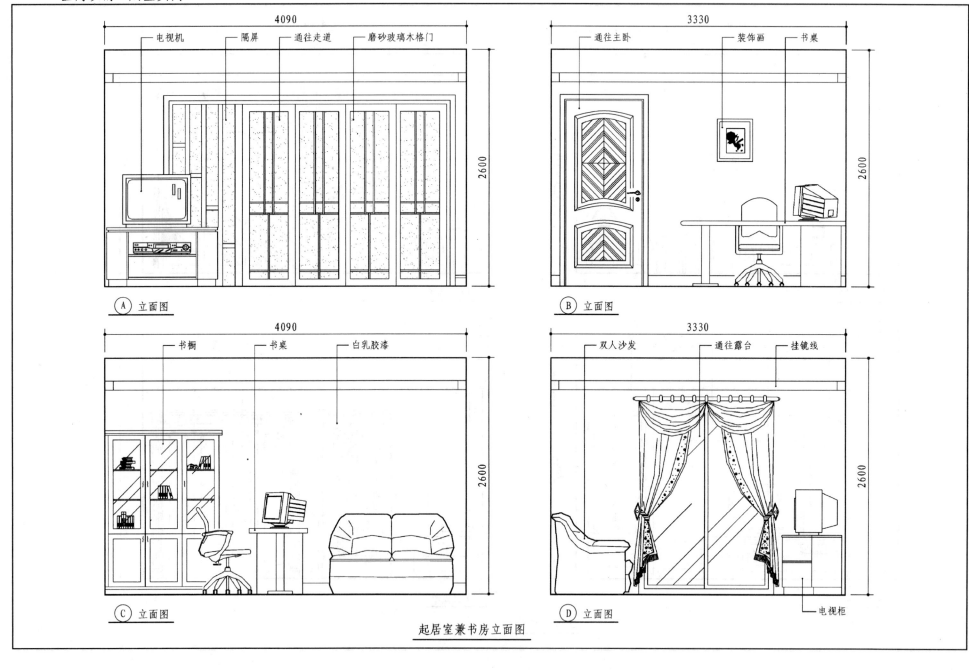

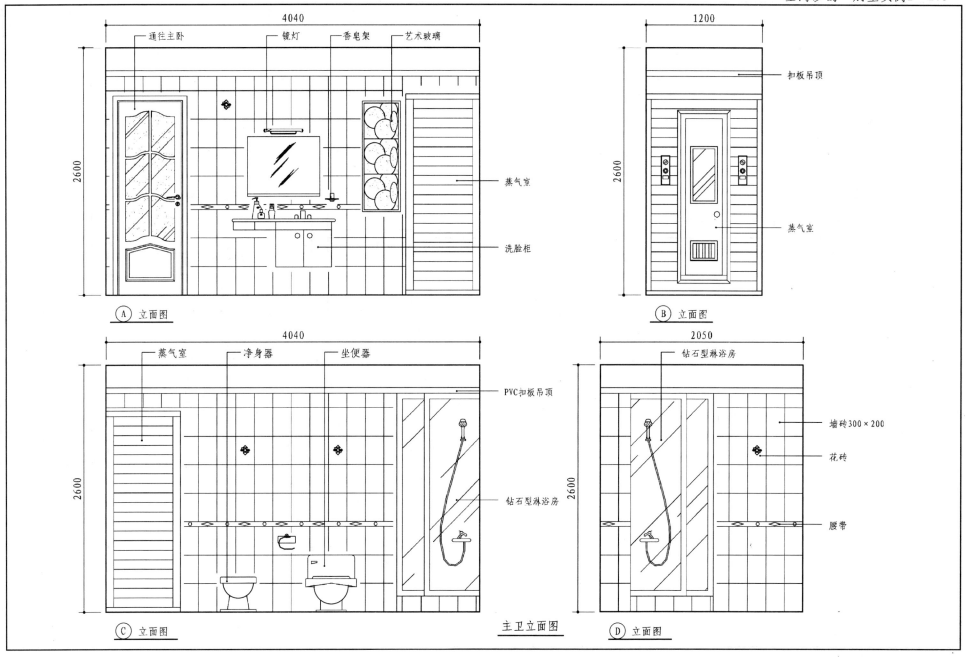

276　圣淘沙韵　别墅实例2

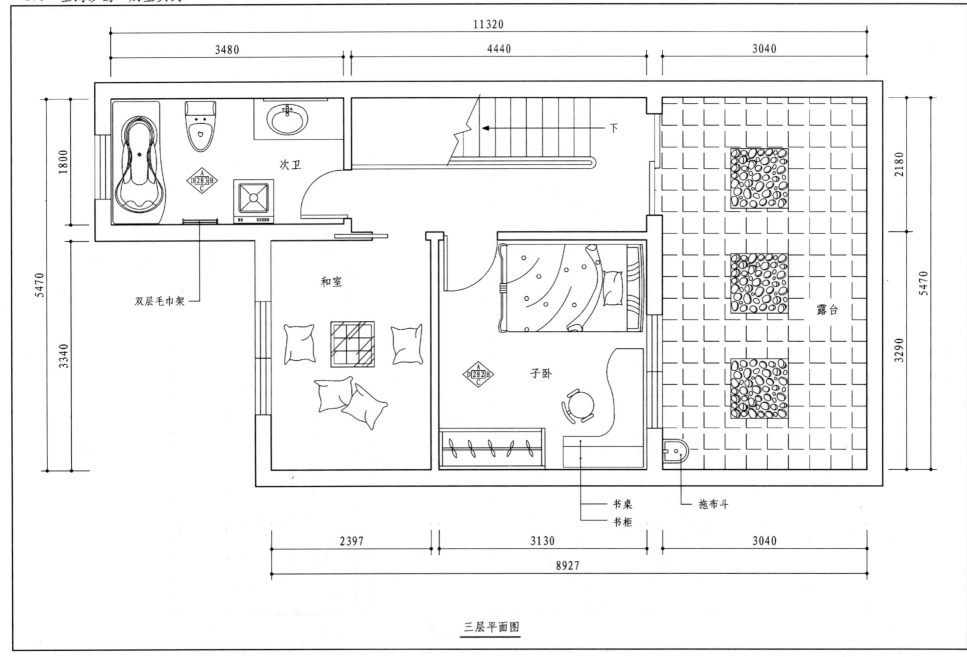

三层平面图

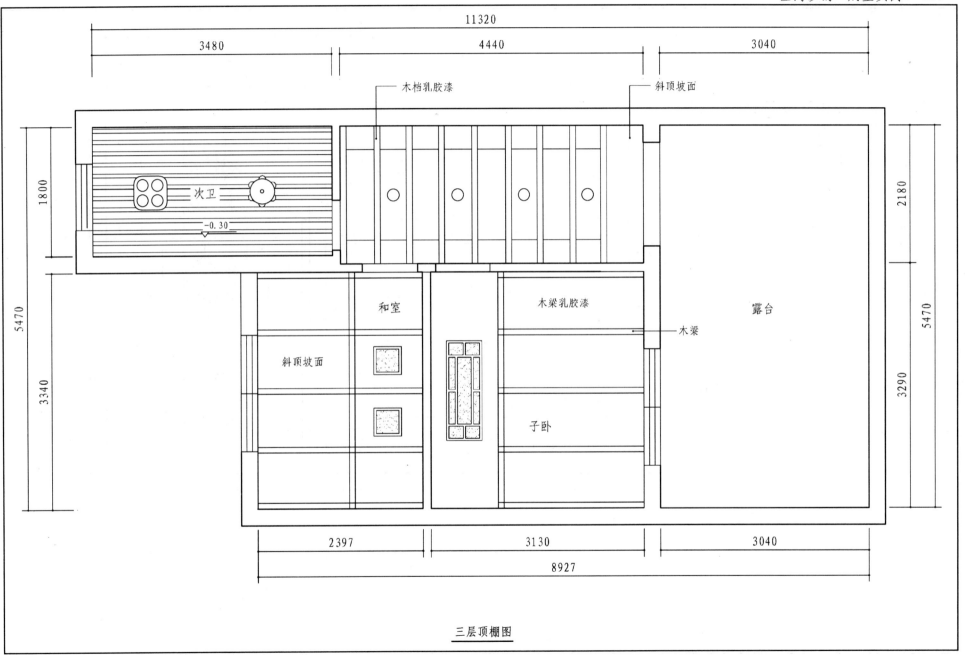

三层顶棚图

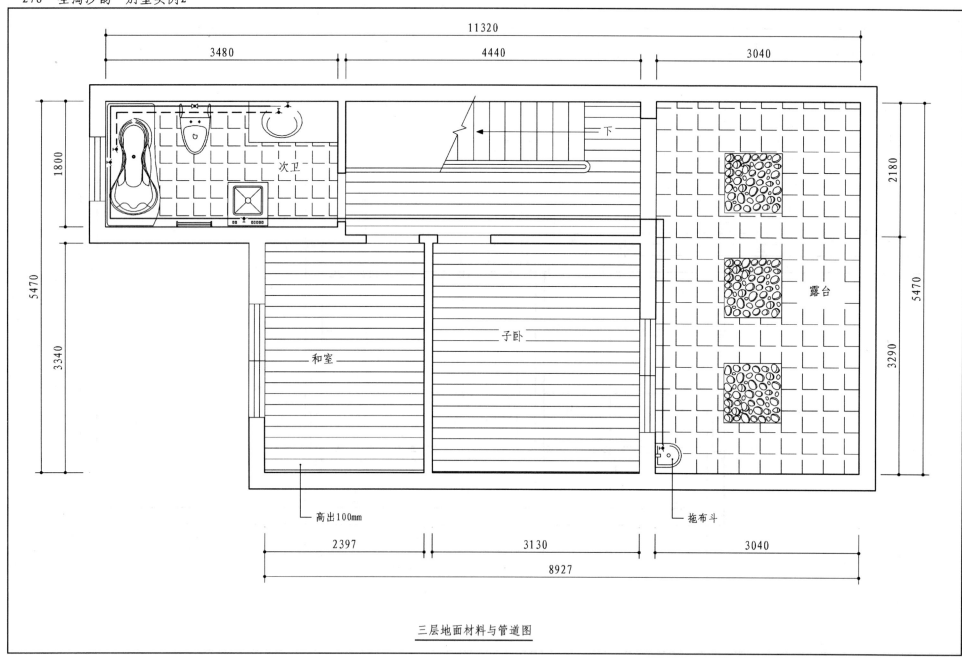

三层地面材料与管道图

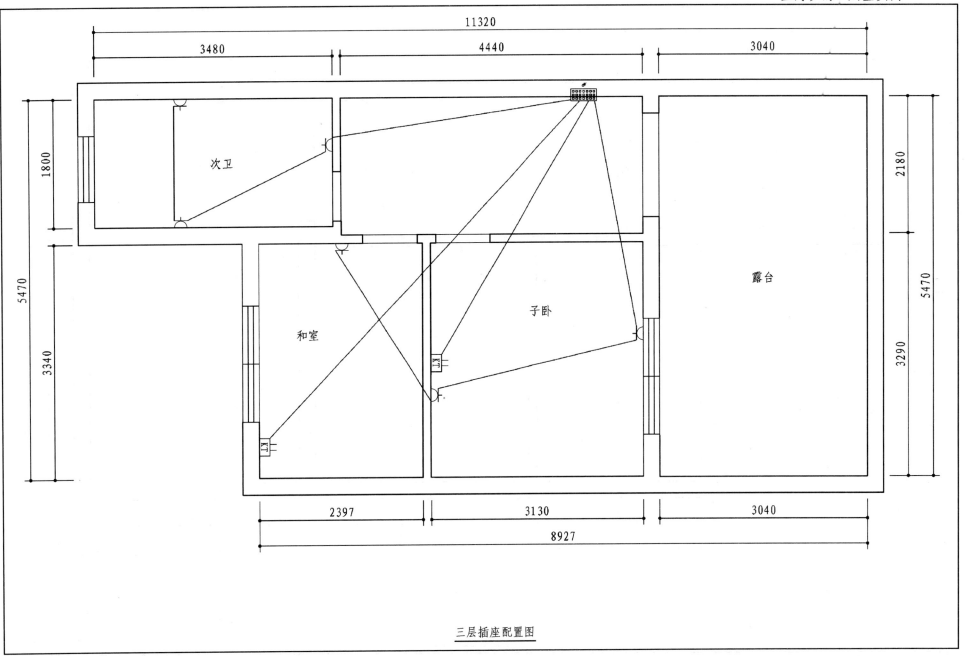

三层插座配置图

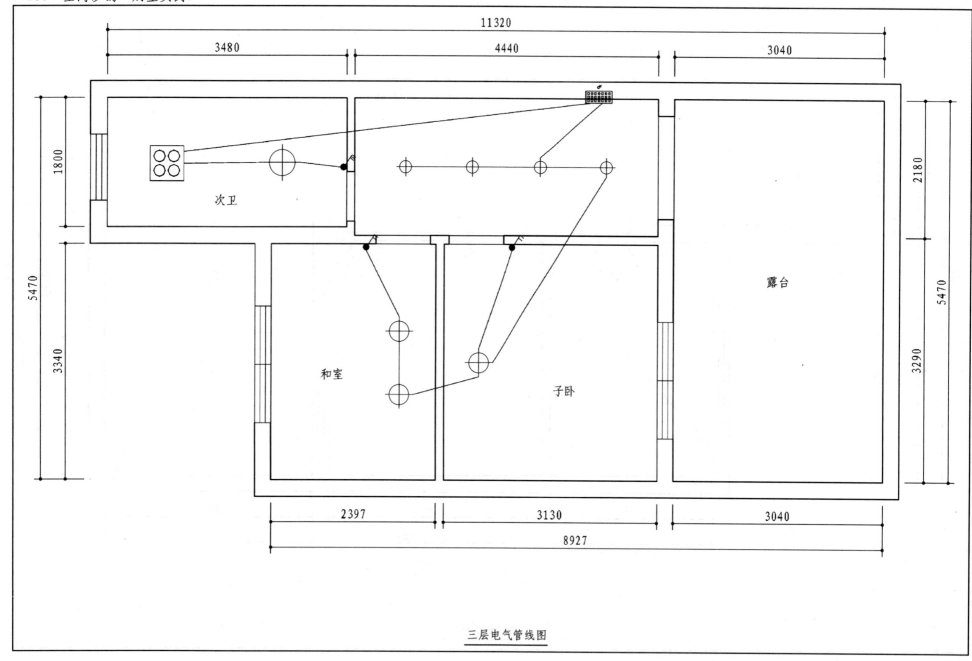

三层电气管线图

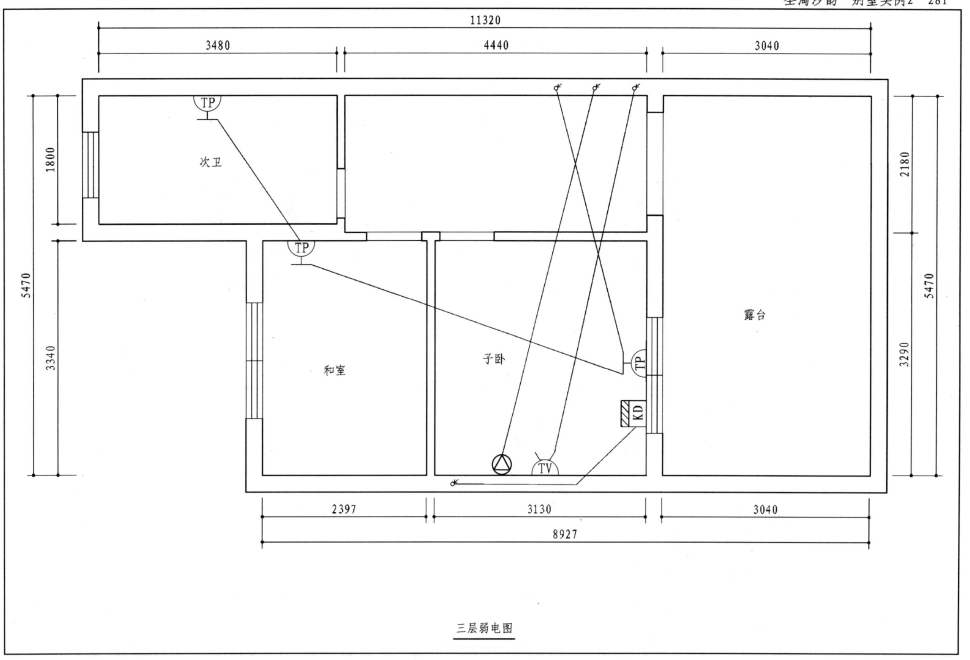

三层弱电图

282 圣淘沙韵 别墅实例2

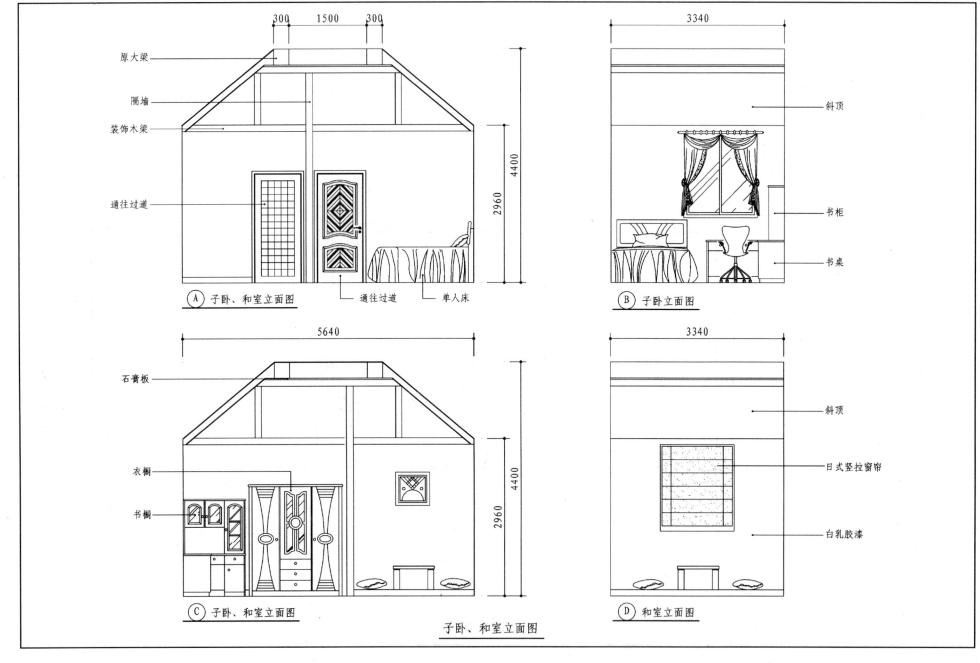

子卧、和室立面图

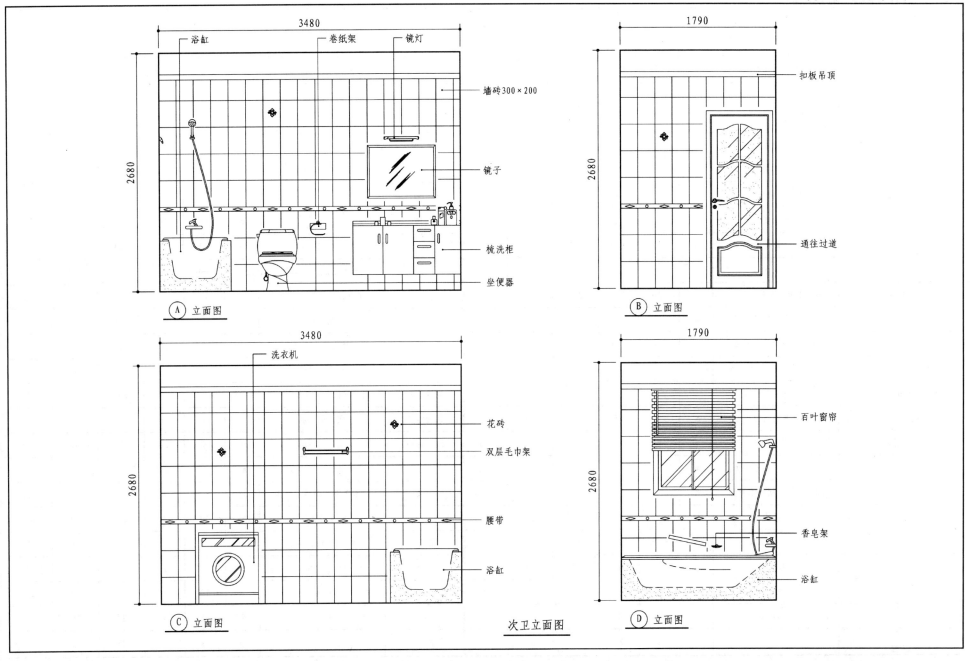

住宅装饰估价表

项目名称	材料品牌与规格	单位	单价元	数量	材料费元	人工费元	合计元	项目名称	材料品牌与规格	单位	单价元	数量	材料费元	人工费元	合计元
一层									TCL 电话	台	38	1	38	10	48
1. 客厅									TCL 音响插座	个	60	3	180	30	210
地板	印尼紫檀木漆板	m²	175	22	3850	440	4290	小五金	钉、胶水、熊猫电线等					200	200
	落叶松（搁栅）	m²	15	22	330	330	660							小计：	10870
踢脚线	中密度板、胡桃木贴面	m	22	18	396	72	468	2. 餐厅							
	欧龙亚光漆	m		18	20	30	50	地砖	劳伦斯仿古地砖（50×50）	m²	88	16	1408	368	1776
电视背景	密度板、胡桃木贴面	m²	100	5.88	588	300	888		花边	片	23	27	621	50	671
	欧龙亚光漆	m²	20	5.88	117	117	234		砂、水泥、801胶	m²	20	16	320		320
电视柜	细木工板、胡桃木贴面	m²	310	0.7	217	100	317	踢脚线	密度板、胡桃木贴面	m	17	8	136	32	168
	欧龙亚光漆	m²	20	0.7	14	10	24		欧龙亚光漆	m		8	20	30	50
台面	进口咖啡网纹大理石	m²	290	1.38	522		522	弧形玻璃	两边钢化玻璃	m²	270	1.92	518	100	618
圈镶木线	细木工板、胡桃木贴面				360	250	610		扶手、柱子				300	100	400
圈吊顶	木龙骨、石膏板				300	250	550	明式窗格	胡桃木线条、黄檀扶手	个		2	600	300	900
墙面涂料	立邦美得丽	m²	9	25	225	200	425	顶面涂料	立邦美得丽	m²	9	16	144	128	272
顶面涂料	立邦美得丽	m²	9	23	207	184	391	墙面涂料	立邦美得丽	m²	9	20	180	160	340
	二度批嵌（碧丽宝）	m²	5	48	240		240		二度批嵌（碧丽宝）	m²	5	36	180		180
门套	细木工板、胡桃木贴面	樘		1	300	70	370	门套	细木工板、胡桃木贴面	樘	400	1	400	100	500
	欧龙亚光漆	樘		1	30	50	80		欧龙亚光漆	樘	30	1	30	50	80
电器	五眼插座 TCL	个	15.6	4	62	40	102	吊顶	木筋TK板、实木	个		1	1280	300	1580
	TCL 空调	台	33	1	33	10	43	电器	TCL 五眼插座	个	15.6	2	31.2	20	51
	电视宽带	付	25	1	25	10	35		TCL 单开	个	13	1	13	10	23
	八芯电脑	台	68	1	68	10	78		TCL 三开	个	25	1	25	10	35
TCL 三开（22控）		个	25	1	25	10	35		TCL 四开	个	38	1	38	10	48

项目名称	材料品牌与规格	单位	单价元	数量	材料费元	人工费元	合计元	项目名称	材料品牌与规格	单位	单价元	数量	材料费元	人工费元	合计元
五金	钉、胶水、熊猫电线等					200	200	电器	TCL 五眼插座	个	15.6	3	47	30	77
						小计:	8212		TCL 一开三眼	个	33	1	33	10	43
3. 厨房									不锈钢水斗	个	500	1	500	10	510
地砖	尖峰（30×30）	m²	66	4	264	80	344	灶具	甲方供					10	10
	砂、水泥、801胶	m²	20	4	80		80	热水器	甲方供					20	20
面砖	尖峰（20×30）	m²	52.7	11	580	242	822	排油烟机	甲方供					20	20
	花砖（20×30）	片	18	2	36		36	龙头（水嘴）	乔登	个	260	1	260	30	290
	水泥、801胶	m²	15	11	165		165	小五金配件	电线、下水、胶水等				200		200
	阳角条	根	17	3	51		51							小计:	10134
吊顶	上元、PVC、木龙骨	m²	25	6	150	108	258	4. 门厅							
	PVC阴角线	m	3.5	10	35		35	大理石	大花绿大理石	m²	300	2.5	750	100	850
砌、粉墙	砖、砂、水泥	m²	90	6.56	590	196	786	吊顶	木龙骨、石膏板	m²	60	2.3	138	50	188
门套	细木工板、胡桃木贴面	樘	400	1	400	100	500	顶涂料	美得丽	m²	9	2.3	20	18	38
	轨道、滑轮、1.32m（6mm白玻）	根	200	2	400		400	墙涂料	美得丽	m²	9	13	117	104	221
木门	胡桃木贴面工艺门	扇	350	2	700	100	800		二度批嵌（碧丽宝）	m²	5	15.3	76		76
吊柜	双面防火板、面板烤漆	m	380	2.85	1083	256	1339	玄关鞋柜	细木工板、胡桃木贴面	m²	280	2.4	672	200	872
	台湾弹簧合页	付	4.5	7	31		31	电器	TCL 一开	个	13	1	13	10	23
低柜	双面防火板、面板烤漆	m	420	4.42	1856	397	2253	总门套	细木工板、胡桃木贴面	樘	400	1	400	100	500
	台湾弹簧合页	付	4.5	10	45		45		欧龙亚光漆	桶	30	1	30	50	80
低柜	银色拉手（弧形11cm）	个	2.5	17	42		42	五金	钉、胶水、电线				100		100
台面	中国黑大理石	m²	15	2.43	279		279							小计:	2948
	双磨边	m	30	4.42	132		132	5. 客卫							
	挖洞	个	25	2	50		50	地砖	尖峰	m²	66	25	165	50	215
其他	欧堡三层侧拉篮	个	280	1	280	10	290	面砖	尖峰（25×33）	m²	60	14	840	308	1148
	欧堡嵌入式垃圾筒	个	196	1	196	30	226		砂、水泥、801胶	m²	17	16.5	280		280

圣淘沙韵 别墅实例 2

项目名称	材料品牌与规格	单位	单价元	数量	材料费元	人工费元	合计元	项目名称	材料品牌与规格	单位	单价元	数量	材料费元	人工费元	合计元
	不锈钢地漏	个	18	1	18		18		落叶松（搁栅）	m²	15	1.7	25	25	50
	阳角条	根	17	3	51		51	家具	细木工板、胡桃木贴面 不包括不锈钢衣架	m²	260	13.2	3432	500	3932
坐便器	TOTO782 白色坐便器	个	980	1	980	100	1080		欧龙亚光漆	m²	20	13.2	264	132	396
台盆	TOTO 白色（450×490）	个	300	1	300	10	310	门套	细木工板、胡桃木贴面	樘	380	1	380	70	450
台盆架	双面防火板、面烤漆板	m	400	1.48	592	133	725		欧龙亚光漆	樘		1	20	30	50
台面	雪花白大理石	m²	190	0.9	171		171	木门	胡桃木工艺门	扇	380	1	380	50	430
	挖洞	个	30	1	30		30		欧龙亚光漆	扇	30	1	30	50	80
	双磨边	m	0	1.48	44		44	窗套	细木工板、胡桃木贴面	樘	280	1	280	50	330
龙头（水嘴）	乔登	个	320	1	300	40	340	窗台	咖啡网纹大理石	块		1	70		70
吊顶	上元、PVC 吊顶	m²	25	2.76	69	50	119	电器	TCL 单开	个	13	1	13	10	23
	PVC 阴角线	m	3.5	7	25		25		TCL 五眼插座	个	15.6	2	31	20	51
镜子	1.4×1.4（车边）	块	80	1	156	20	176	五金配件	钉、胶水、电线				100		100
	四个不锈钢螺钉	个	8	4	32		32							小计：	6293
电器	TCL 二开	个	21	1	21	10	31	**7. 露台**							
	TCL 五眼	个	15	1	15	10	25	地砖	尖峰（30×30）	m²	55	8	440	160	600
配件	佳丽、三层毛巾架	付	64	1	64	10	74		砂、水泥、801胶		20	8	160		160
门套	细木工板、胡桃木贴面	樘	380	1	380	70	450	门套	细木工板、胡桃木贴面	樘	300	1	300	70	370
	欧龙亚光漆	樘	20	1	20	30	50		欧龙亚光漆	樘		1	20	30	50
	滑轮、轨道	付	200	1	200		200							小计：	1180
木门	胡桃木工艺门（磨砂玻璃）	扇	380	1	380	50	430	**8. 起居室**							
小五金	胶水、电线、钉等					100	100	地板	紫檀木漆板	m²	175	13	2275	260	2535
						小计：	6124		落叶松（搁栅）	m²	15	13	195	195	390
二层								门套	细木工板、胡桃木贴面	樘	400	1	400	100	500
6. 衣帽间								木门	胡桃木工艺门（6mm 白玻）	扇	380	4	1520	150	1670
地板	印尼紫檀木漆板	m²	175	1.7	297	34	331		滑轮、轨道	付		2	400	20	420

项目名称	材料品牌与规格	单位	单价元	数量	材料费元	人工费元	合计元	项目名称	材料品牌与规格	单位	单价元	数量	材料费元	人工费元	合计元
	欧龙亚光漆	樘	60	1	60	100	160		欧龙亚光漆	樘	30	1	30	50	80
顶角线	中密度板、胡桃木贴面	卷		1	150	100	250	顶饰线	密度板、胡桃木贴面	卷	180	1	180	120	300
顶面涂料	立邦美得丽	m²	9	13	117	104	221	顶面涂料	立邦美得丽	m²	9	15	135	120	255
墙面涂料	立邦美得丽	m²	9	33	297	264	561	墙面涂料	立邦美得丽	m²	9	24	216	192	408
	二度批嵌（碧丽宝）	m²	5	46	230		230		二度批嵌（碧丽宝）	m²	9	39	351	312	663
电器	TCL 五眼插座	个	15.6	4	62	40	102	砌、粉墙	砖、水泥、砂	m²	100	14.3	1430	429	1859
	TCL 有线宽带	个	25	1	25	10	35	电器	TCL 五眼插座	个	15.6	5	78	50	128
	八芯电脑	台	68	1	68	10	78		TCL 电视宽带	个	25	1	25	10	35
	TCL 电话	台	38	1	38	10	48		TCL 电话	台	38	1	38	10	48
	TCL16A 空调	台	33	1	33	10	43		TCL16A 空调	台	33	1	33	10	43
	TCL 单开	个	13	1	13	10	23		TCL 单开	个	13	2	36	20	56
小五金	钉、胶水、熊猫电线等				150		150	小五金	钉、胶水、熊猫电线				200		200
						小计：	7416							小计：	9311
9. 主卧								10. 主卫							
地板	紫檀木漆板	m²	175	15	2625	300	2925	地砖	尖峰（30×30）	m²	66	6	396	120	516
	落叶松（搁栅）	m²	15	15	225	225	450		砂、水泥、801胶	m²	20	6	120		120
踢脚线	密度板、胡桃木贴面	m	17	14	238	56	294	面转	尖峰（25×33）	m²	59.5	20	1190	440	1630
	欧龙亚光漆	m	30	1	30	50	80		腰线（8×33）	片	12	31	372		372
门套	细木工板、胡桃木贴面	樘	400	1	400	80	480		水泥、801胶	m²	15	20	300		300
	欧龙亚光漆	樘	20	1	20	30	50	门套	细木工板、胡桃木贴面	樘	380	1	380	70	450
木门	胡桃木工艺门	扇	420	1	420	50	470		欧龙亚光漆	樘	20	1	20	30	50
	欧龙亚光漆	扇	30	1	30	50	80	木门	胡桃木工艺门（磨砂玻璃）	扇	380	1	380	50	430
	门吸	个	12	1	12		12		欧龙亚光漆	扇	30	1	30	50	80
	四轴合页	付	25	1	25		25		门吸	个	2	1	2	10	12
阳台门套	细木工板、胡桃木贴面	樘	300	1	300	70	370		铜合页	付	25	1	25		25

圣淘沙韵 别墅实例2

项目名称	材料品牌与规格	单位	单价元	数量	材料费元	人工费元	合计元	项目名称	材料品牌与规格	单位	单价元	数量	材料费元	人工费元	合计元
吊顶	木龙骨、PVC吊顶	m²	25	5	125	90	215	地板	印尼紫檀木漆板	m²	175	6.5	1138	130	1268
	3cmPVC吊顶	m	3.5	1	39		39		落叶松（搁栅）	m²	15	6.5	98	98	196
淋浴房	不锈钢无框玻璃门	个		1.4	2320	厂方安装	2320	踢脚线	中密度板、胡桃木贴面	m	22	6	132	24	156
洁具	TOTO坐便器	个		1	980	100	1080		欧龙亚光漆	m	6	7	10		17
净身器	TOTO净身器	个	800	1	800	90	890							小计:	1637
台盆	TOTO（450×490）	个		1	300	20	320	三层							
台盆架	双面防火板、面烤漆板	m		1	400	90	490	13. 次卫							
台面	雪花白大理石	m²	190	0.7	133		133	地砖	尖峰（30×30）	m²	66	5	330	100	430
	挖洞	个		1	30		30	面砖	尖峰（20×30）	m²	59.5	23	1368	506	1874
	双磨边	m	30	2.4	72		72		腰线（8×33）	片	12	34	408		408
浴霸	奥普200E	个	580	1	580	30	610		砂、水泥、801胶	m²	18	26	468		468
镜子	防水（100×150）	m²	80	1.5	120	20	140	砌、粉墙	砂、水泥、砖	m²	100	4.92	492	172	664
	不锈钢螺钉	个	8	4	32		32	吊顶	上元、PVC扣板	m²	25	6.22	155	111	266
电器	TCL单开	个	3		13	10	23		3cmPVC阳角线	m	3.5	11	40		40
	TCL二开	个	21	1	21		21	浴霸	奥普200E型	个	580	1	580	30	610
	TCL五眼插座	个	15.6	2	31	10	41	浴缸	TOTO压克力（150×75）	个	790	1	790	100	890
龙头（水嘴）	乔登二件套	套			720	50	770	洁具	TOTO782坐便器	个	980	1	980	100	1080
蒸气室	杉木	m²	90	13	1170	390	1560	台盆	TOTO（450×490）	个	300	1	300	20	320
						小计:	12771	台盆架	双面防火板、面烤漆板	m	400	1.3	520	117	637
								台面	雪花白大理石	m²	190	0.91	172		172
11. 阳台:									双磨边	m	30	2.7	81		81
地砖	尖峰（30×30）	m²	55	2.5	137	50	187		挖洞	个	30	1	30		30
	砂、水泥、801胶	m²	20	2.5	50		50	电器	TCL五眼插座	个	15.6	2	31	20	51
	不锈钢地漏	个	18	1	18		18	电器	TCL二开	个	21	1	21	10	31
						小计:	255	门套	细木工板、胡桃木贴面	樘	380	1	380	70	450
12. 过道															

项目名称	材料品牌与规格	单位	单价元	数量	材料费元	人工费元	合计元	项目名称	材料品牌与规格	单位	单价元	数量	材料费元	人工费元	合计元
	欧龙亚光漆	樘	20	1	20	30	50	电器	TCL五眼插座	m	15.6	3	47	30	77
木门	胡桃木工艺门（磨砂玻璃）	扇	380	1	380	50	430		TCL16A空调插座	个	33	1	33	10	43
	欧龙亚光漆	扇	30	1	30	50	80		TCL电视宽带	个	25	1	25	10	35
	门吸	个		1	12		12		TCL单开	个	13	1	13	10	23
	铜合页	付		1	25		25	门套	细木工板、胡桃木贴面	樘	400	1	400	80	480
配件	佳丽不锈钢三层毛巾架	付	64	2	128	20	148	木门	胡桃木工艺门（磨砂玻璃）	扇	380	2	720	100	820
	不锈钢卷纸架	个	42	1	42	10	52		欧龙亚光漆				100	150	250
	拖布斗	个	46	1	46	10	56		滑轮、轨道	付		1	200		200
小五金	钉、胶水、下水、熊猫线				150		150	隔墙	石膏板、白松	m²	90	13.36	1202	400	1602
						小计:	9505	五金	钉、胶水、电线				150		150
14. 和室														小计:	10368
地板	紫檀木漆板	m²	175	8	1400	160	1560	15. 子卧							
	落叶松（搁栅）	m²	15	8	120	120	240	地板	巴劳（900×90×18）	m²	160	11	1760	220	1980
踢脚线	密度板、胡桃木贴面	m	22	11	242	44	286		欧龙亚光漆	m²	20	11	220	88	308
门套	细木工板、胡桃木贴面	樘	400	1	400	80	480		磨地板、批腻子	m²	5	11	55		55
	欧龙亚光漆	樘	20	1	20	30	50		落叶松（搁栅）	m²	15	11	165	165	330
窗套	细木工板、胡桃木贴面	樘	380	1	380	70	450	踢脚线	密度板、胡桃木贴面	m	22	12	264	48	312
窗台	咖啡网纹大理石	块		1	150		150	门套	细木工板、胡桃木贴面	樘	400	1	400	80	480
	欧龙亚光漆	樘	20	1	20	30	50		欧龙亚光漆	樘	20	1	20	30	50
砌、粉墙	砖、砂、水泥	m²	90	7.19	647	251	898	木门	胡桃木工艺门（定做）	扇	420	1	420	50	470
吊顶	胡桃木梁	m²	100	8	800	320	1120		欧龙亚光漆	扇	30	1	30	50	80
仿古天窗					200	100	300		门吸	个		1	12		12
顶面涂料	立邦美得丽	m²	9	8	72	80	152		铜合页	付		1	25		25
墙面涂料	立邦美得丽	m²	9	38	342	380	722	窗套	细木工板、胡桃木贴面	樘	380	1	380	70	450
	二度批嵌（碧丽宝）	m²	5	46	230		230		欧龙亚光漆	樘	20	1	20	30	50

圣淘沙韵 别墅实例 2

项目名称	材料品牌与规格	单位	单价元	数量	材料费元	人工费元	合计元	项目名称	材料品牌与规格	单位	单价元	数量	材料费元	人工费元	合计元
窗台	进口咖啡网纹大理石	块		1	150		150	18.一层楼梯							
砌、粉墙	砂、水泥、砖	m²	90	9	810	315	1125	地板	紫檀木漆板	m	175	6	1050	120	1170
和室子卧隔墙	白松、清玻	m²	80	13	960	234	1194	踢脚线	密度板、胡桃木贴面	m	25	9	225	63	288
吊顶	顶混水漆、梁胡桃木贴面	m²	120	10.5	1260	420	1680		欧龙亚光漆	m³	20	3	20	30	50
顶面涂料	立邦美得丽	m²	9	10.5	94	90	184	楼梯	红松	m³	1200	1.3	1560	300	1860
墙面涂料	立邦美得丽	m²	9	50	450	500	950		细木工板	张	90	2	180		180
	二度批嵌（碧丽宝）	m²	5	60	300		300	楼梯扶手	黄柳安	m	55	4	220	100	320
电器	TCL 五眼插座	个	15.6	4	62	30	92		柳安弯头	个	70	1	70	30	100
	TCL 电视宽带	个	25	1	25	10	35	墙面涂料	立邦美得丽	m²	9	8.1	73	121	194
	TCL 八芯电脑	台	68	1	68	10	78	钢化玻璃	4×0.9	m²	270	3.6	972	50	1022
	TCL 电话	台	38	1	38	10	48		二度批嵌（碧丽宝）	m²	5	8.1	40		40
	TCL16A 空调	台	33	1	33	10	43	小五金	钉、胶水、电线				100		100
电器	TCL 一开	个	13	1	13	10	23							小计：	5324
小五金	钉、胶水、熊猫电线				200		200	19.二层楼梯							
						小计：	10704	地板	紫檀木漆板	m²	175	9	1575	180	1755
16. 露台								入墙式窗格	胡桃木线条				280	100	380
地砖	尖峰（30×30）	m²	55	8	440	160	600	踢脚线	密度板、胡桃木贴面	m	25	3	75	21	96
	砂、水泥、801胶	m²	20	8	160		160		欧龙亚光漆	m	20	3	20	30	50
						小计：	760	墙面涂料	立邦美得丽	m²	9	15	135	225	360
17. 过道									二度批嵌（碧丽宝）	m²	5	15	75		75
地板	印尼紫檀木漆板	m²	175	6.5	1138	130	1268	楼梯	红松	m³	1200	1.3	1560	400	1960
	落叶松（搁栅）	m²	15	6.5	98	98	196		细木工板	张	90	2	180		180
踢脚线	中密度板、胡桃木贴面	m	22	6	132	24	156	楼梯扶手	黄柳安	m	55	4	220	100	320
	欧龙亚光漆	m		6	7	10	17		柳安弯头	个	70	1	70	30	100
						小计：	1637	钢化玻璃	4×0.9	m²	270	3.6	972	100	1072

项目名称	材料品牌与规格	单位	单价元	数量	材料费元	人工费元	合计元
小五金	钉、螺钉、电线				200		200
						小计:	6548
20.三层楼梯							
地板	紫檀木漆板	m²	175	5	875	100	975
踢脚线	密度板、胡桃木贴面	m	25	9	225	63	788
门套	细木工板、胡桃木贴面	樘	380	1	380	70	450
	欧龙亚光漆	樘	20	1	20	30	50
吊顶	顶混水漆、梁胡桃木	m²	120	4	480	160	640
顶面涂料	立邦美得丽	m²	9	4	36	40	76
墙面涂料	立邦美得丽	m²	9	40	360	400	760
	二度批嵌（碧丽宝）	m²	5	44	220		220
楼梯扶手	黄柳安	m	55	3.54	195	50	245
	柳安弯头	个	70	1	70	30	100
钢化玻璃	3.54×0.9	m²	270	3.18	860	100	960
小五金	钉、螺钉、电线				100		100
水工程	上海劳动镀锌管		1500	1	1500	700	2200
						小计:	7064
						合计:	129061

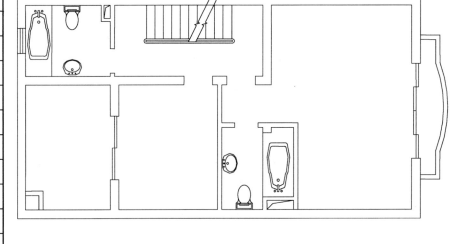

二层原始房型图

说明：
  凡是未列入本预算中的灯具、锁具、窗帘杆、防盗门窗、纱窗、纱门、花台、电器、家具及地下室所用材料及设备等都由户主自购。

直接费：129061元（人工费：24909元，材料费：104152元）

设计费：2%   免

管理费：5%   6453元

税金：3.41%   4621元

总价：140135

292 樱园 别墅实例3

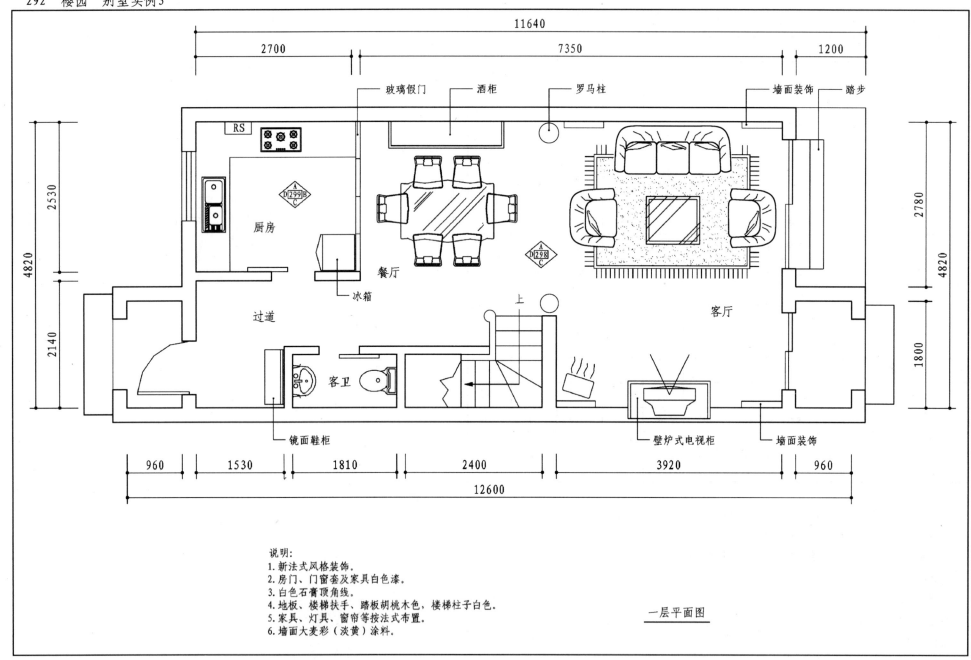

说明:
1. 新法式风格装饰。
2. 房门、门窗套及家具白色漆。
3. 白色石膏顶角线。
4. 地板、楼梯扶手、踏板胡桃木色,楼梯柱子白色。
5. 家具、灯具、窗帘等按法式布置。
6. 墙面大麦彩(淡黄)涂料。

一层平面图

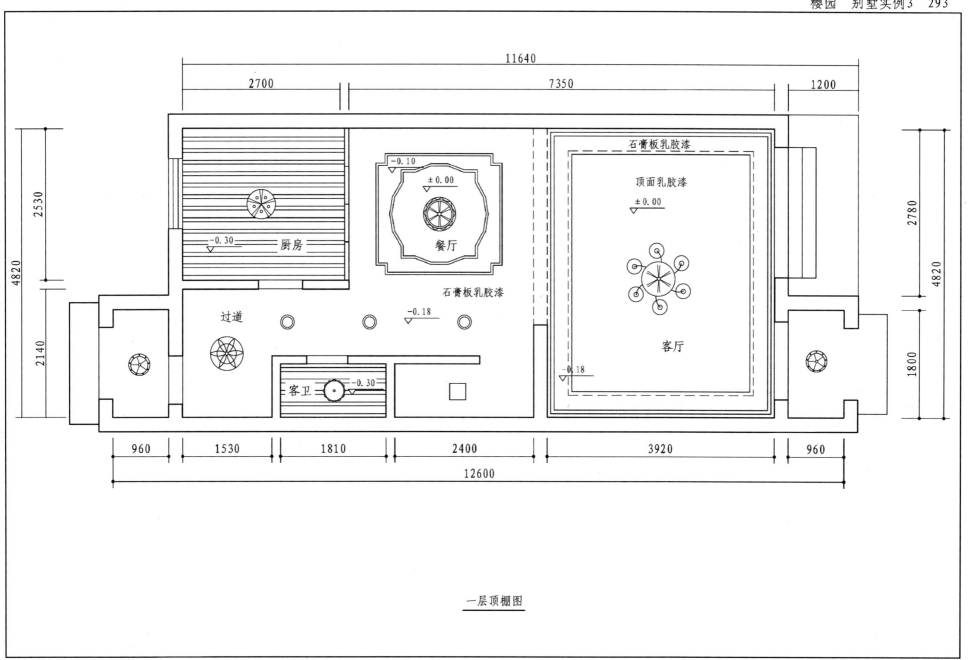

一层顶棚图

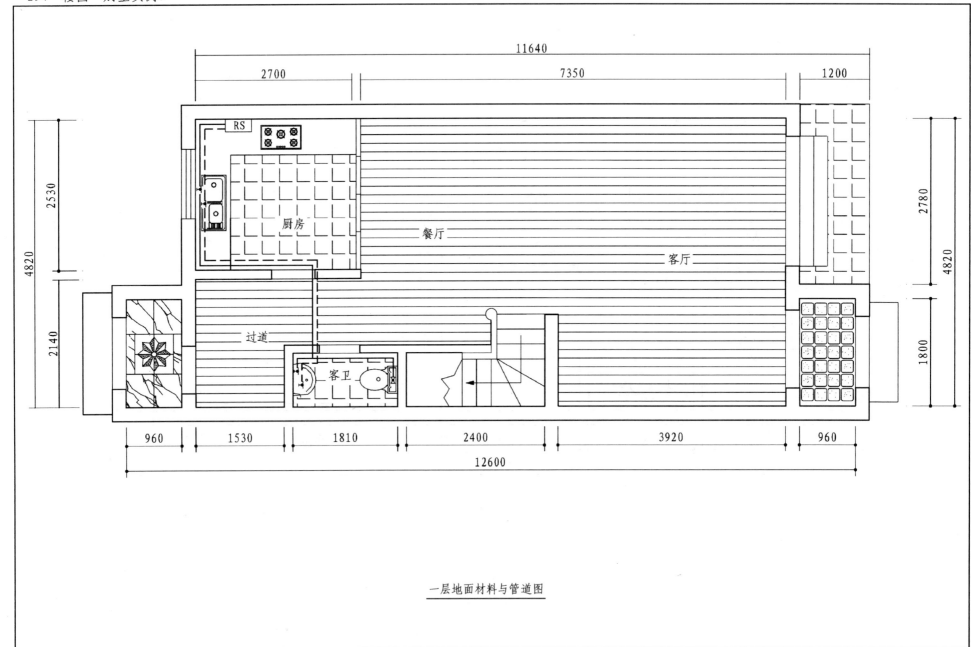

一层地面材料与管道图

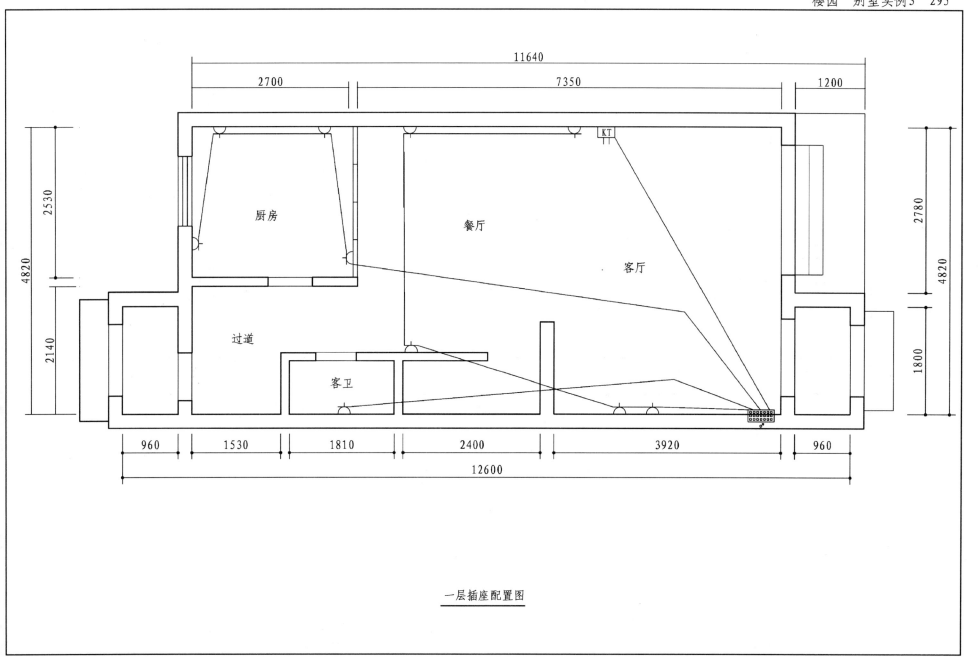

一层插座配置图

296 樱园 别墅实例3

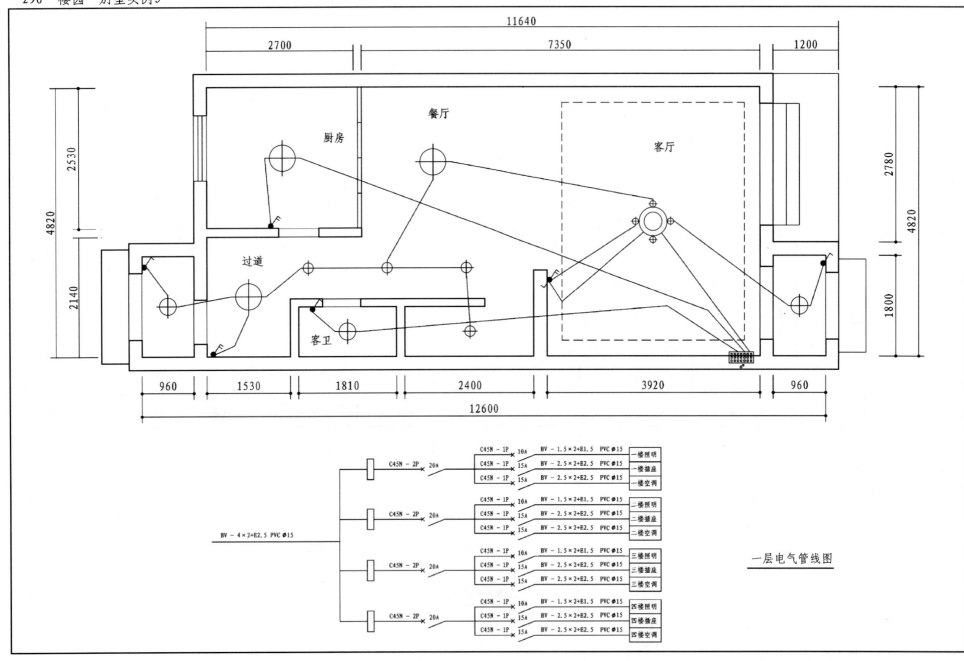

一层电气管线图

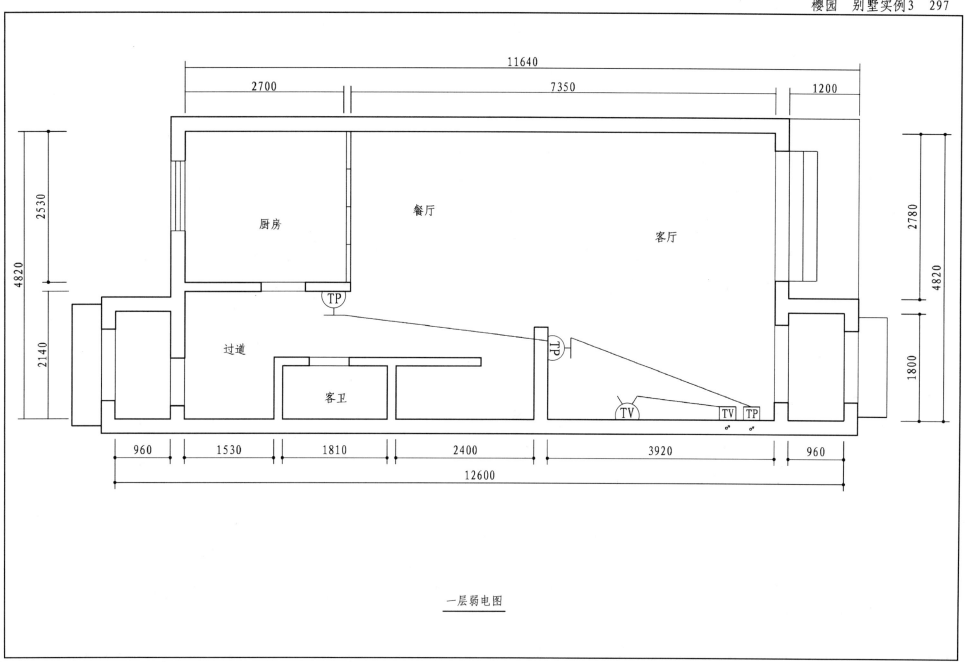

一层弱电图

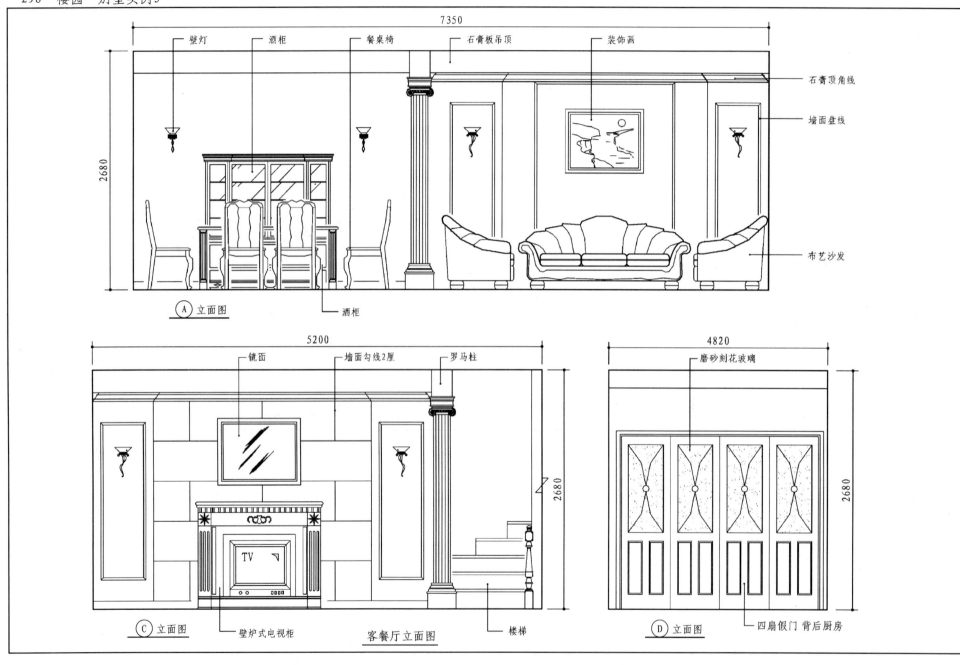

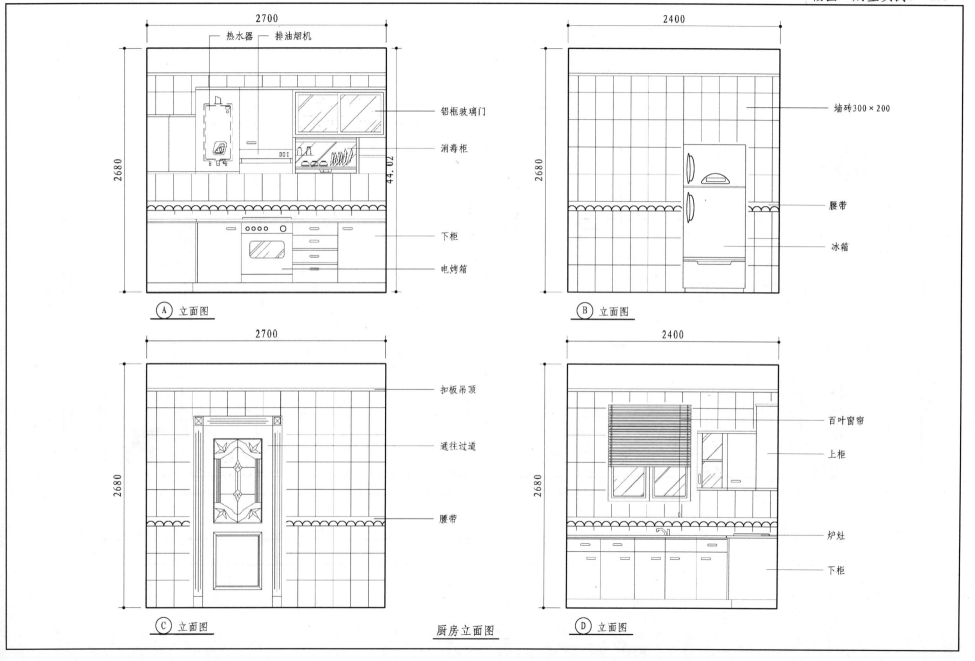

300 樱园 别墅实例3

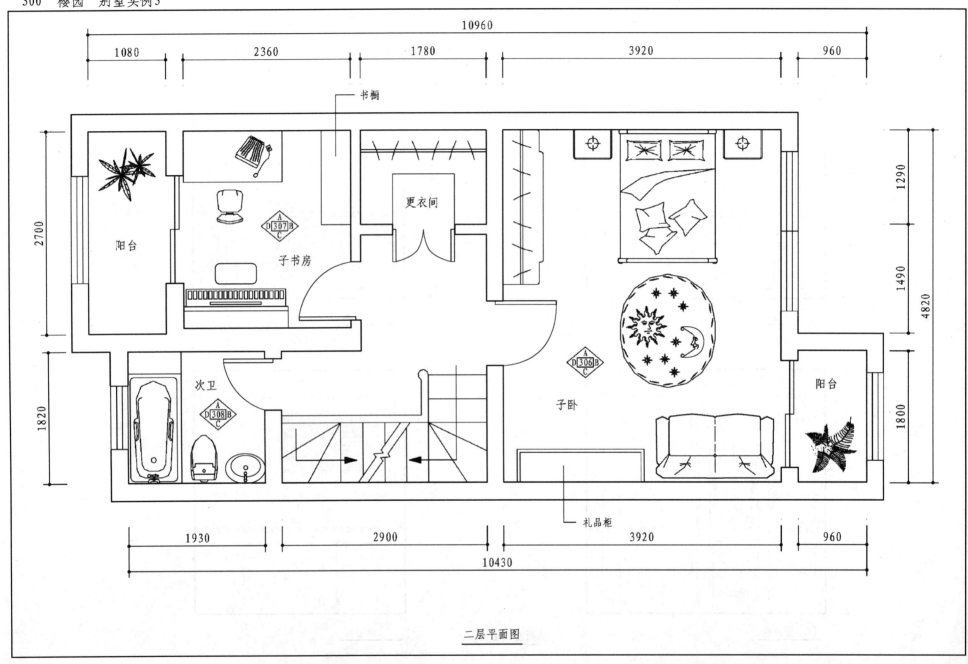

二层平面图

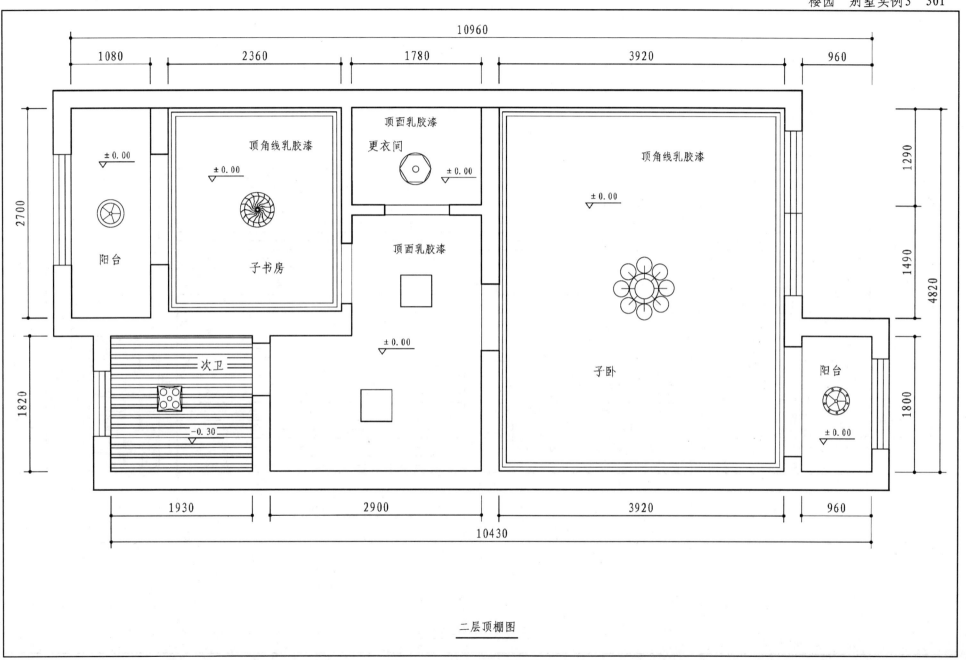

二层顶棚图

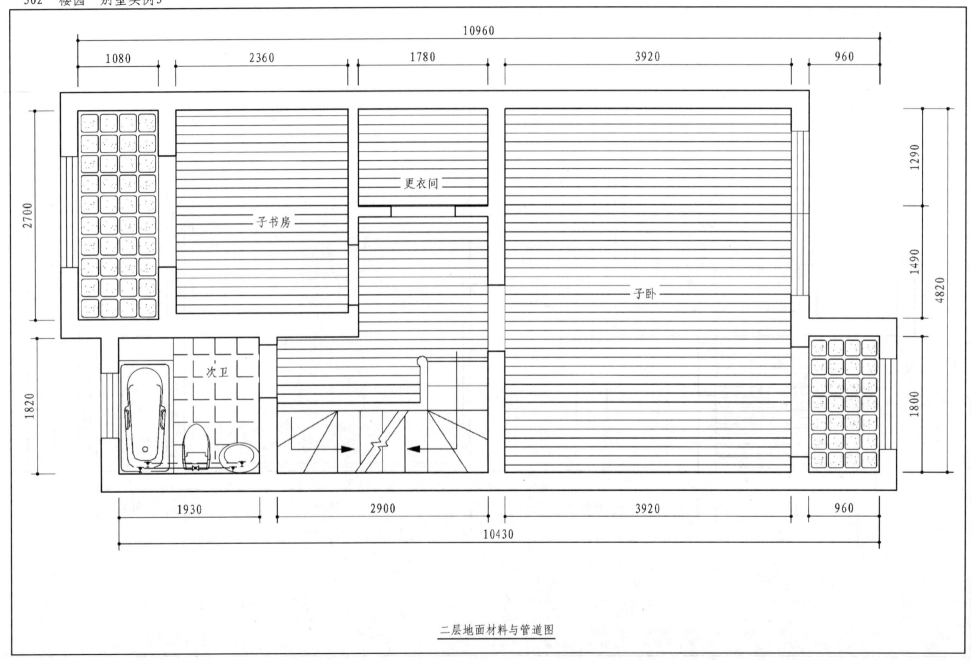

二层地面材料与管道图

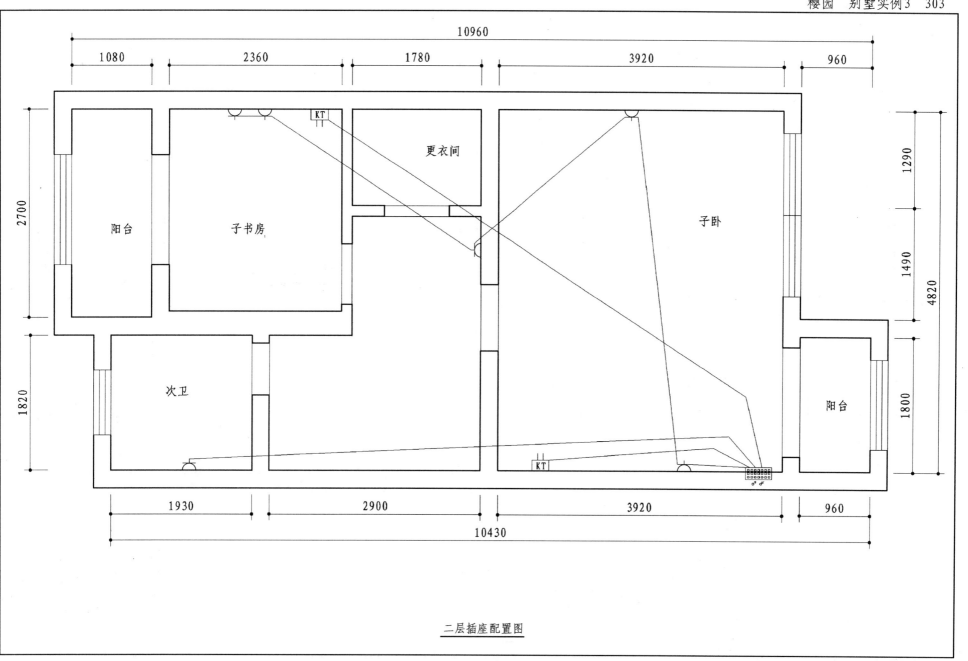

二层插座配置图

304 樱园 别墅实例3

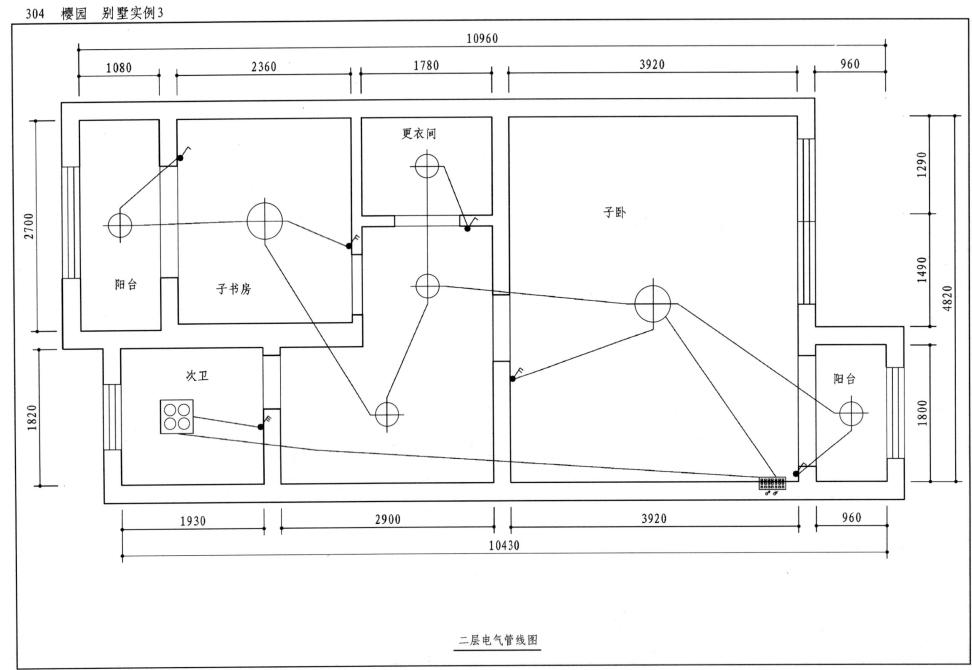

二层电气管线图

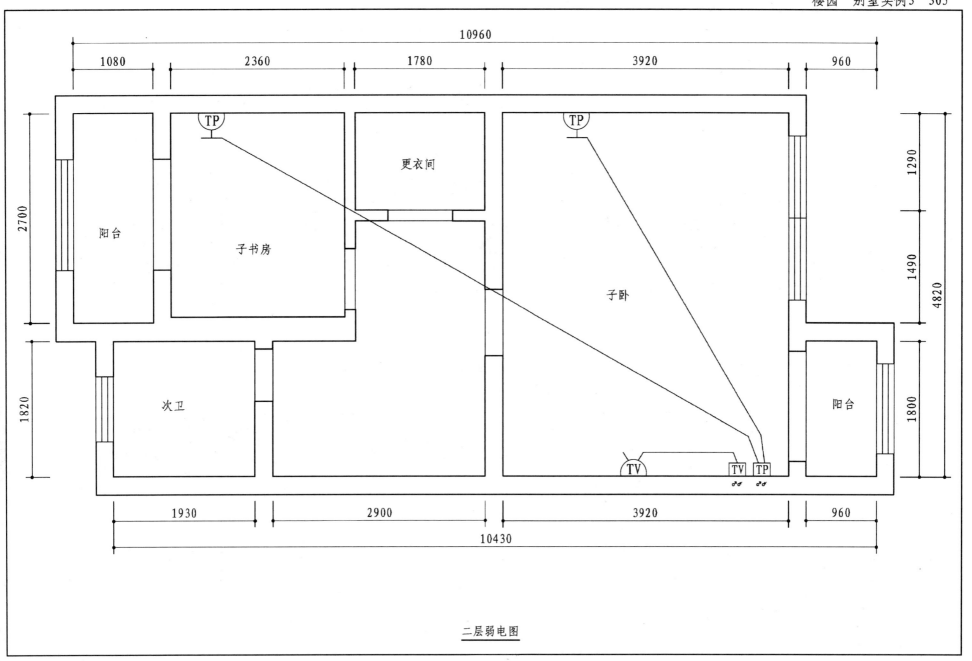

二层弱电图

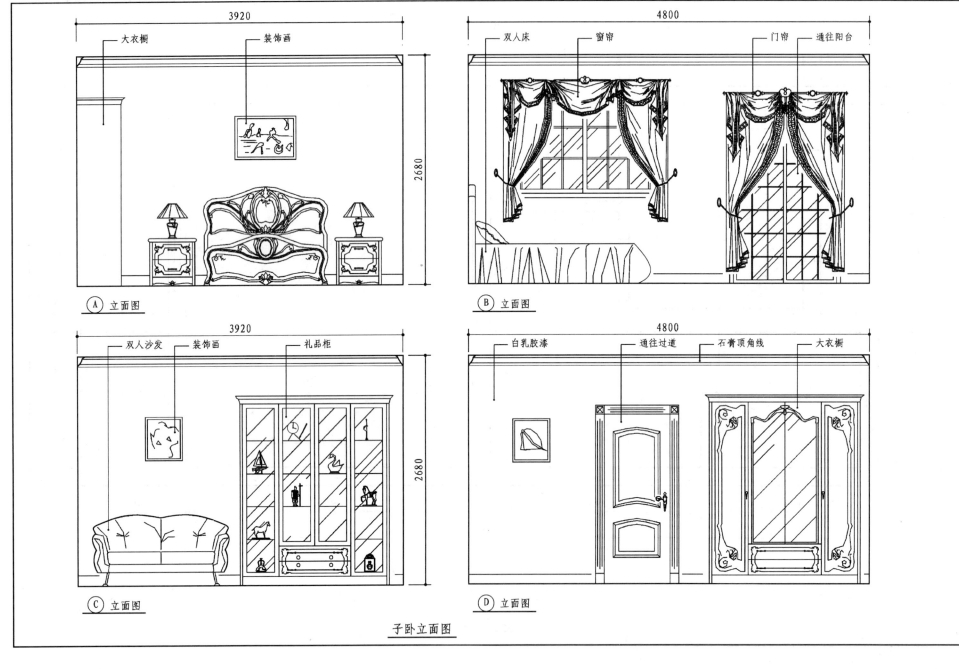

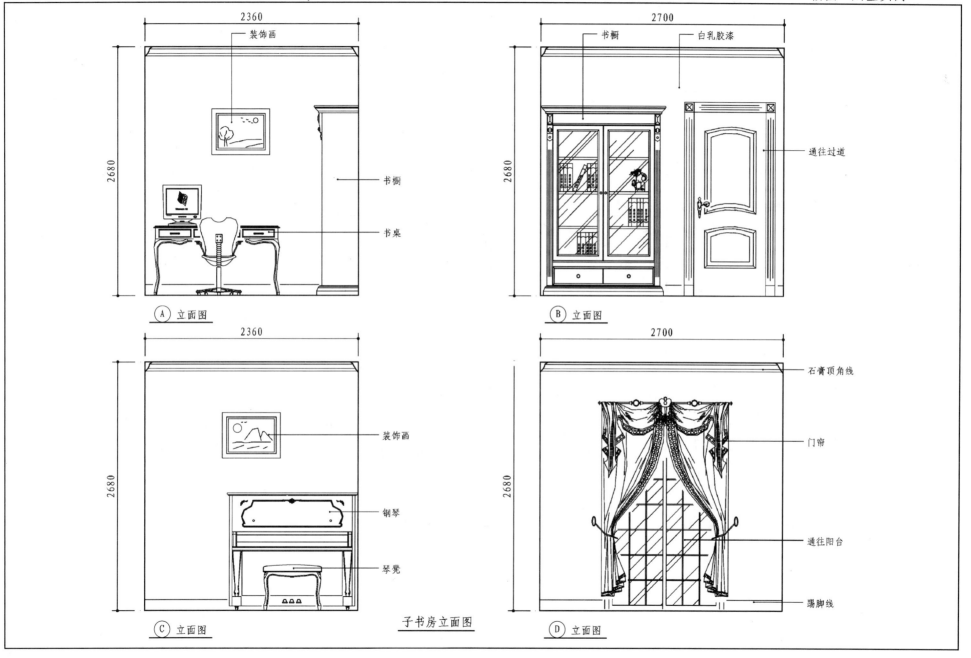
子书房立面图

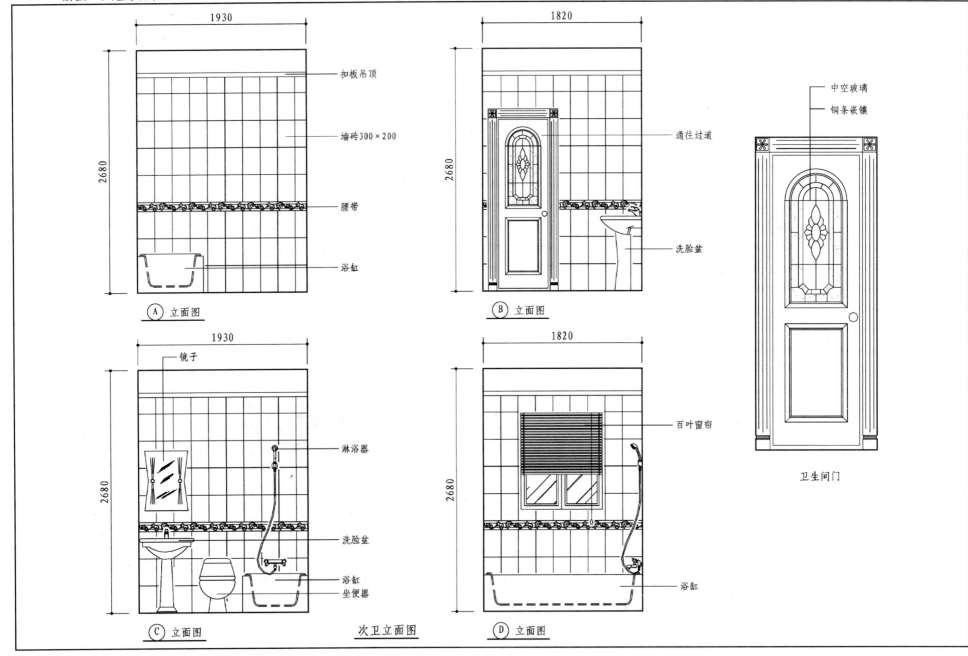

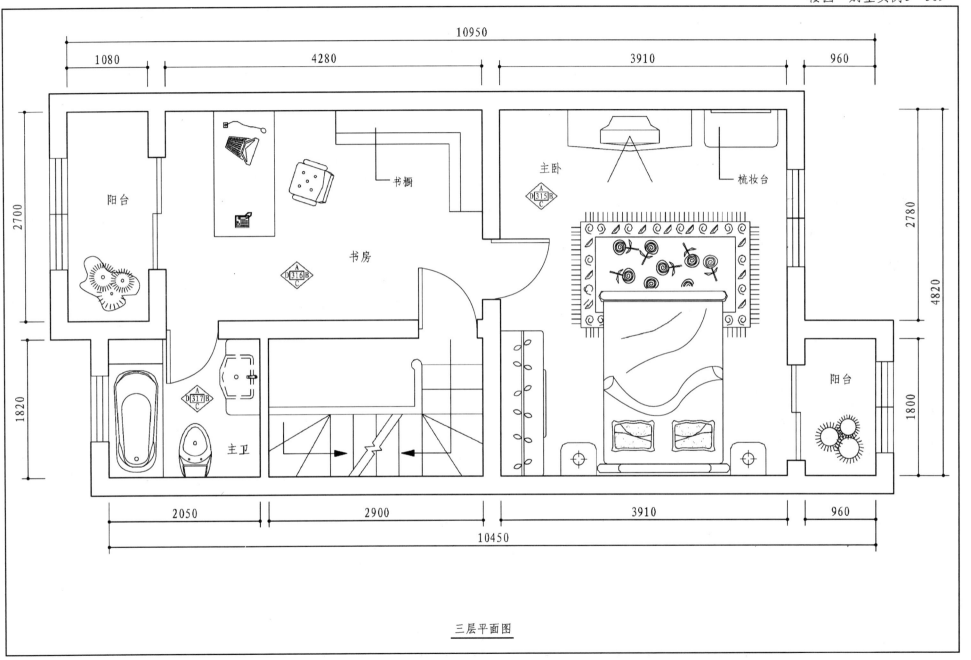

三层平面图

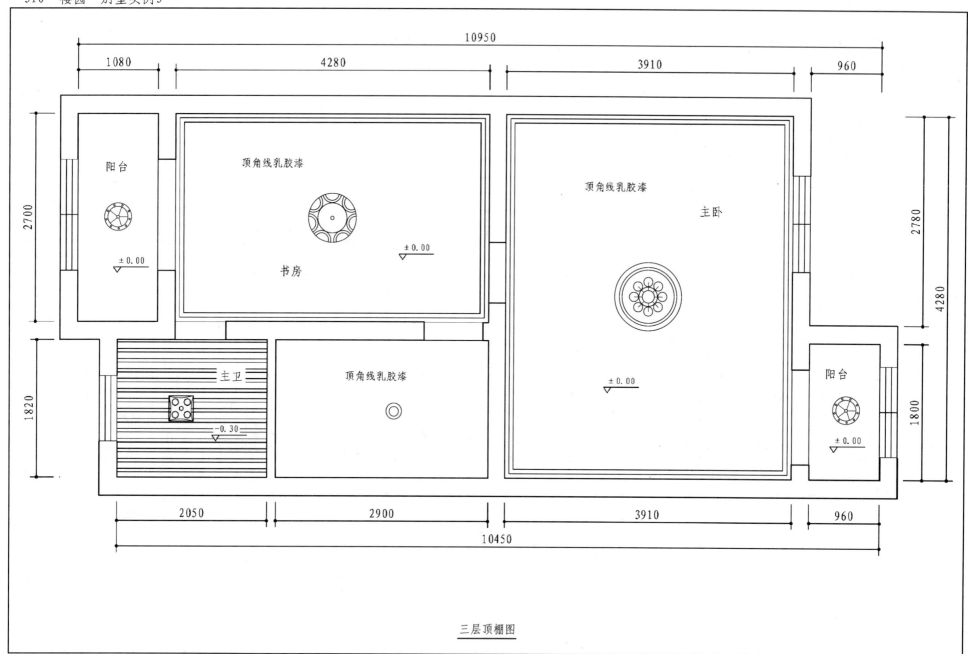

三层顶棚图

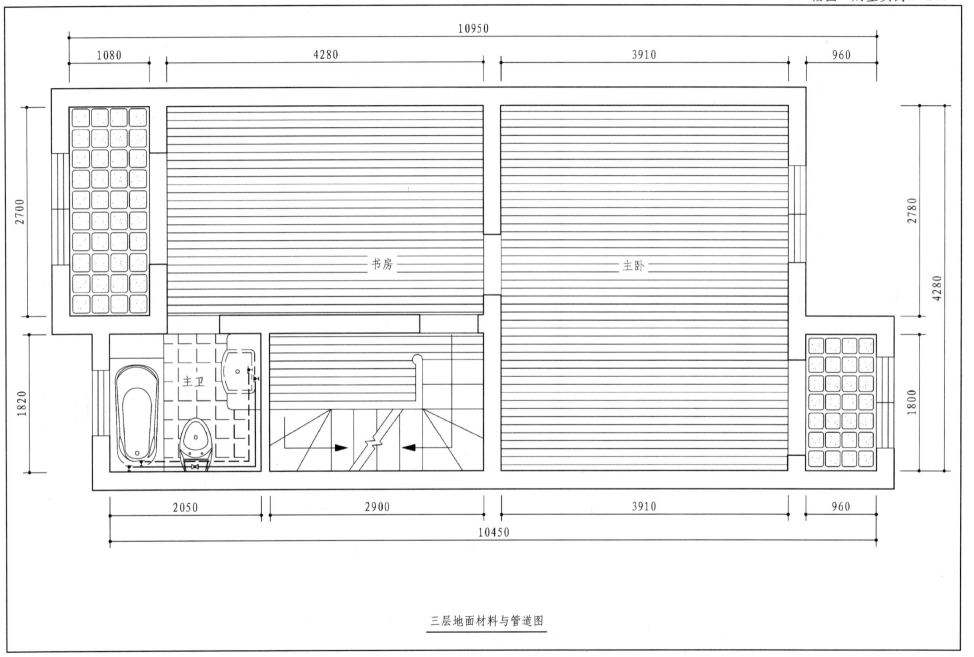

三层地面材料与管道图

312　櫻园　别墅实例3

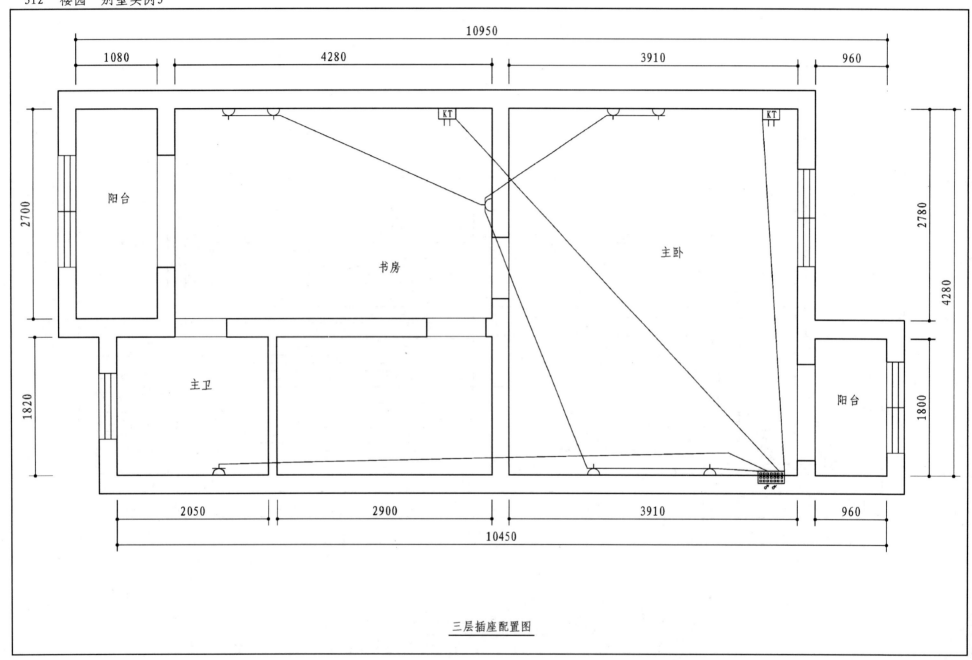

三层插座配置图

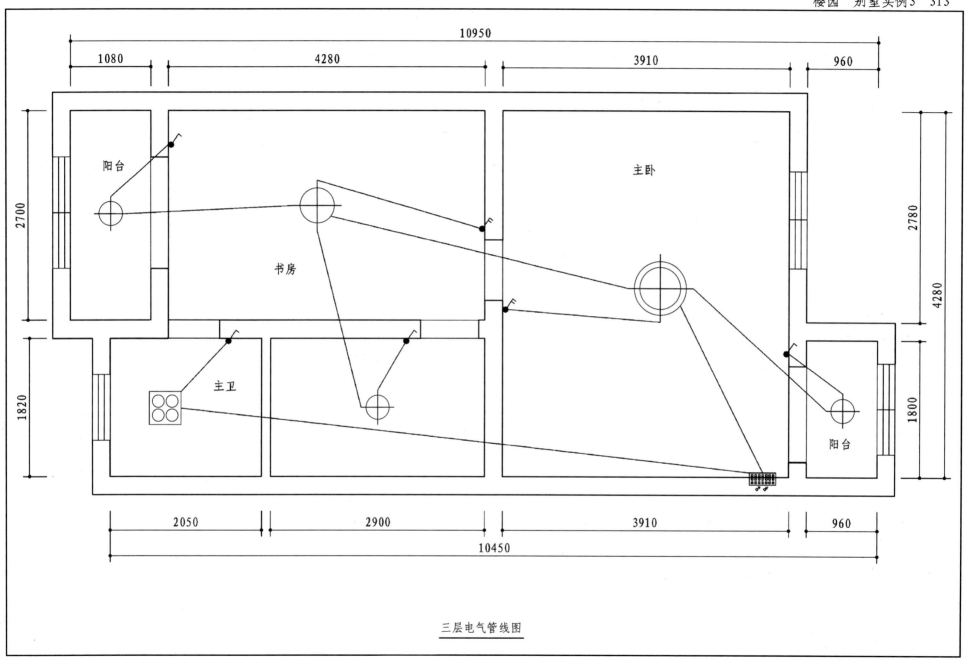

三层电气管线图

314 樱园 别墅实例3

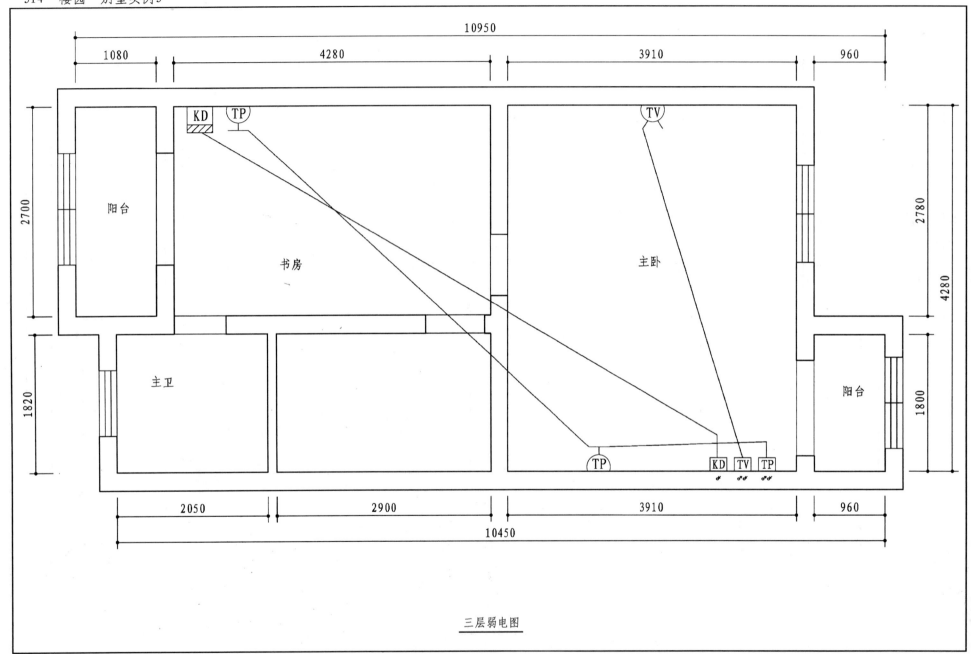

三层弱电图

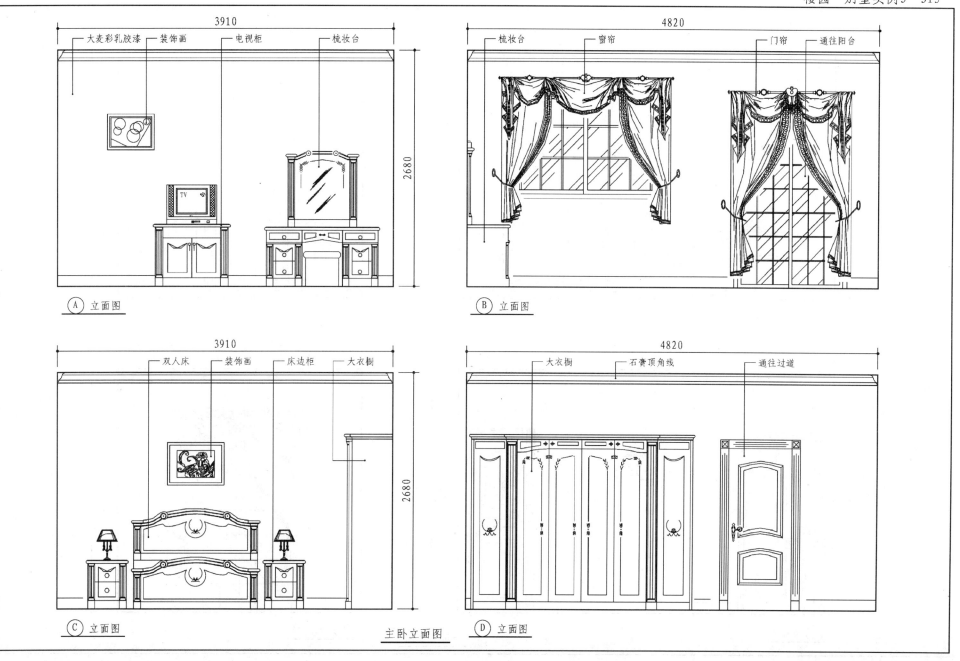

316 樱园 别墅实例3

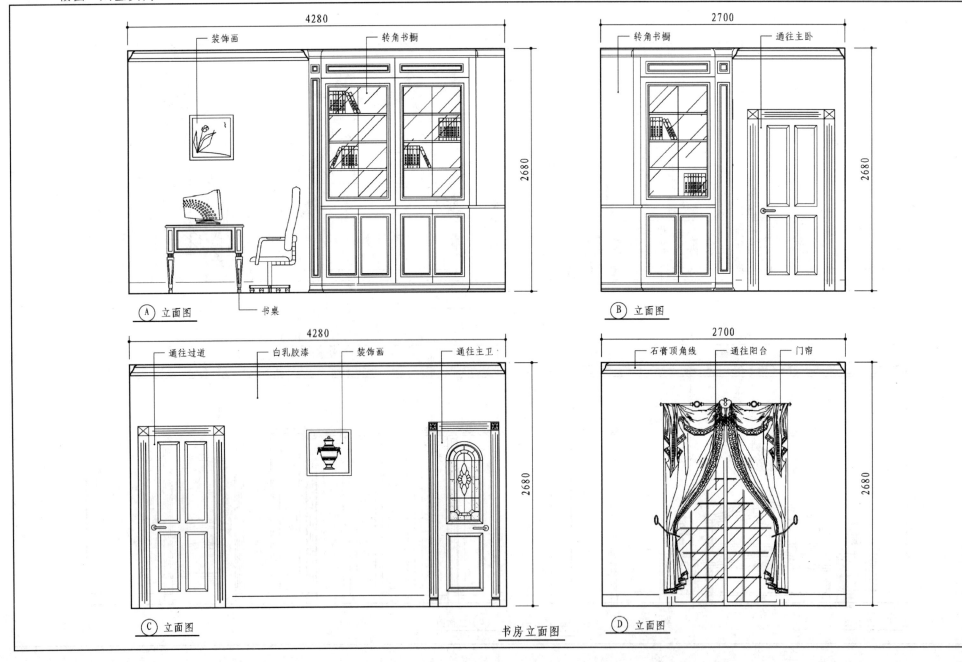

书房立面图

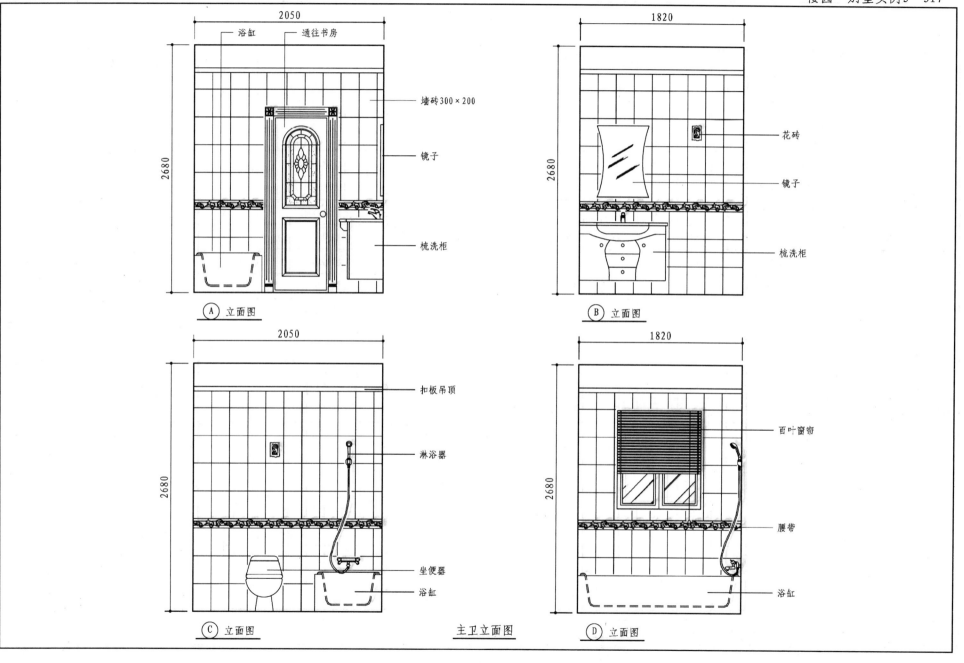
主卫立面图

住宅装饰估价表

项目名称	材料品牌与规格	单位	单价元	数量	材料费元	人工费元	合计元	项目名称	材料品牌与规格	单位	单价元	数量	材料费元	人工费元	合计元
一层								过道地搁栅	落叶松（30×50）	m²	20	5	100	75	175
1. 客厅、餐厅								地板	康派司地板 90×900×18	m²	120	5	600	90	690
阳台门套	12cm 夹板混水门套	樘	220	1	220	80	300	磨地板		m²	6	5		30	30
窗台门套	12cm 夹板混水窗套	樘	440	1	440	160	600	地板油漆	长春藤地板漆	m²	28	5	140	140	280
窗台大理石	雪花白双边	m²	200	1	200	100	300	踢脚线	12cm 混水踢脚线	m	20	10	200	40	240
餐厅玻璃门	混水工艺门不含玻璃	扇	300	4	1200	200	1400	吊顶处理	木筋TK板	m²	90	5	450	150	600
地搁栅	落叶松（30×50）	m²	20	35	700	525	1225	墙面批平	二遍批平处理	m²	6	16	96	64	160
地板	康派司地板 90×900×18	m²	120	35	4200	630	4830	涂料	德国欧龙漆	m²	8	16	128	32	160
地板油漆	长春藤地板漆	m²	28	35	980	980	1960	电器工程	上海熊猫电线				200	150	350
磨地板		m²	4	35	140		140	坐便器	甲方自购					50	50
踢脚板	12cm 混水踢脚线	m	20	24	480	96	576	台盆	甲方自购					50	50
顶角线	12cm 豪华石膏线条	m	6	40	240		240	地砖	泛亚地砖包含阳台	m²	70	8	560	240	800
餐厅吊顶	木筋TK板	m²	90	8	720	240	960	卫生面砖	泛亚面砖（200×300）	m²	60	4	240	120	360
墙面批平	二遍批平处理	m²	6	115	690	460	1150	防水镜	5mm 防水镜	块	100	1	100	20	120
涂料	德国欧龙漆	m²	8	115	920	230	1150	辅助材料	五金杂件				240		240
电器工程	上海熊猫电线				300	200	500							小计：	5255
油漆材料	上海华生超白色	m²	28	4	112	112	224	**3. 厨房**							
辅助材料	五金杂件				777		777	厨房门套	12cm 夹板混水门套	樘	220	1	220	80	300
						小计：	16332	移门	玻璃工艺门不含玻璃	扇	300	2	600	100	700
2. 过道、客卫								移门槽	台湾义明	m	30	1.5	45	20	65
进门门套	12cm 夹板混水门套	樘	220	1	220	80	300	吊轮	ABS 吊轮	付	30	2	60	20	80
卫生门套	12cm 夹板混水门套	樘	220	1	220	80	300	地砖	泛亚地砖（300×300）	m²	70	7	490	210	700
卫生木门	白色工艺门不含玻璃	扇	300	1	300	50	350	面砖	泛亚面砖（200×300）	m²	60	20	1200	600	1800

项目名称	材料品牌与规格	单位	单价 元	数量	材料费 元	人工费 元	合计 元	项目名称	材料品牌与规格	单位	单价 元	数量	材料费 元	人工费 元	合计 元
吊顶	武峰PVC扣板含角线	m²	35	7	245	210	455	罗马杆	双轨木制品	m	30	6	180	60	240
水管	6分紫铜管	m²	40	20	800	350	1150	五金辅料	五金杂件				603		603
配件	铜配件				280	100	380							小计：	12773
淋浴器	甲方自购					150	150	5.次卫							
排油烟机	甲方自购					50	50	门套	12cm夹板混水门套	樘	220	1	220	80	300
家具	LG防火板不含其他配件	m²	800	4.5	3600	450	4050	木门	混水工艺门不含玻璃	扇	350	1	350	50	400
电器工程					200	150	350	地砖	泛亚地砖（300×300）	m²	70	9	630	270	900
辅助材料	五金杂件				511		511	面砖	泛亚面砖（200×300）	m²	70	18	1260	540	1800
						小计：	10741	水管	6分紫铜管	m	40	20	800	150	950
二层								配件	铜配件				280	100	380
4.子卧								浴缸	甲方自购					150	150
阳台门套	12cm夹板混水门套	樘	220	2	440	160	600	坐便器	甲方自购					100	100
门套	12cm夹板混水门套	樘	220	2	440	160	600	台盆	甲方自购					50	50
木门	工艺门混水白色	扇	350	2	700	100	800	吊顶扣板	武峰PVC扣板	m²	35	4	140	120	260
窗套	15cm夹板混水门套	樘	220	1	220	80	300	防水镜	防水镜	块	100	1	100	20	120
窗台大理石	雪花白双边大理石	m²	200	1	200	100	300	电器工程	上海熊猫电线				200	150	350
地搁栅	落叶松（30×50）	m²	20	26	540	390	930	辅助材料	五金杂件				288		288
地板	康派司地板90×900×18	m²	120	26	3120	468	3588							小计：	6048
磨地板		m²	6	26		156	156	6.更衣间							
地板油漆	长春藤地板漆	m²	28	26	728	728	1456	门套	夹板混水门套	樘	300	1	300	100	400
踢脚线	12cm混水白色踢脚线	m²	20	35	700	140	840	木门	现场制作	扇	300	2	600	100	700
石膏线	12cm豪华石膏线	m²	6	35	210		210	地搁栅	落叶松（30×50）	m²	20	5	100	75	175
墙面批平	二遍批平处理	m²	6	85	510	340	850	地板	康派司地板90×900×18	m²	120	5	600	90	690
涂料	德国欧龙漆	m²	8	85	680	170	850	地板油漆	长春藤油漆	m²	28	5	140	140	280
电器工程	上海熊猫电线				300	150	450	磨地板		m²	4	5		20	20

樱园 别墅实例 3

项目名称	材料品牌与规格	单位	单价元	数量	材料费元	人工费元	合计元	项目名称	材料品牌与规格	单位	单价元	数量	材料费元	人工费元	合计元
辅助材料	五金杂件				283		283	面砖	泛亚面砖（200×300）	m²	70	18	1260	540	1800
						小计：	5948	壁柜	木制品制作	m	500	6	3000	400	3400
三层								水管	6分紫铜管	m	40	20	800	150	950
7. 主卧、书房								配件	铜配件				280	100	380
窗套	12cm夹板混水窗套	樘	220	1	220	80	300	浴缸	甲方自购					150	150
窗台大理石	雪花白双边	m²	200	1	200	100	300	坐便器	甲方自购					100	100
阳台门套	12cm夹板混水门套	樘	220	2	440	160	600	台盆	甲方自购					50	50
门套	12cm夹板混水门套	樘	220	2	440	160	600	吊顶扣板	武峰PVC扣板	m²	35	4	140	120	260
木门	工艺门不含玻璃	扇	350	2	700	100	800	防水镜	防水镜	块	100	1	100	20	120
地搁栅	落叶松（30×50）	m²	20	32	640	480	1120	电器工程	上海熊猫电线				200	150	350
地板	康派司地板 90×900×18	m²	120	32	3840	576	4416	辅助材料	五金杂件				300		300
磨地板		m²	4	32		192	192							小计：	6060
地板油漆	长春藤油漆	m²	28	32	896	576	1472	假四层							
踢脚线	12cm混水踢脚线	m	20	35	700	140	840	9. 卫生间							
石膏线	12cm豪华石膏线	m	6	35	210		210	门套	12cm夹板混水门套	樘	220	1	220	80	300
墙面批平	二遍批平处理	m²	6	115	693	460	1153	木门	工艺门不含玻璃	扇	350	1	350	50	400
涂料	德国欧龙漆	m²	8	115	920	230	1150	砌墙	85砖、水泥（32.5级）	m²	90	7	630	180	810
电器工程	上海熊猫电线				300	150	450	坐便器	甲方自购					100	100
罗马杆	双轨木制品	m	30	6	180	60	240	收藏组合柜	细木工板制作	m	300	4	2400	400	2800
辅助材料	五金杂件				690		690	窗台大理石	雪花白大理石	m²	200	1	200	100	300
						小计：	14533	地搁栅	落叶松（30×50）	m²	20	35	700	525	1225
8. 主卫								地板	康派司地板 90×900×18	m²	120	35	4200	630	4830
门套	12cm夹板混水门套	樘	220	1	220	80	300	磨地板		m²	4	35		140	140
木门	工艺门不含玻璃	扇	350	1	350	50	400	地板油漆	长春藤油漆	m²	28	35	980	630	1610
地砖	泛亚地砖（300×300）	m²	70	9	630	270	900	吊顶	木筋TK板	m²	90	8	720	240	960

项目名称	材料品牌与规格	单位	单价 元	数量	材料费 元	人工费 元	合计 元
墙面批平	二遍批平处理	m²	6	100	600	400	1000
涂料	德国欧龙涂料	m²	8	100	800	200	1000
卫生面砖	泛亚面砖（200×300）	m²	70	8	560	240	800
卫生吊顶	武峰PVC扣板	m²	35	2	70	40	110
电器工程	上海熊猫电线				300	150	450
辅助材料	五金杂件				840		840
						小计：	17675
10. 扶梯及其他							
扶梯踏步	进口黄柳安板	m²	180	21	3780	588	4368
扶手	进口黄柳安板	m	30	40	1200	350	1550
车脚	进口黄柳安板	根	15	60	900	200	1100
主柱	进口黄柳安板	根	100	6	600	150	750
油漆材料	长春藤油漆	m²	28	25	700	700	1400
砂		包	2	300	600	150	750
水泥	32.5级	包	20	50	1000	200	1200
蛇皮袋		个	0.5	200	100		100
电表及配件	Y2-32	个	20	3	600		600
开关插座	松本电器	个	10	90	900	90	990
强力胶白胶	883胶				900		900
801胶	上海金山				300		300
						小计：	14008
						合计：	109373

说明：

　凡是未列入本预算中的灯具、锁具、窗帘杆、防盗门窗、纱窗、纱门、水槽、家具等都由户主自购。

直接费：109373元（人工费：25498元，材料费：83875元）

设计费：2%　　免

管理费：5%　　5468元

税金：3.41%　3916元

总价：118757元

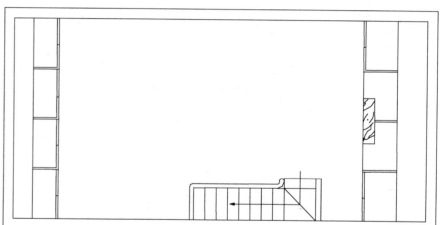

假四层平面图

322 花墅 别墅实例4

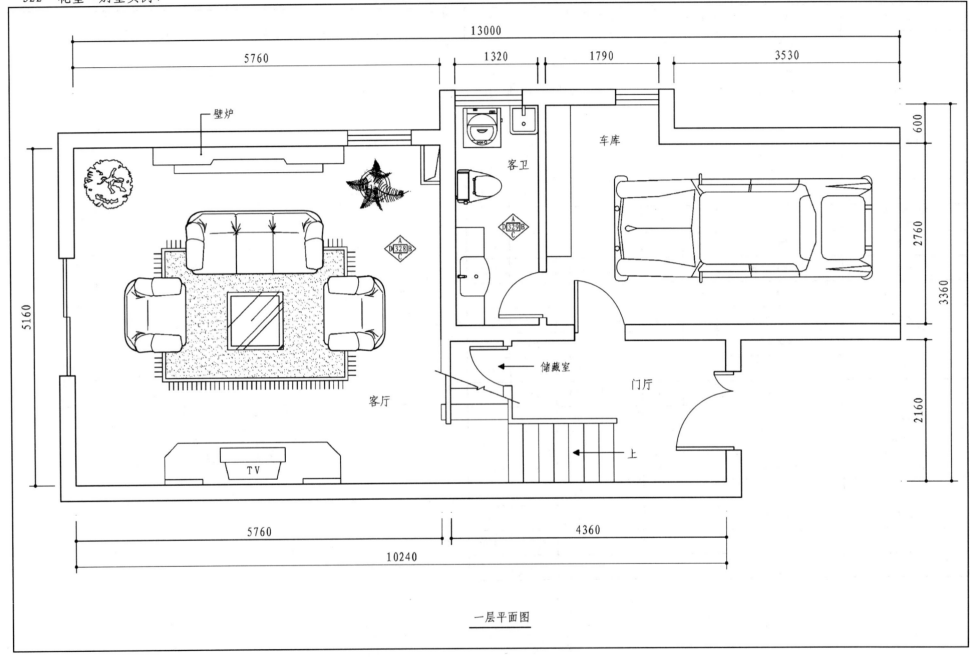

一层平面图

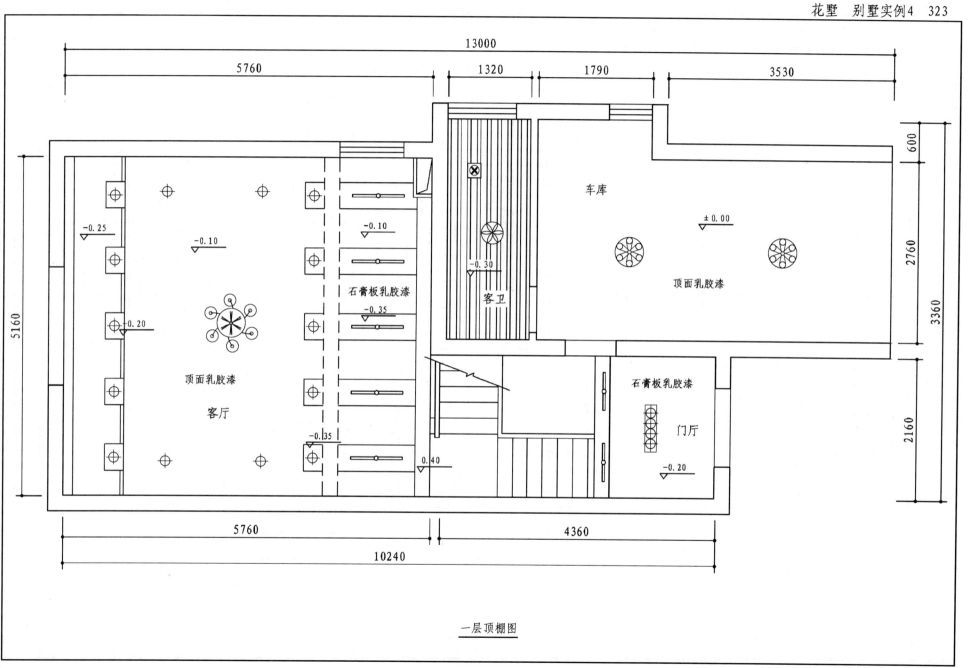

一层顶棚图

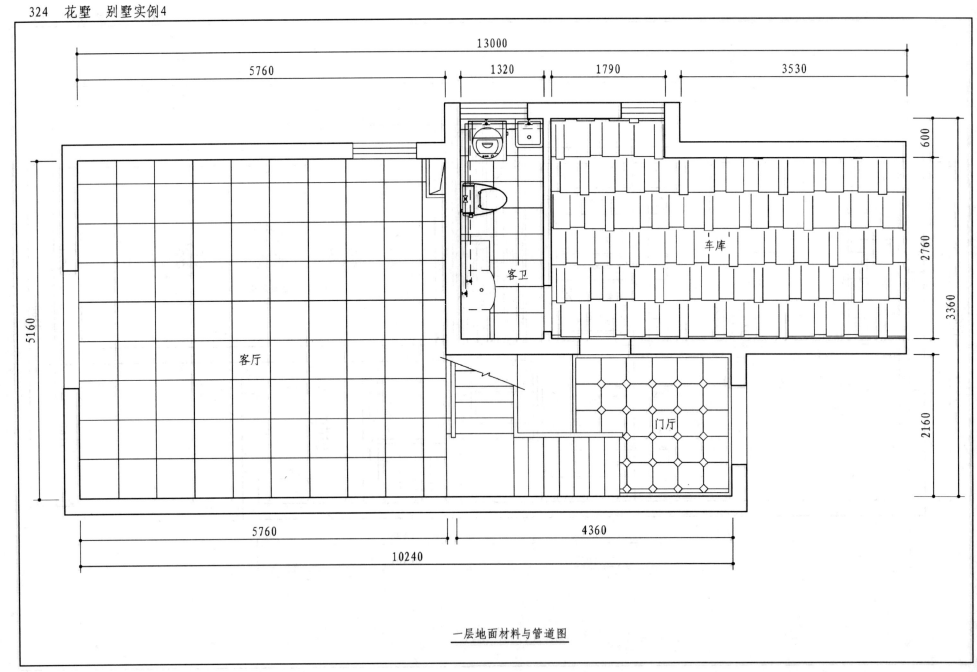

一层地面材料与管道图

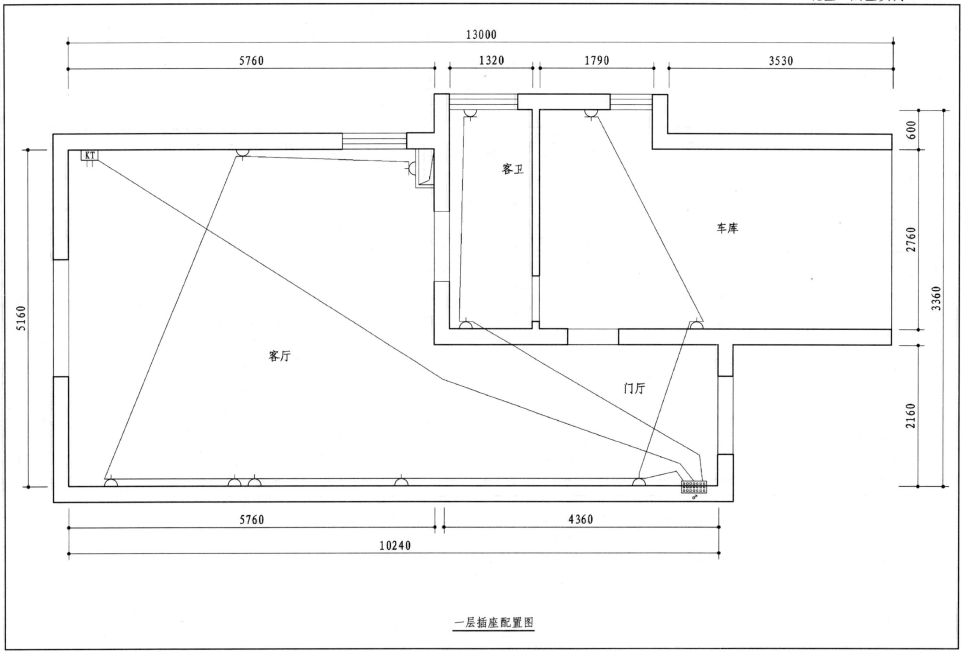

一层插座配置图

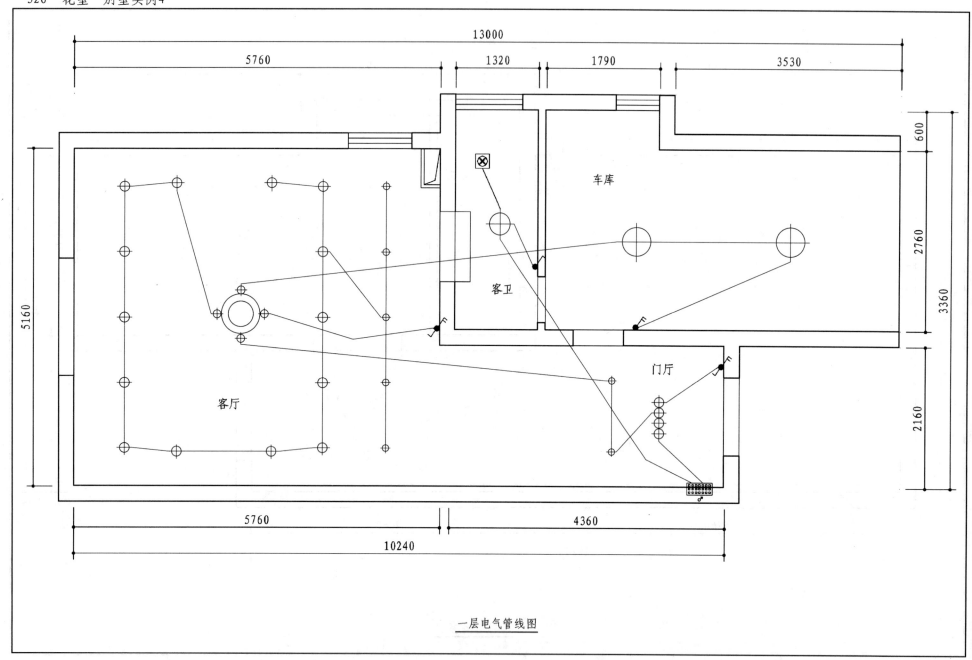

一层电气管线图

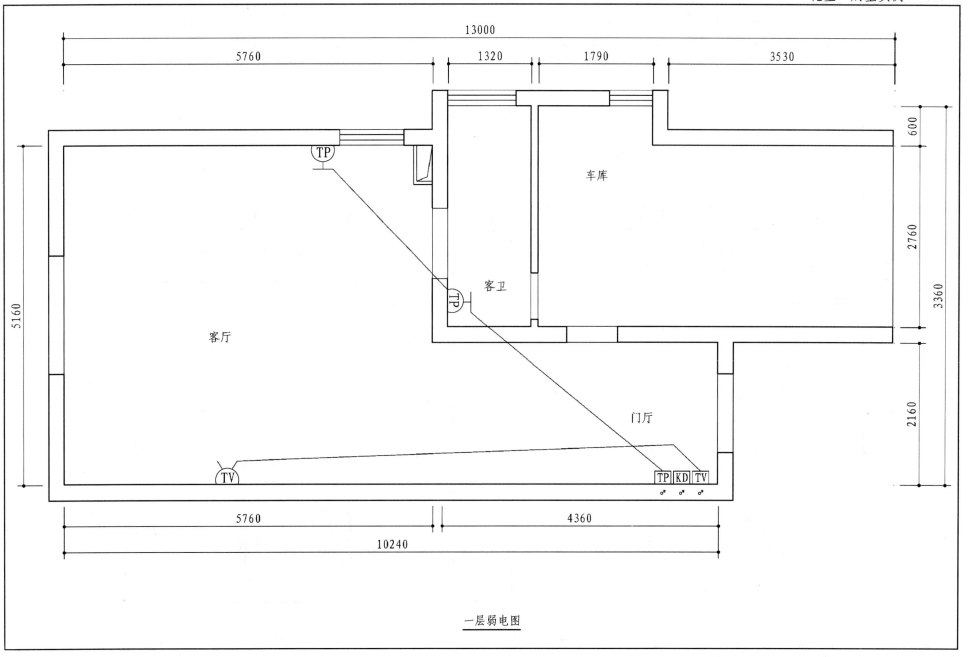

一层弱电图

328 花墅 别墅实例4

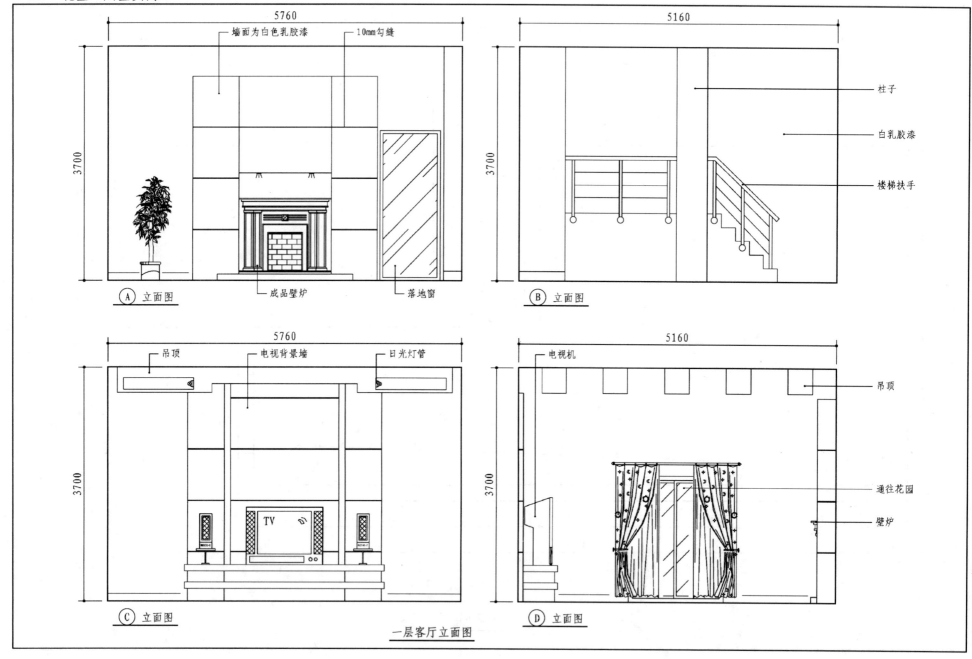

一层客厅立面图

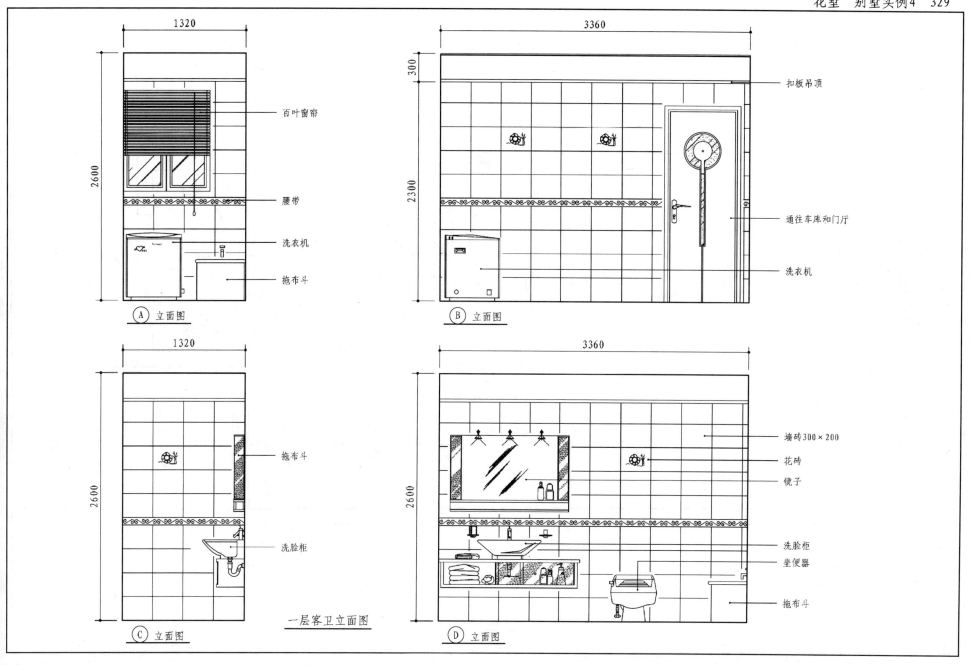

330 花墅 别墅实例4

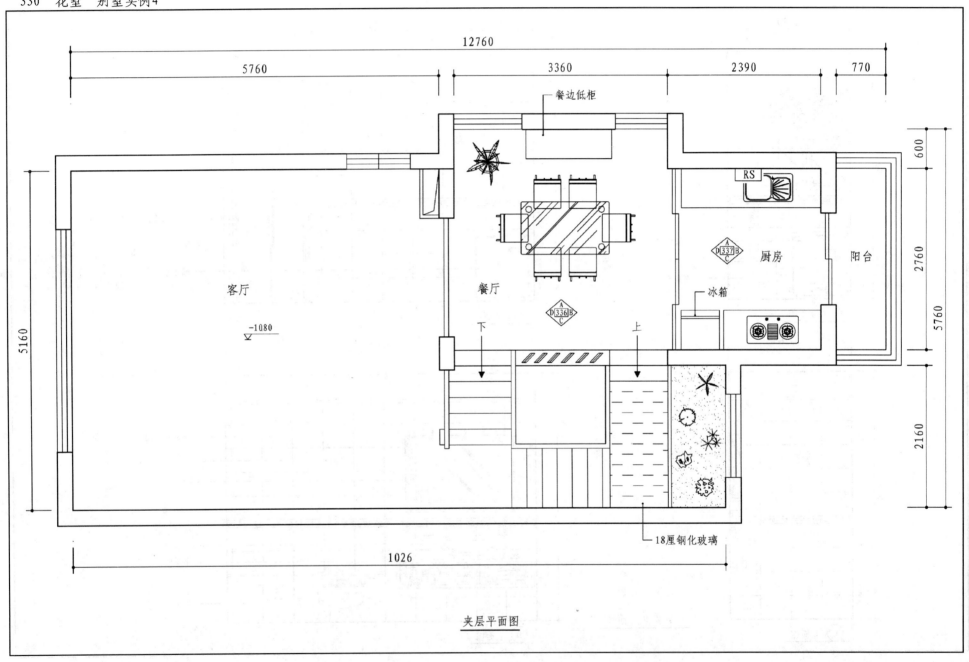

夹层平面图

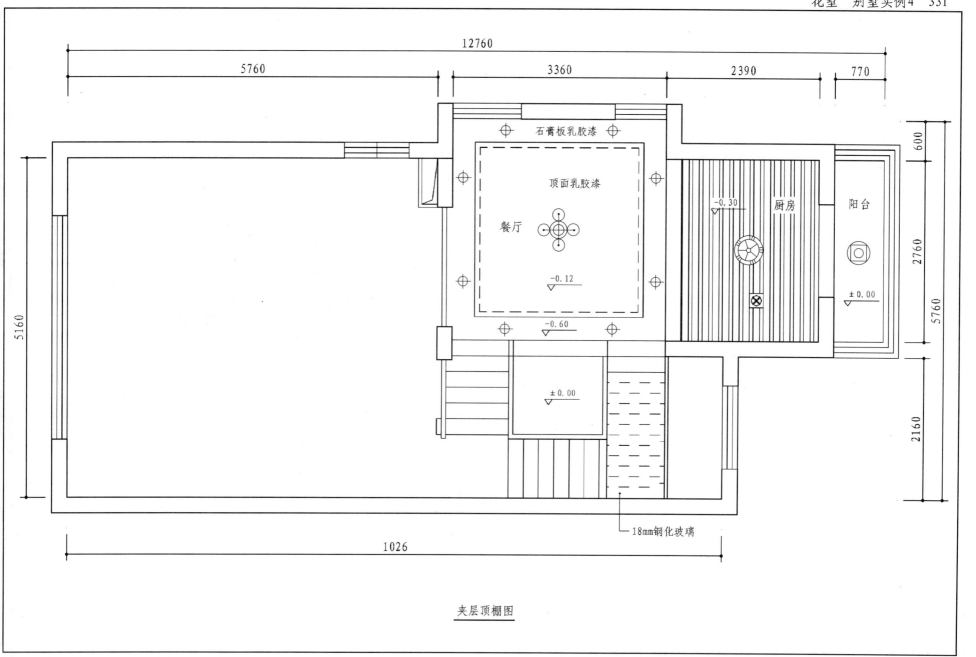

夹层顶棚图

332 花墅 别墅实例4

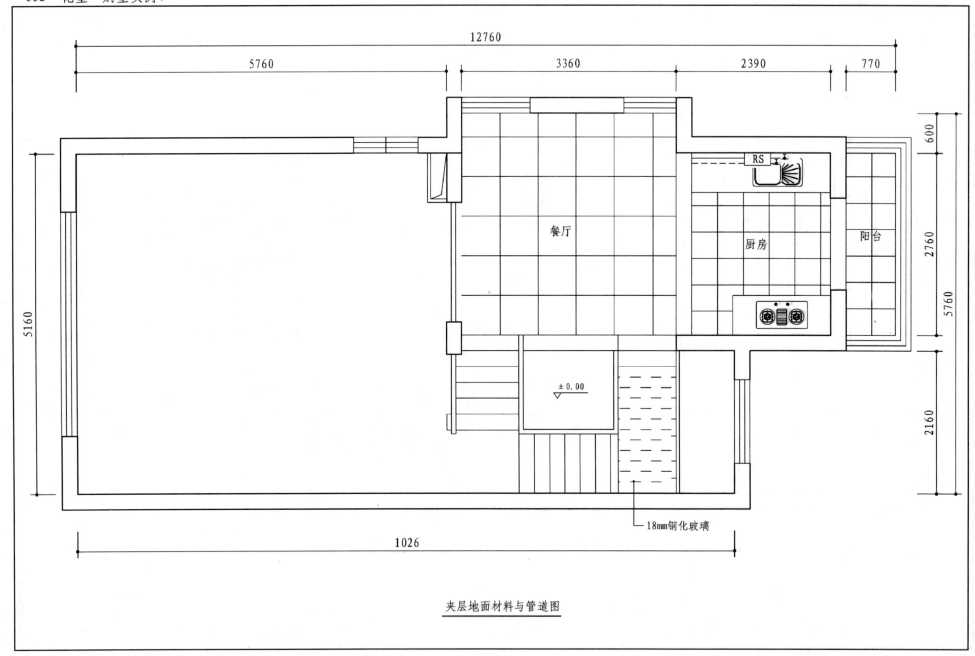

夹层地面材料与管道图

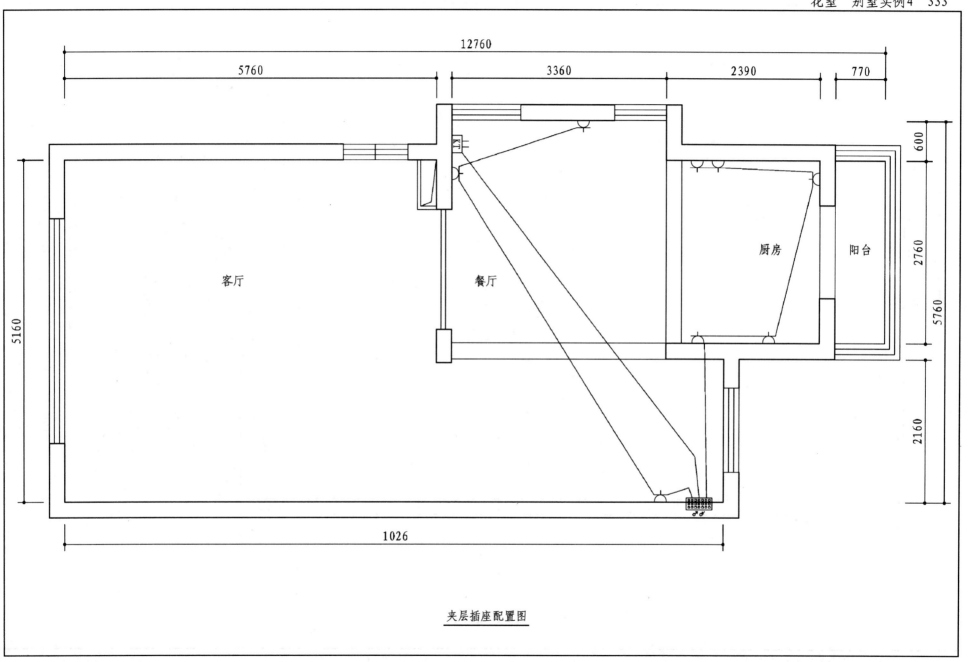

夹层插座配置图

334 花墅 别墅实例4

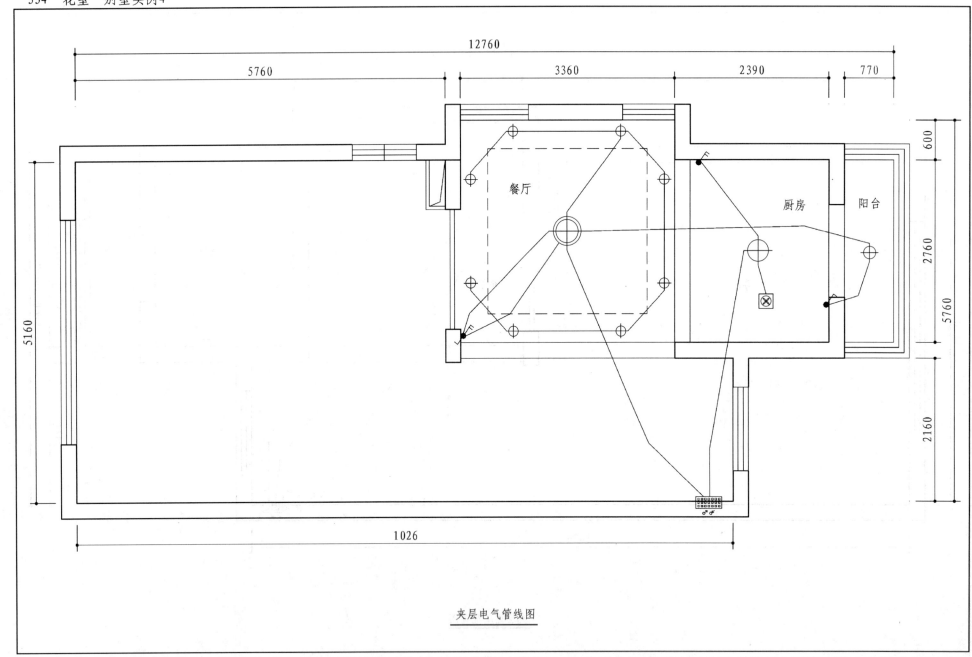

夹层电气管线图

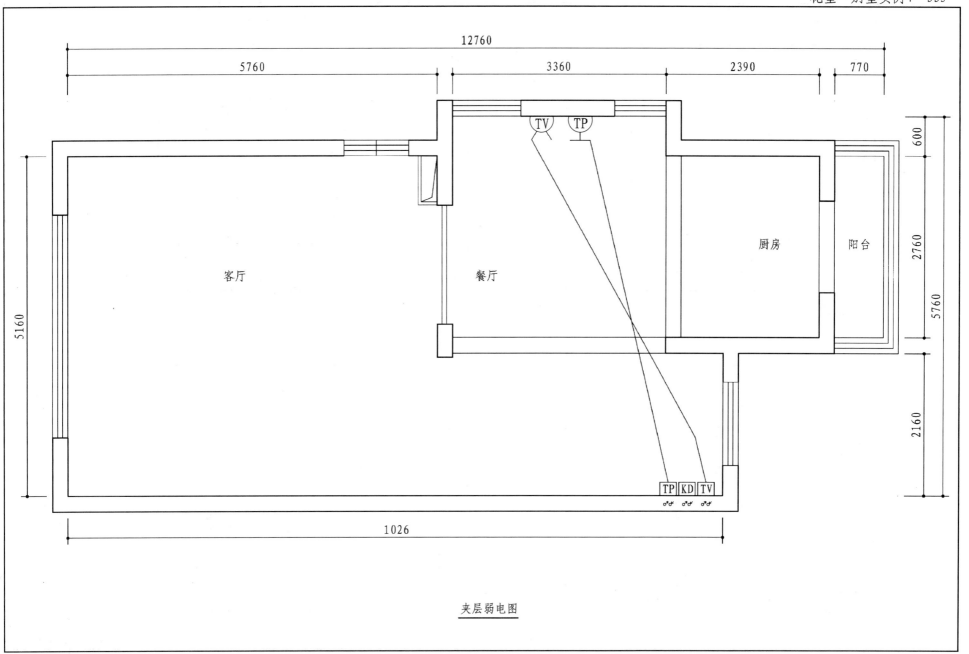

夹层弱电图

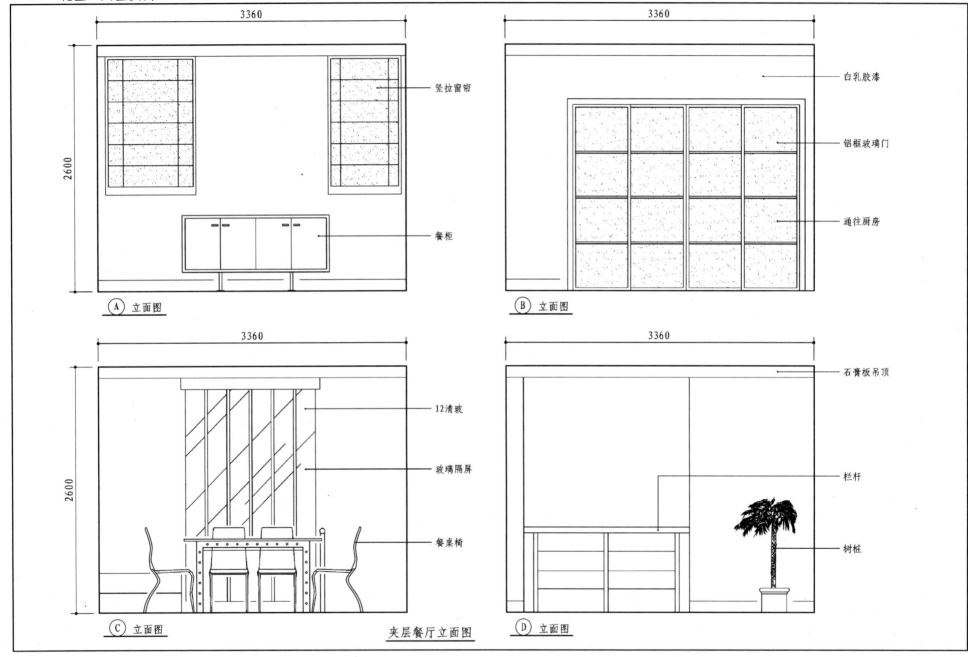

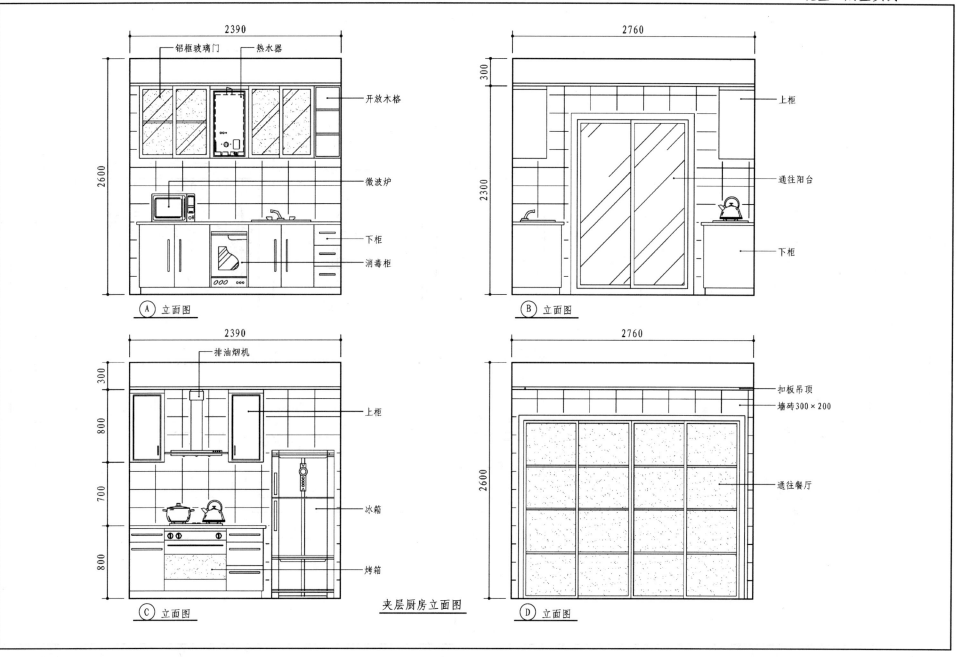

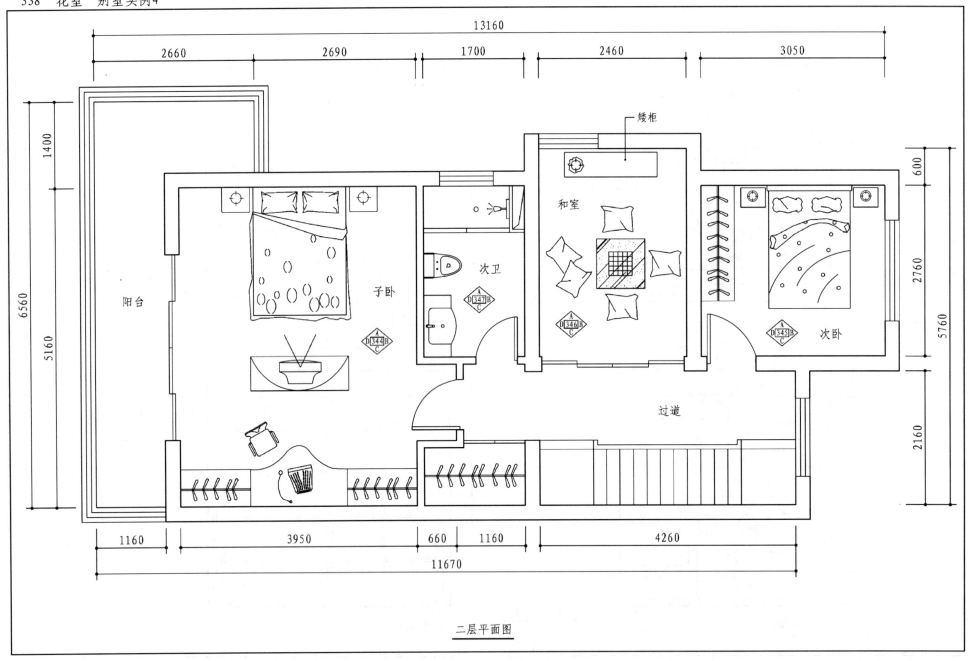

二层平面图

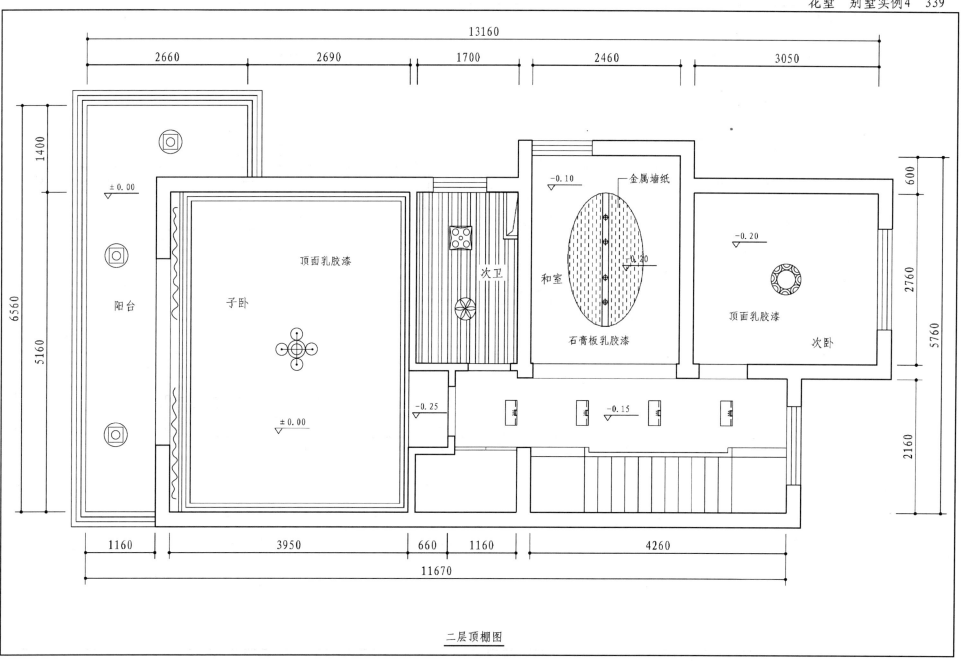

二层顶棚图

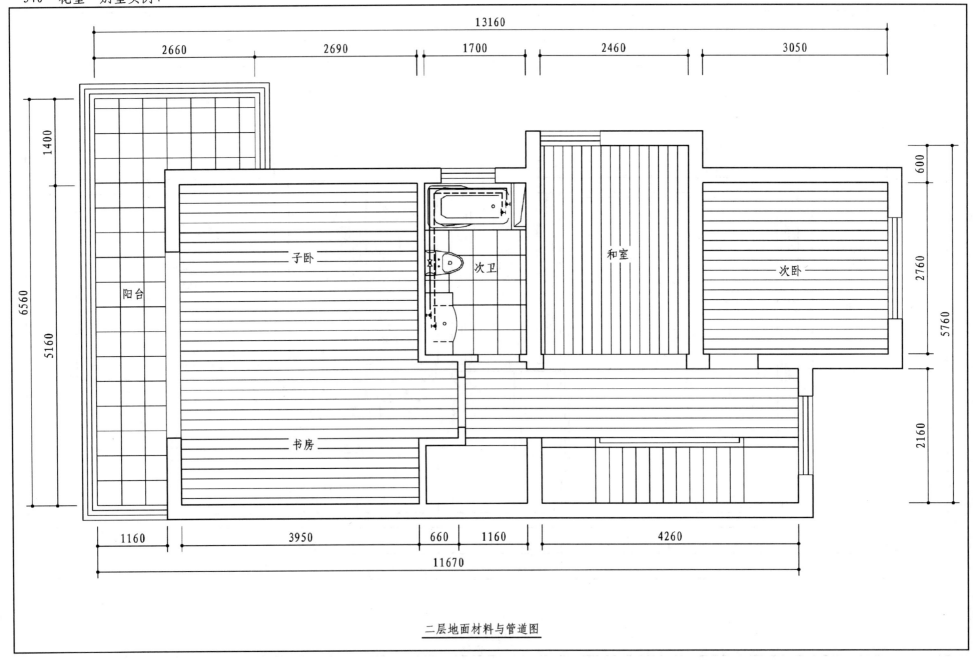

二层地面材料与管道图

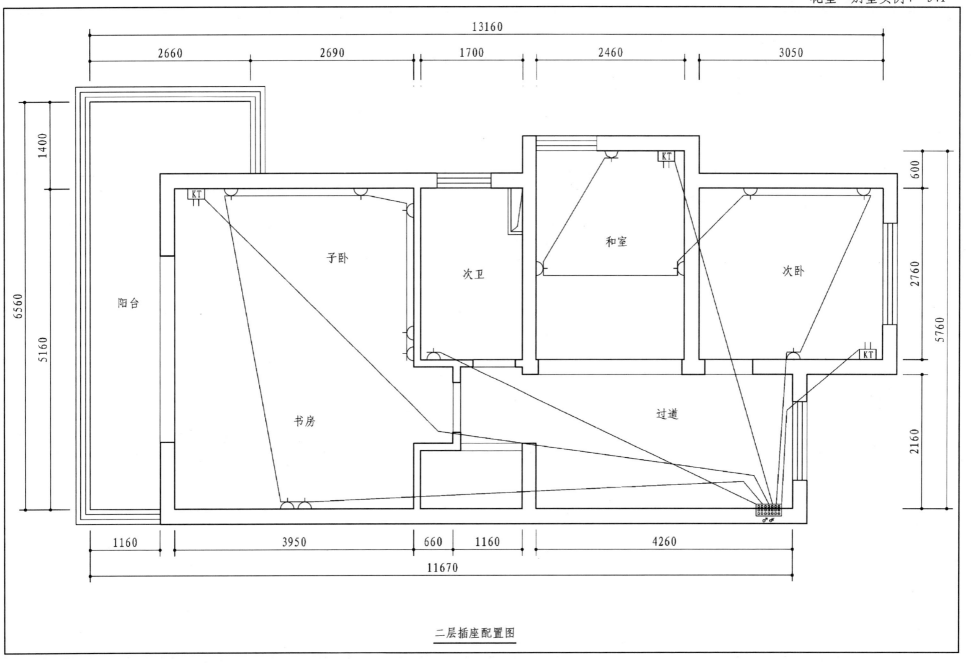

二层插座配置图

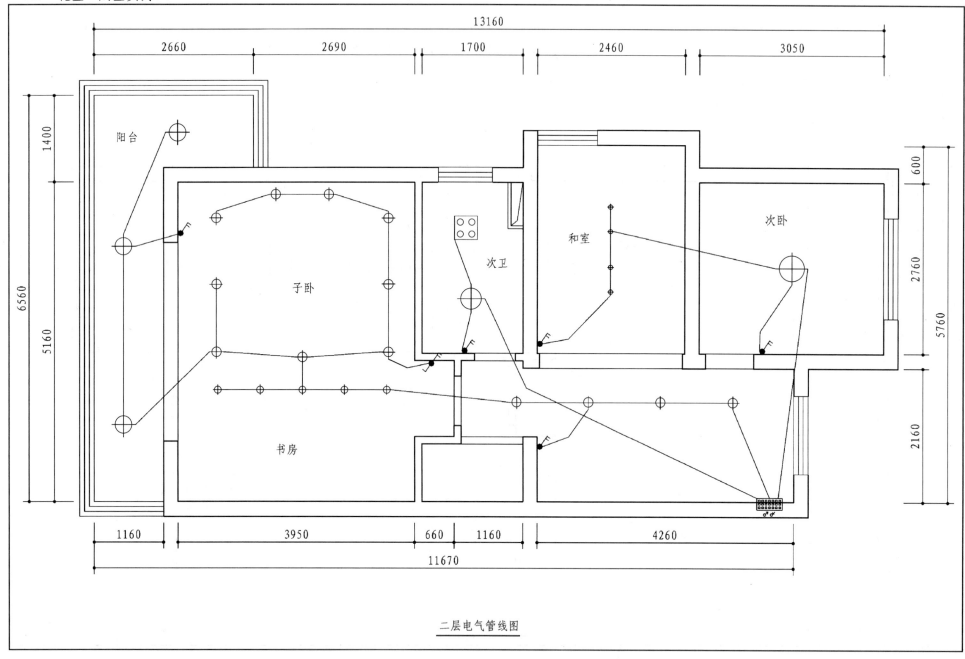

二层电气管线图

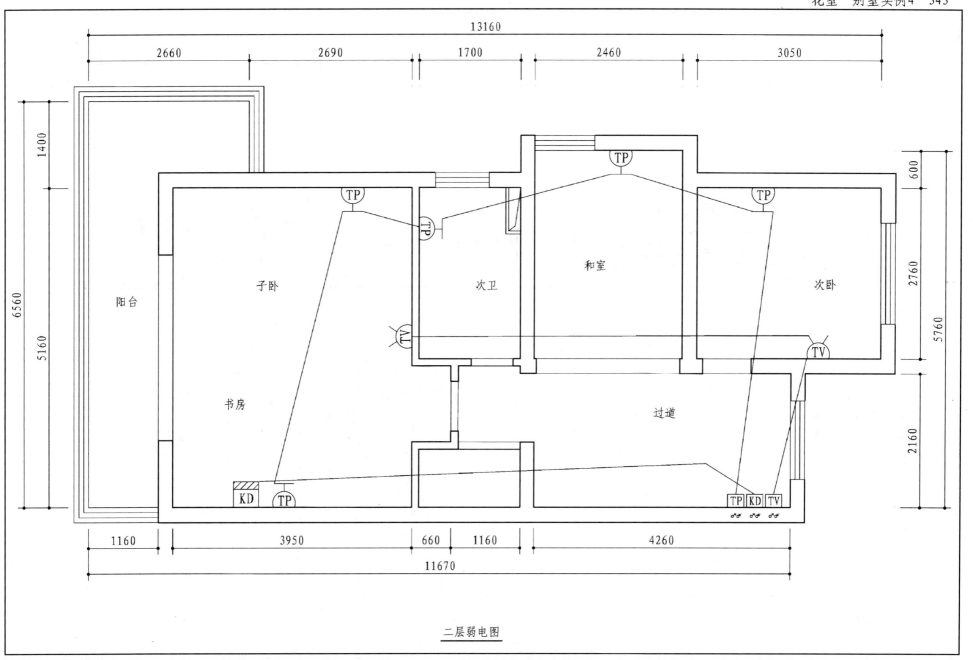

二层弱电图

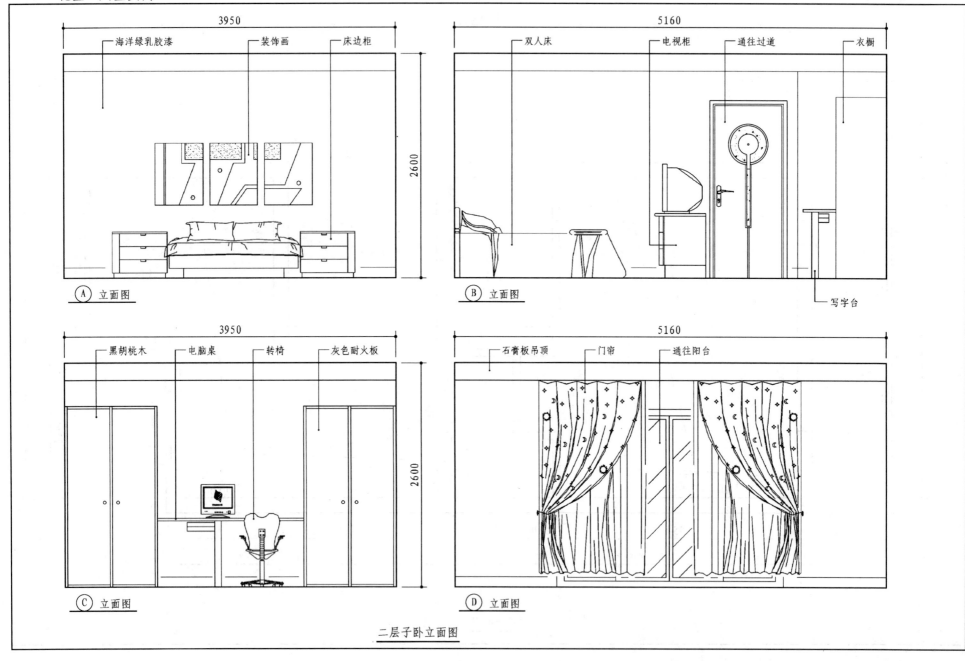

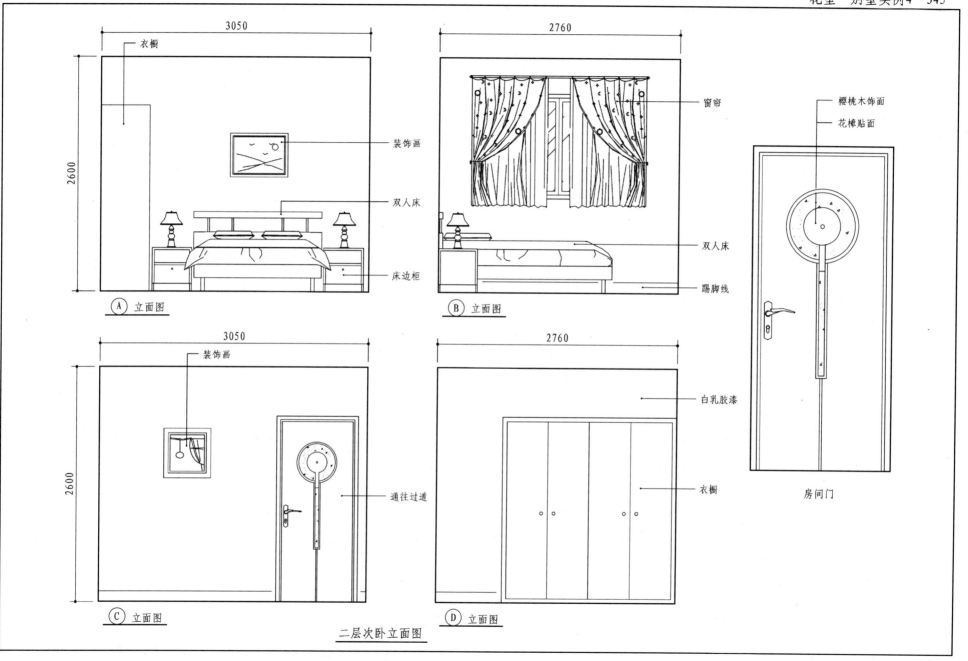

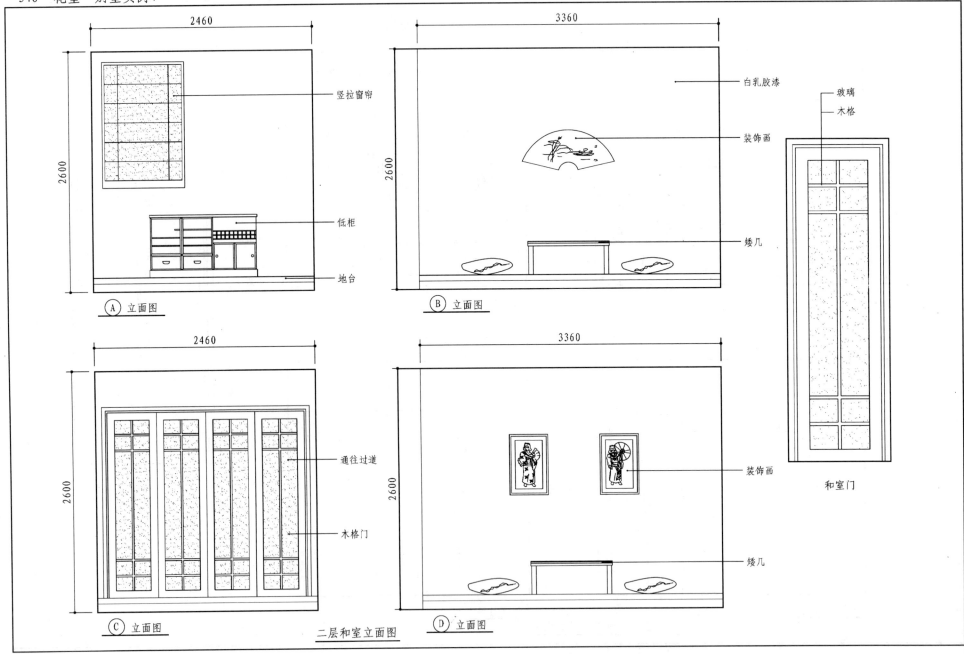

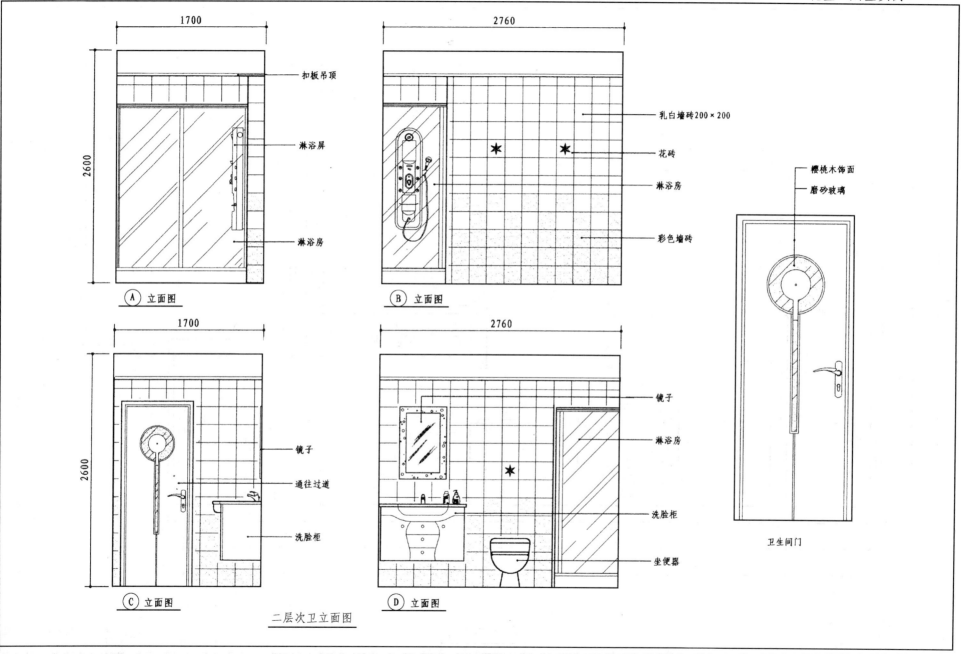

348 花墅 别墅实例4

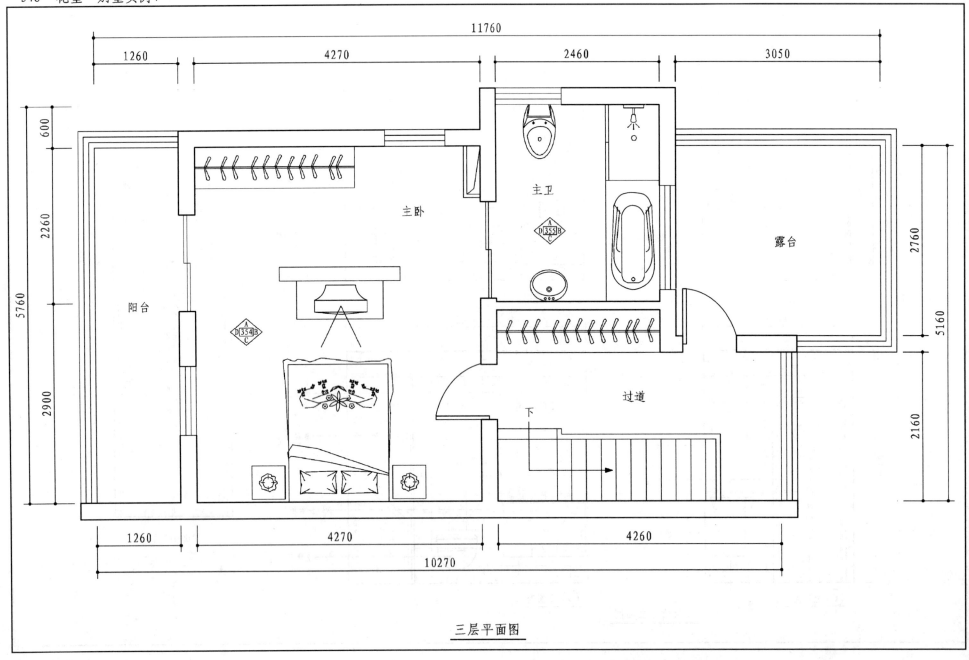

三层平面图

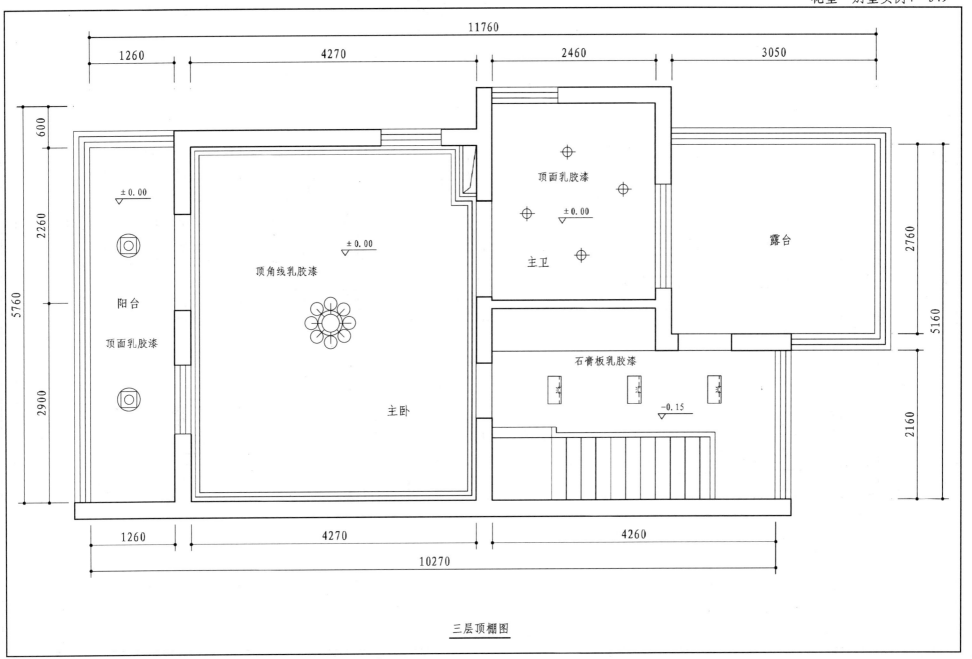

三层顶棚图

350 花墅 别墅实例4

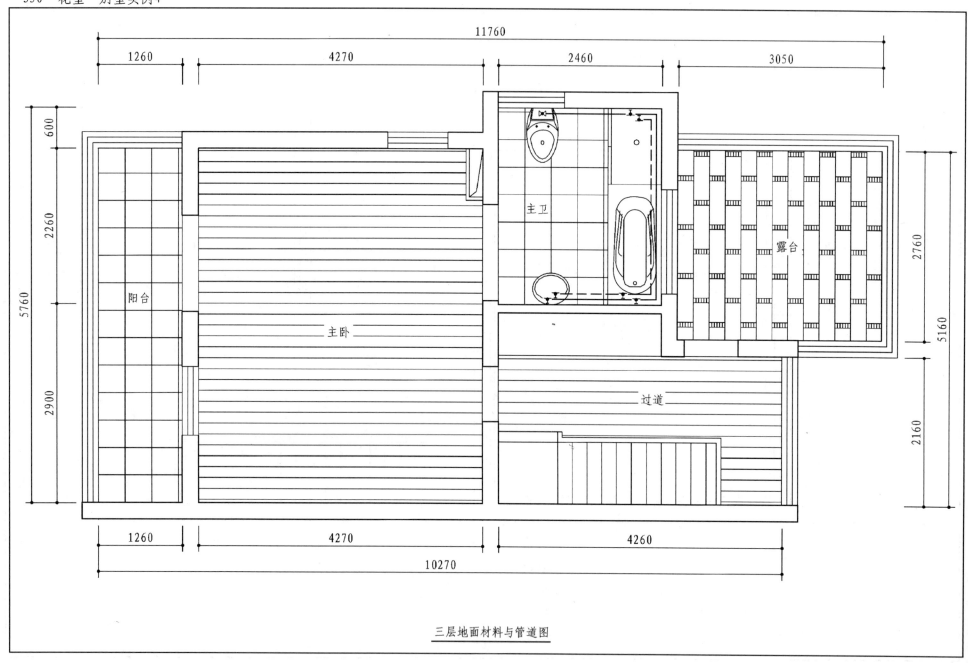

三层地面材料与管道图

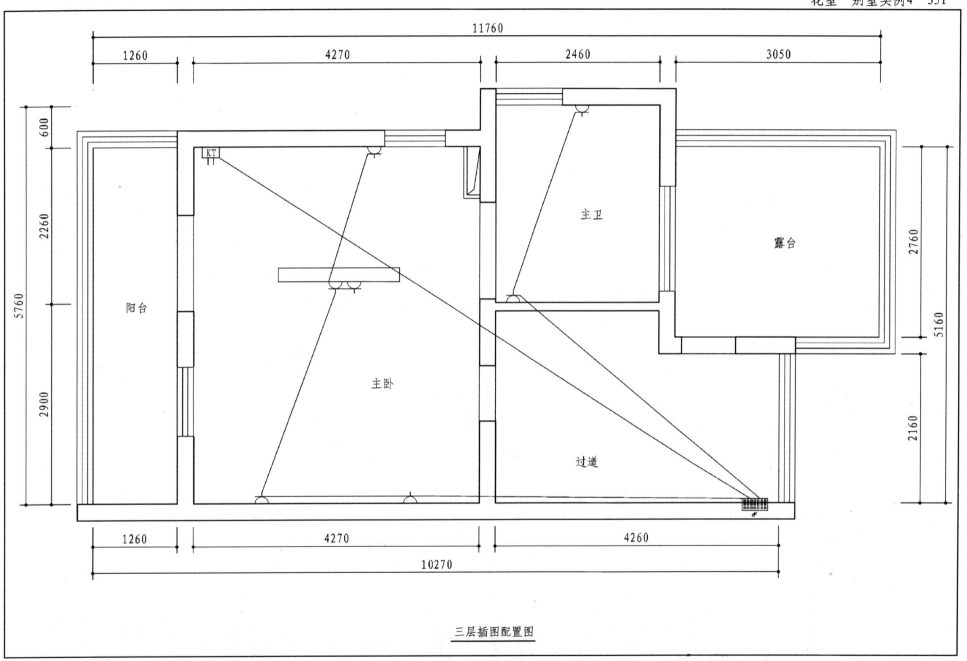

三层插图配置图

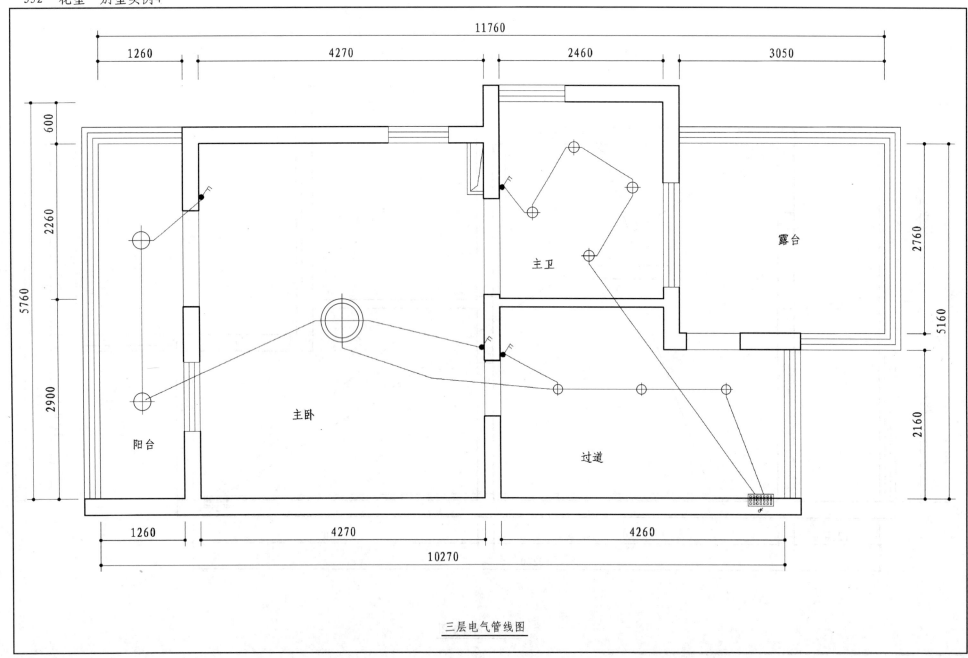

三层电气管线图

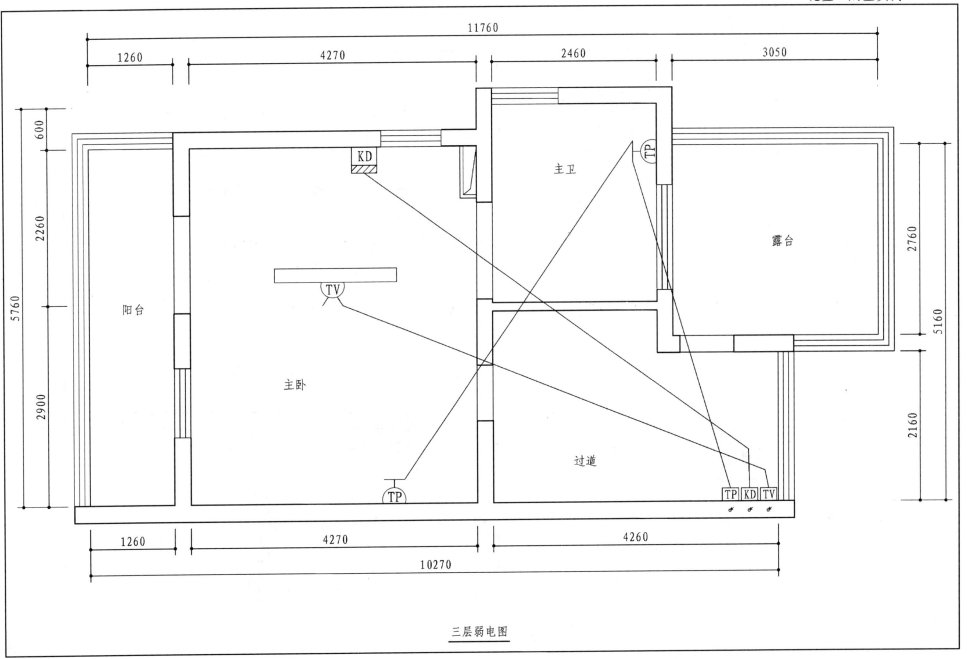

三层弱电图

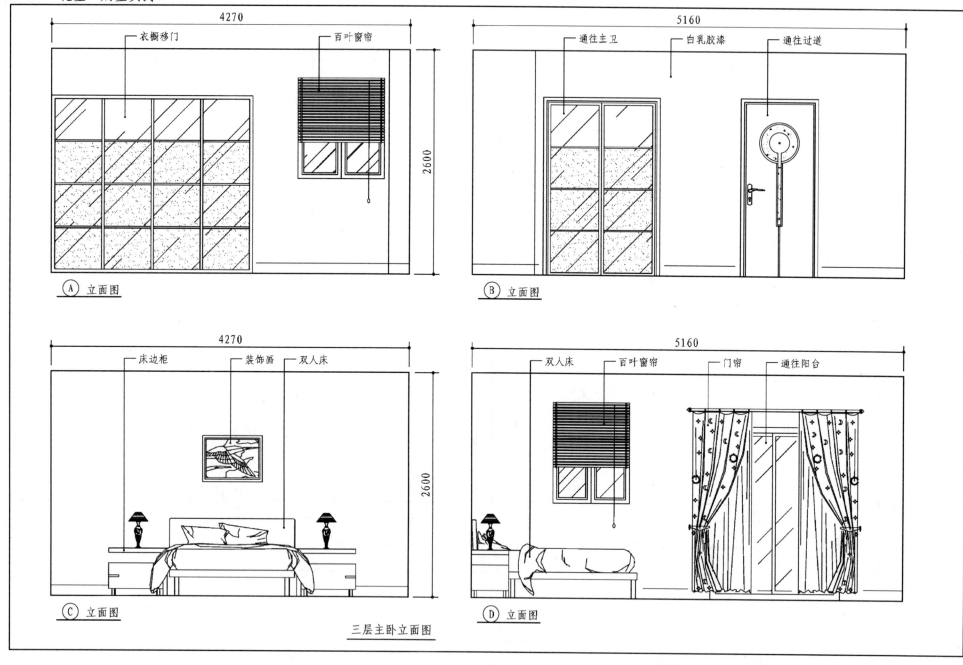

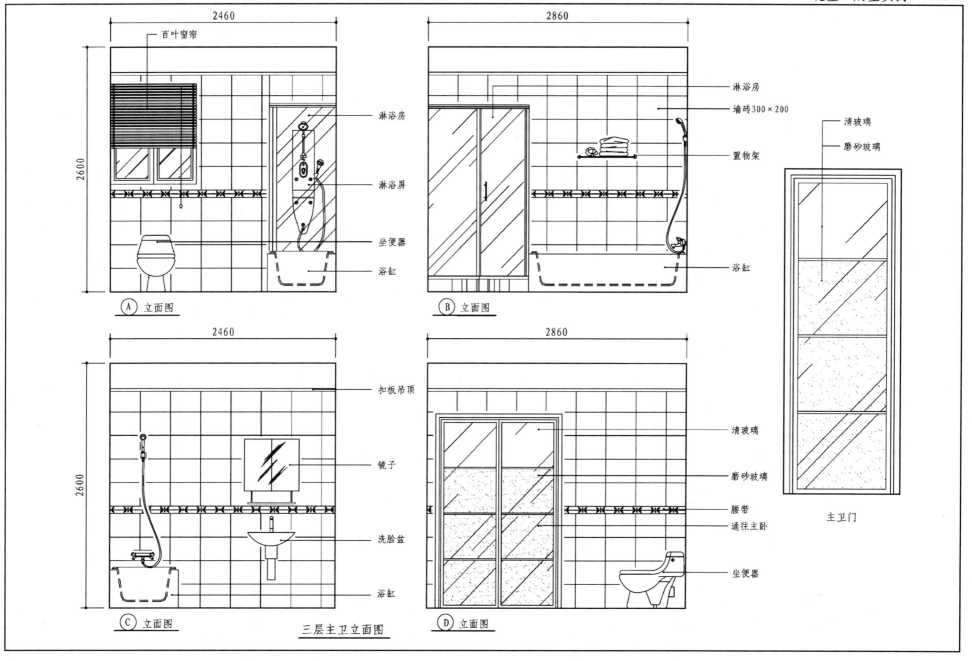

住宅装饰估价表

项目名称	材料品牌与规格	单位	单价 元	数量	材料费 元	人工费 元	合计 元	项目名称	材料品牌与规格	单位	单价 元	数量	材料费 元	人工费 元	合计 元
一层								油漆		m²	40	10	400	150	550
1. 客厅															小计：3391
地面	斯米克地砖（自购）	m²	30	46	1380	736	2116	3. 车库							
吊顶（造型顶）	纸面石膏板、木龙骨	m²	100	46	4600	920	5520	墙顶乳胶漆	立邦永得丽三度批嵌	m²	18	51	918	306	1224
门套	樱桃木饰面	樘	80	10	800	200	1000	门	樱桃木饰面实木门	扇	100	1	100	50	150
踢脚线	樱桃木饰面	M	12	40	480	200	680	门套		樘	400	1	400	100	500
窗套	樱桃木饰面	樘	60	4	240	60	300	踢脚线	樱桃木饰面	m	12	18	216	90	306
楼梯景点		m²	380	2	760	160	920								小计：2180
楼梯	柳胶实木、扶手环绕楼梯	m	2000	2	4000	400	4400	4. 拆除粉刷							
墙面乳胶漆	立邦永得丽	m²	18	138	2484	828	3312	拆除墙体	包括垃圾袋	m²	20	4	80	120	200
油漆	长春藤	m²	40	40	1600	600	2200	拆除墙体粉刷		m²	80	4	320	100	420
窗台大理石	金线米黄（自购）	m²		1.4		14	14								小计：620
						小计：	20462	夹层							
2. 客卫								楼梯及扶手	包括钢化玻璃12mm	m	2300	2.5	5750	250	6000
吊顶	得实铝扣板	m²	100	7	700	140	840	油漆		m²	40	20	800	300	1100
墙地砖	自购	m²	25	21	525	336	861	踢脚线		m	14	6	84	30	114
门	樱桃木饰面工艺门包括玻璃（自购）	扇	100	1	100	50	150								小计：7214
门套	樱桃木饰面	樘	80	5	400	100	500	5. 餐厅							
安装龙头下水	自购	套	100	1	100	50	150	地砖	自购	m²	30	15	450	270	720
安装坐便器	自购	个	50	1	50	50	100	门	樱桃木饰面实木门自购	扇	100	1	100	50	150
安装台盆及台盆柜	自购	套	100	1	100	50	150	门套	樱桃木饰面	樘	640	1	640	160	800
地漏	不锈钢	个	30	1	30	5	35	吊顶造型顶		m²	110	13	1430	260	1690
三角阀、软管		套	50	1	50	5	55	餐厅低柜		m²	400	1.2	480	96	576

项目名称	材料品牌与规格	单位	单价元	数量	材料费元	人工费元	合计元	项目名称	材料品牌与规格	单位	单价元	数量	材料费元	人工费元	合计元
楼梯	樱桃木饰面	m²	350	2.6	910	208	1118	子卧床头背景		m²	220	5.2	1144	208	1352
低柜上大理石	自购	m²		1.5		30	30							小计:	16051
12清玻		m²	180	4.5	810	100	910	8.过道及楼梯							
油漆		m²	40	35	1400	525	1925	楼梯扶手及基层	钢化玻璃	m	700	5	3500	500	4000
						小计:	7919	过道地板	(自购)复合地板加铺毛地板	m²	60	6	360	120	480
6.厨房								过道吊顶	造型顶	m²	100	6	600	120	720
墙地砖	自购	m²	25	33	825	594	1419	过道乳胶漆	立邦永得丽	m²	18	18	324	108	432
吊顶	得实铝扣板	m²	100	12	1200	240	1440	过道踢脚线	樱桃木饰面	m	12	12	144	60	204
门套	樱桃木饰面	樘	400	1	400	100	500	油漆	长春藤	m²	35	10	350	150	500
门	樱桃木饰面实木门自购	扇	100	4	400	200	600							小计:	6336
橱柜	进口防火板、大理石台面	m	1100	6.2	6820	372	7192	9.和室							
阳台地砖	自购	m²	25	4	100	72	172	地面	抬高15cm	m²	50	10	500	100	600
阳台乳胶漆	立邦永得丽	m²	18	11	198	66	264	地板	(自购)复合地板、毛地板	m²	60	11	660	220	880
油漆	长春藤	m²	40	10	400	150	550	吊顶		m²	140	11	1540	220	1760
排油烟机、热水器、燃气灶	自购	套		1		150	150	门	包括玻璃自购	扇	100	4	400	200	600
						小计:	12287	门套		樘	640	1	640	160	800
二层								窗套		樘	300	1	300	75	375
7.地面	自购复合地板、毛地板乙供	m²	60	33	1980	660	2640	墙面乳胶漆	立邦永得丽	m²	18	30	540	180	720
吊顶	纸面石膏板	m²	100	32	3200	800	4000	踢脚线	樱桃木饰面	m	14	14	196	70	266
子卧部分		m²	50	15	750	300	1050							小计:	6001
墙面乳胶漆	立邦永得丽	m²	18	96	1728	576	2304	10.次卫							
门	樱桃木饰面实木门自购	扇	100	1	100	50	150	地面抬高		m²	30	6	180	60	240
门套	樱桃木饰面	樘	1120	1	1120	280	1400	地面防水处理		m²	20	6	120	60	180
踢脚线	樱桃木饰面	m	12	40	480	200	680	墙面防水处理		m²	30	6	180	60	240
油漆		m²	40	45	1800	675	2475	铝合金吊顶		m²	100	7	700	140	840

花墅 别墅实例 4

项目名称	材料品牌与规格	单位	单价元	数量	材料费元	人工费元	合计元	项目名称	材料品牌与规格	单位	单价元	数量	材料费元	人工费元	合计元
安装浴缸	自购	个	50	1	50	50	100	门	自购	扇	100	1	100	50	150
安装坐便器	自购	个	50	1	50	50	100	门套		樘	880	1	880	220	1100
龙头及下水	龙头三件套自购	套	100	1	100	30	130	地板	复合地板、毛地板自购	m²	60	26	1560	520	2080
整体洗脸盆安装	自购	套		1		50	50	墙面乳胶漆	立邦永得丽	m²	18	75	1350		1350
防雾镜	自购	块	50	1	50	20	70	石膏顶角线		m	8	22	176		176
三角阀、软管		套	120	1	120	10	130	窗套	樱桃木饰面	樘	240	1	240	60	300
墙地砖	自购	m²	25	18	450	288	738	窗台大理石	自购					12	12
地漏		个	35	1	35	10	45	窗帘杆		m	80	2	160	20	180
11. 次卧								踢脚线		m	14	20	280	100	380
门	樱桃木饰面、实木门自购	扇	100	1	100	50	150	油漆		m²	30	20	600	300	900
门套	樱桃木饰面	樘	400	1	400	100	500	吊顶		m²	100	4	400	80	480
地板	（自购）复合地板加铺毛地板	m²	60	10	600	200	800							小计：	7108
踢脚线	樱桃木饰面	m	14	14	196	70	266	14. 主卫							
		m²	10	14	140	56	196	门	自购	扇	100	1	100	50	150
窗套	樱桃木饰面	樘	270	1	270	67	337	门套		樘	400	1	400	100	500
窗帘杆		m	30	3	90	15	105	墙地砖	自购	m²	25	30	750	540	1290
墙面乳胶漆		m²	18	30	540	180	720	淋浴房	自购						
大理石窗台板		m²				12	12	地面防水处理		m²	25	10	250	100	350
						小计：	3086	墙面防水处理		m²	25	20	500	200	700
12. 楼梯								安装整体橱柜	自购	个	100	1	100	50	150
楼梯扶手	柳胺实木、踏步	m	700	7	4900	700	5600	龙头及下水	龙头（自购）	套	100	1	100		100
油漆	长春藤	m²	40	30	1200	450	1650	浴霸	奥普（自购）	个	40	1	40	20	60
						小计：	7250	安装坐便器		个		1		50	50
三层								地漏、软管		套	200	1	200		200
13. 主卧														小计：	3550

项目名称	材料品牌与规格	单位	单价元	数量	材料费元	人工费元	合计元	项目名称	材料品牌与规格	单位	单价元	数量	材料费元	人工费元	合计元
15.过道								垃圾运输费		套		1	1000		1000
地板	自购	m²	60	6	360	60	420	PVC排水管		套	200	1	200		200
吊顶		m²	100	6	600	120	720							小计:	10711
踢脚线		m	14	12	168	60	228							合计:	119280
墙面乳胶漆		m²	18	18	324	108	432								
						小计:	1800								
16.阳台															
地面	地板（自购）	m²	25	11	275	176	451								
						小计:	451								
水电及其他															
新装煤气管		套	240	1	240	60	300								
新装PPR水管		套	2000	1	2000	600	2600								
电线排放	中材PVC	套	800	1	800	200	1400								
1.5mm电线		m	0.46	1000	460	160	660								
2.5mm电线		m	0.65	800	520	200	680								
双频电视线		m	2.3	160	368	32	400								
电话线		m	0.45	300	135	60	195								
音响线		m	3	60	180	12	192								
4m²空调电线		m	1.2	500	600	100	700								
拆墙、敲墙、砌墙		套	1		500	500	500								
墙体打洞		个	20	10	200		200								
线管粉刷		套	800	1	800		800								
安装灯具		套	400	1	400		400								
铰链		只	6	40	240	80	320								
导轨		付	12	12	140	24	164								

说明：
　　凡是未列入本预算中的洁具、厨卫、电器、厨卫小五金、窗帘、灯具等都由户主自购。

直接费：119280元（人工费：23727元，材料费：95553元）
设计费：2%　免
管理费：5%　　5964元
税金：3.41%　　4270元
总价：129514元

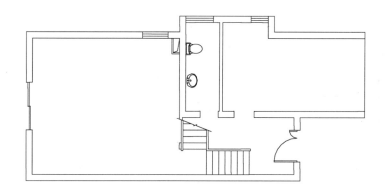

一层原始房型图

常用电气图例

序号	图例	名称、规格	安装形式及高度
1		住户配电箱	离地1.8m挂墙
2	TV	有线电视插座	离地0.3m嵌墙
3	TP	电话线插座	离地0.3m嵌墙
4		用户对讲机	多用于一般房型
5		可视电话	多用于高级公寓、别墅
6		紧急警报按钮	多用于高级公寓、别墅
7	KD	宽带	离地0.3m嵌墙
8		单控单联、双联、三联开关	离地1.30m
9		双控单联、双联开关	离地1.30m
10	KT	空调插座	柜机离地0.30m，挂壁式离地2.00m
11		单相二、三眼暗插座	离地0.30m/1.10m(厨房和卫生间)
12		单相二、三眼防溅带开关暗插座	离顶0.4m墙嵌 离地1.3m嵌墙
13		射灯	嵌入吊顶
14		筒灯	嵌入吊顶
15		花式吊灯	按图示标高
16		吸顶灯	吸顶
17		豪华吊灯	按图示标高
18	RS	热水器	离地挂墙
19	- - - -	光槽	装饰定
20		排风扇	嵌入吊顶

配电箱配置方法：
4～7 回路 一室一厅 照明一路、插座二路、空调二路、冰箱一路、电脑一路。
7～9 回路 二室一厅 照明一路、插座三路、空调三路、冰箱一路、电脑一路。
10～12 回路 三室二厅 照明二路、插座三路、空调四路、冰箱一路、电脑一路。
12～14 回路 四室二厅 照明二路、插座四路、空调五路、冰箱一路、电脑一路。

布线要求：
1. 进户电源线（4～6mm²铜线）、室内电源线2.5mm²
2. 客厅布线为7支路线：照明电源线2.5mm²、照明控制线1.5mm²、空调线4mm²、电视线（馈线）、音响线（1.5mm²铜线）、电话线（4芯护套线）、对讲器或门铃（可选用4芯护套线，备用2芯）。
2. 餐厅设3支路线：包括插座电源线、照明线、空调线。
3. 卧室设5支路线：包括插座电源线、照明线、空调线、电视馈线、电话线。
4. 书房设6支路线：包括插座电源线、照明线、电视线、电话线、电脑线、空调线。
5. 厨房设2支路线：插座电源线2.5mm²（最好选用4mm²线）、照明线。
6. 卫生间设3支路线：插座电源线2.5mm²（以选用4 6mm²线为宜）、照明线、电话线。
7. 阳台设2支路线：插座电源线、照明线。
8. 走廊、过厅设2支路线：插座电源线、照明线。
9. 空调插座3路线，灯线双控3～5路线，其他2路线。
10. 柜机电源线4mm²，挂机电源线2.5mm²。

常用管道图例

序号	图例	名称、规格
1	— - — -	热水管
2	——————	冷水管
3		马桶进水
4		水龙头

管道铺设要求：
1. 新装的水管尽量从顶角线或吊顶上通过，避免从地板下通过。假设水管从地板下通过，尽量少用接头。
2. 施工前应检查原有的管道是否畅通，施工后再检查管道是否畅通。隐蔽的给水管道应做通水检查，新装的给水管道必须按有关规定进行加压试验，应无渗漏现象。
3. 镀锌管道端头接口螺纹必须绞八牙，进管必须五牙，不得有爆牙，生料带必须绕五圈以上，方可接管绞紧。绞紧后，不得从相反方向回绞。安装完毕后，应及时用管卡固定。管道与管件或阀门之间不得有松动。
4. 燃气及热水管道，宜用厚白漆、麻丝与管件连接，不得用生料带。
5. 暗铺的给水管道，必须经水压试验无渗漏并检验合格后，方可封闭。供水管道加压试验，必要时用试验泵注水增压检查，无渗漏现象。
6. 安装的各种阀门位置应正确，便于使用和维修。